建筑装饰装修工程管理丛书

建筑装饰装修工程造价管理手册

陆 军 叶远航 周 洁 孙志高 主编

中国建筑工业出版社

图书在版编目（CIP）数据

建筑装饰装修工程造价管理手册 / 陆军等主编 .
北京：中国建筑工业出版社，2024. 8. --（建筑装饰
装修工程管理丛书）. -- ISBN 978-7-112-30280-2

Ⅰ . TU723.32-62

中国国家版本馆 CIP 数据核字第 2024YG6086 号

本书中未标注尺寸，长度单位为mm，标高单位为m。

责任编辑：徐仲莉　王砾瑶
责任校对：张　颖

建筑装饰装修工程管理丛书
建筑装饰装修工程造价管理手册
陆　军　叶远航　周　洁　孙志高　主编
*
中国建筑工业出版社出版、发行（北京海淀三里河路 9 号）
各地新华书店、建筑书店经销
北京点击世代文化传媒有限公司制版
廊坊市金虹宇印务有限公司印刷
*
开本：880 毫米 × 1230 毫米　1/32　印张：10⅛　字数：300 千字
2024 年 9 月第一版　2024 年 9 月第一次印刷
定价：**48.00** 元

ISBN 978 - 7 - 112 - 30280 - 2
（43538）

本书编写委员

主　　　　编：陆　军　叶远航　周　洁　孙志高

主要参编人员：周晓聪　徐金汉　胡　维　田祚梅

林　燕　陈　望　张德扬　林　钟

殷　欣　陈　龙　胡卫斌　张佩琳

前 言

建筑装饰装修工程作为建筑工程中的一个细分专业，而工程造价工作又是一个颇为专业的领域，建筑装饰装修工程造价管理无疑对从业者的综合专业水平提出了较高的要求。众多初学工程造价的人员，尤其是在建筑装饰装修工程造价方面，学习或工作时常常感到无所适从，不知如何入手。

本书以国家现行标准《建设工程工程量清单计价规范》GB 50500、《房屋建筑与装饰工程工程量计算规范》GB 50854 以及《房屋建筑与装饰工程消耗量定额》TY 01—31 等标准规范为依据编写。全书总计 5 章，开篇从工程造价的基本概念出发，助力读者构建建筑装饰装修工程造价的理论知识体系。然后详细阐述了工程制图标准及识读技能，引领读者读懂建筑装饰装修工程施工图纸。在读者初步掌握基础理论与技能之后，针对工程造价重点工作“计量与计价”，通过“规则说明”与“实例解析”相结合的方式，对建筑装饰装修工程计量与计价予以详述，并分别运用定额与清单举例展现了整个计量与计价的过程。最后，分别对合同价款的约定、调整、结算、支付，以及纠纷处理、造价鉴定等内容进行了阐述，助力读者实现从初学者到造价员、造价工程师的蜕变。

本书内容翔实、依据明确、实例具体、表述易懂、查阅方便、实操性强。通过案例引领、问题导入、图表结合等方式，针对造价工作中的问题和难点逐一阐述。本书适用于建筑装饰装修工程造价以及项目管理人员，同时也可作为造价自学者的入门指导用书。

本书编写过程中参阅了大量建筑装饰装修工程造价编制与管理方面的书籍和资料，并得到有关单位和专家学者的帮助与支持，在此表示衷心的感谢。书中疏漏之处，敬请广大读者批评指正。

陆军

2024 年 6 月 5 日于福州

目 录

第1章　建筑装饰装修工程造价概述

1.1　装饰装修工程造价的概念及计价特征

1.1.1　装饰装修工程造价的概念

装饰装修工程造价是指装饰装修工程项目在建设期间（预计或实际）支出的建设费用，是建筑装饰装修工程价值的货币表现，是以货币形式反映的装饰装修工程施工活动中耗费的各种费用的总和。装饰装修工程造价是建设工程造价的组成部分，所以与建筑安装工程一样具有两种不同的含义。

从建设投资角度，装饰装修工程造价是指建设一项装饰装修工程预期开支或实际开支的全部固定资产投资费用，也就是一项工程通过建设形成相应的固定资产、无形资产、流动资产、递延资产以及其他资产所需要的一次性费用的总和。投资者选定一个投资项目，通过项目决策进行勘察设计、设备材料采购、施工营造，直至竣工验收等一系列活动，所支付的全部费用开支就构成工程造价。从这个意义上说，装饰装修工程造价就是工程建设投资费用。

从市场交易角度，装饰装修工程造价是指在工程发承包交易活动中形成的装饰装修工程费用。显然，工程造价是指以装饰装修工程这种特定的商品形式作为交易对象，通过招标投标或其他交易方式，在多次预估的基础上，最终由市场形成的装饰装修工程的价格。工程发承包价格是一种重要且较为典型的工程造价形式，是在建筑市场通过发承包交易（多数为招标投标），由需求主体（投资者或建设单位）和供给主体（承包商）共同确认或确定的价格。

装饰装修工程造价的上述两种含义，实际上是从不同角度理解同一个事物的本质。对于投资者来说，工程造价就是项目投资，即投资建设工程项目所需支付的费用。同时，工程造价也是投资者作为市场供给主体，在出售工程项目时确定价格和评估投资效益的标准。对于承包商、供应商和规划、设计等机构，装饰装修工程造价是指特定工程范围内，作为市场供给方销售商品与劳务价格的总和，或者是特定工程范围的造价。

1.1.2 装饰装修工程造价的计价特征

由于装饰装修工程项目特点原因，其工程计价具有以下特征：

（1）计价的单件性

装饰装修工程单件性特点决定了每项工程都必须按照施工设计图纸规定的内容、样式、结构特征、规格等，单独计算造价。

（2）计价的多次性

在装饰装修工程施工建造生产活动中，必须依照一定的建设程序来决策和实施，由于其周期长、环节多，工程计价需要在不同阶段多次进行，以确保工程造价计算的精准性和控制的有效性。多次计价是一个逐渐深入、不断细化，进而趋近实际造价的过程，如图 1-1 所示。

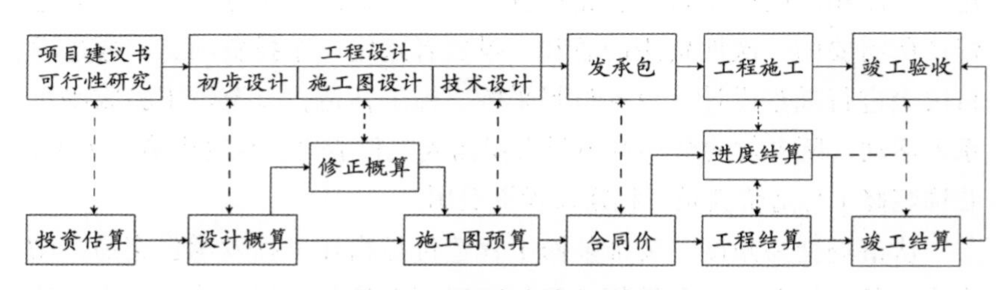

图 1-1 工程多次计价示意图

注：↕表示对应关系，→表示多次计价流程及逐步深化过程。

（3）计价的组合性

装饰装修工程一般由若干分项工程组成，这就造就了其造价计算的组合性特征。一个建设项目可以分解为许多有内在联系的组成部分。计价的组合性决定了工程造价确定过程是一个逐步组合的过程。即：分部分项工程造价→单位工程造价→单项工程造价→建设项目总造价，逐项计算、层层汇总而成。

1.2 装饰装修工程费用项目组成

根据《住房城乡建设部 财政部关于印发〈建筑安装工程费用项目组成〉的通知》要求，结合《财政部关于印发〈增值税会计处理规定〉的通知》的相关规定，建筑安装工程费用项目组成（装饰装修工程参照执行）主要有如下两种划分方式。

1.2.1 按费用构成要素划分

建筑安装工程费用项目按费用构成要素组成划分为人工费、材料费、施工机具使用费、企业管理费、利润、规费和税金。其中人工费、材料费、施工机具使用费、企业管理费和利润包含在分部分项工程费、措施项目费、其他项目费中，如图 1-2 所示。

1.2.2 按工程造价形成顺序划分

建筑安装工程费按照工程造价形成划分为分部分项工程费、措施项目费、其他项目费、规费、税金，分部分项工程费、措施项目费、其他项目费包含人工费、材料费、施工机具使用费、企业管理费和利润，如图 1-3 所示。

1.2.3 工程费用项目名称解释

建筑安装工程费用项目的两种组成形式大致可以理解为，建筑安装工程造价主要由“人工费、材料费、施工机具使用费、企业管理费、利润、规费和税金”构成，如果将其中的“人工费、材料费、施工机具使用费、企业管理费、利润”再按形成顺序进行归类的话，又可以归类为“分部分项工程费”“措施项目费”“其他项目费”，即“分部分项工程费”“措施项目费”“其他项目费”由各自的“人工费、材料费、施工机具使用费、企业管理费、利润”构成。

1. 分部分项工程费

分部分项工程费是指各专业工程的分部分项工程应予列支的各项

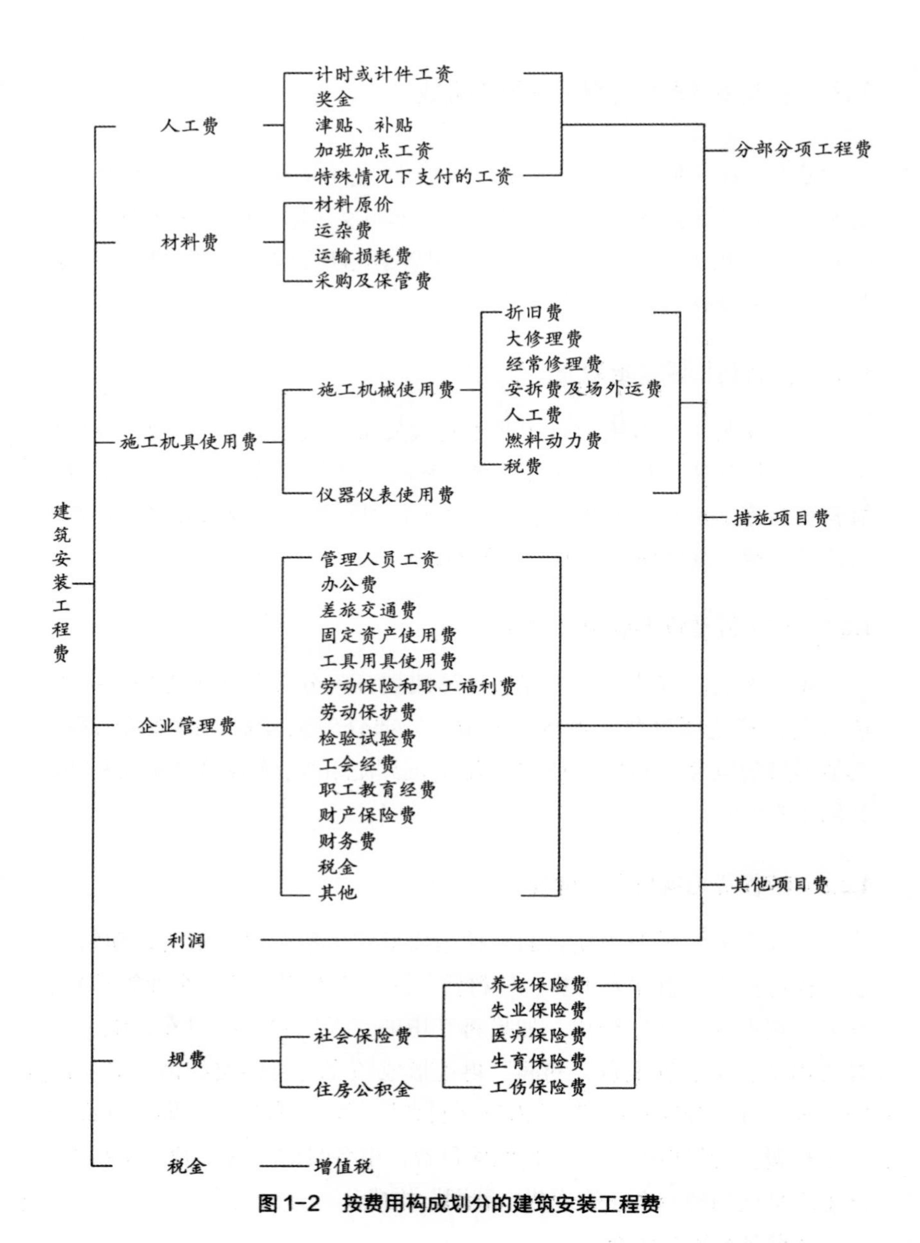

图 1-2　按费用构成划分的建筑安装工程费

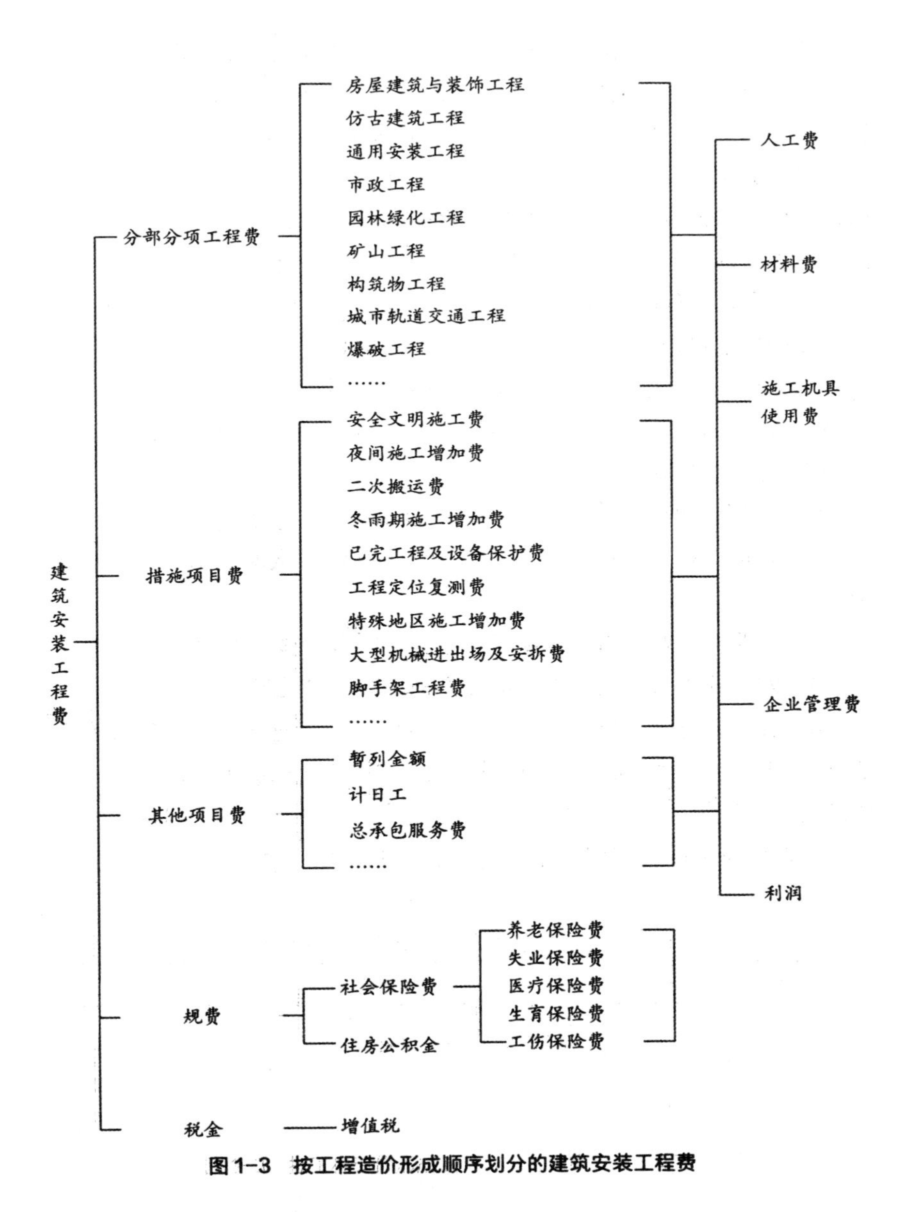

图 1–3　按工程造价形成顺序划分的建筑安装工程费

费用。

（1）专业工程。指按国家现行计量规范划分的房屋建筑与装饰工程、仿古建筑工程、通用安装工程、市政工程、园林绿化工程、矿山工程、构筑物工程、城市轨道交通工程、爆破工程等各类工程。

（2）分部分项工程。指按国家现行计量规范对各专业工程划分的项目。如房屋建筑与装饰工程划分的楼地面工程、天棚工程、拆除工程、砌筑工程、钢筋及钢筋混凝土工程等。

各类专业工程的分部分项工程划分见国家或行业现行计量规范。

2. 措施项目费

措施项目费是指为完成建设工程施工，但不构成工程实体，发生于该工程施工前和施工过程中的技术、生活、安全、环境保护等方面的费用。内容包括：

（1）安全文明施工费

1）环境保护费。指施工现场为达到生态环境部门要求所需要的各项费用。

2）文明施工费。指施工现场文明施工所需要的各项费用。

3）安全施工费。指施工现场安全施工所需要的各项费用。

4）临时设施费。指施工企业为进行建设工程施工所必须搭设的生活和生产用的临时建筑物、构筑物和其他临时设施费用。包括临时设施的搭设、维修、拆除、清理费或摊销费等。

各项安全文明施工费的主要内容如表 1-1 所示。

表 1-1　安全文明施工费的主要内容

项目名称	工作内容及包含范围
环境保护费	现场施工机械设备降低噪声、防扰民措施费用
	水泥和其他易飞扬细颗粒建筑材料密闭存放或采取覆盖措施等费用
	工程防扬尘洒水费用
	土石方、建筑弃渣外运车辆防护措施费用
	现场污染源的控制、生活垃圾清理外运、场地排水排污措施费用
	其他环境保护措施费用

续表

项目名称	工作内容及包含范围
文明施工费	“五牌一图”费用
	现场围挡的美化（包括内外墙粉刷、刷白、标语等）、压顶装饰费用
	现场厕所便槽刷白、贴面砖，水泥砂浆地面或地砖铺砌，建筑物内临时便溺设施费用
	其他施工现场临时设施的装饰装修、美化措施费用
	现场生活卫生设施费用
	符合卫生要求的饮水设备、淋浴、消毒等设施费用
	生活用洁净燃料费用
	防煤气中毒、防蚊虫叮咬等措施费用
	施工现场操作场地的硬化费用
	现场绿化费用、治安综合治理费用
	现场配备医药保健器材、物品费用和急救人员培训费用
	现场工人的防暑降温、电风扇、空调等设备及用电费用
	其他文明施工措施费用
安全施工费	安全资料、特殊作业专项方案的编制，安全施工标志的购置及安全宣传费用
	“三宝”（安全帽、安全带、安全网）、“四口”（楼梯口、电梯井口、通道口、预留洞口）、“五临边”（阳台围边、楼板围边、屋面围边、槽坑围边、卸料平台两侧），水平防护架、垂直防护架、外架封闭等防护费用
	施工安全用电的费用，包括配电箱三级配电、两级保护装置要求、外电防护措施费用
	起重机、塔式起重机等起重设备（含井架、门架）及外用电梯的安全防护措施（含警示标志）及卸料平台的临边防护、层间安全门、防护棚等设施费用
	建筑工地起重机械的检验检测费用
	施工机具防护棚及其围栏的安全保护设施费用
	施工安全防护通道费用
	工人的安全防护用品、用具购置费用
	消防设施与消防器材的配置费用
	电气保护、安全照明设施费
	其他安全防护措施费用

续表

项目名称	工作内容及包含范围
临时设施费	施工现场采用彩色、定型钢板，砖、混凝土砌块等围挡的安砌、维修、拆除费用
	施工现场临时建筑物、构筑物的搭设、维修、拆除，如临时宿舍、办公室、食堂、厨房、厕所、诊疗所、临时文化福利用房、临时仓库、加工场、搅拌台、临时简易水塔、水池等费用
	施工现场临时设施的搭设、维修、拆除，如临时供水管道、临时供电管线、小型临时设施等费用
	施工现场规定范围内临时简易道路铺设，临时排水沟、排水设施安砌、维修、拆除费用
	其他临时设施搭设、维修、拆除费用

（2）夜间施工增加费。夜间施工增加费是指因夜间施工所发生的夜班补助费、夜间施工降效、夜间施工照明设备摊销及照明用电等费用。

具体由以下内容组成：

1）夜间固定照明灯具和临时可移动照明灯具的设置、拆除费用；

2）夜间施工时，施工现场交通标识、安全标牌、警示灯的设置、移动、拆除费用；

3）夜间照明设备摊销及照明用电、施工人员夜班补助、夜间施工劳动效率降低等费用。

（3）非夜间施工照明费。非夜间施工照明费是指为保证工程施工正常进行，在地下室等特殊施工部位施工时所采用的照明设备的安拆、维护及照明用电等费用。

（4）二次搬运费。二次搬运费是指因施工场地条件限制而发生的材料、构配件、半成品等一次运输不能到达堆放地点，必须进行二次或多次搬运所发生的费用。

（5）冬雨期施工增加费。冬雨期施工增加费是指在冬期或雨期施工需增加的临时设施、防滑、排除雨雪、人工及施工机械效率降低等费用。

具体由以下内容组成：

1）冬雨（风）期施工时增加的临时设施（防寒保温、防雨、防风设施）的搭设、拆除费用；

2）冬雨（风）期施工时，对砌体、混凝土等采用的特殊加温、保温和养护措施费用；

3）冬雨（风）期施工时，施工现场的防滑处理、对影响施工的雨雪的清除费用；

4）冬雨（风）期施工时增加的临时设施、施工人员的劳动保护用品、冬雨（风）期施工劳动效率降低等费用。

（6）地上、地下设施、建筑物的临时保护设施费。在工程施工过程中，对已建成的地上、地下设施和建筑物进行的遮盖、封闭、隔离等必要保护措施所发生的费用。

（7）已完工程及设备保护费。已完工程及设备保护费是指竣工验收前，对已完工程及设备采取的必要保护措施所发生的费用。

（8）脚手架工程费。脚手架工程费是指施工需要的各种脚手架搭、拆、运输费用以及脚手架购置费的摊销（或租赁）费用。通常包括以下内容：

1）施工时可能发生的场内、场外材料搬运费用；

2）搭、拆脚手架、斜道、上料平台费用；

3）安全网的铺设费用；

4）拆除脚手架后材料的堆放费用。

（9）混凝土模板及支架（撑）费。混凝土施工过程中需要的各种钢模板、木模板、支架等的支拆、运输费用及模板、支架的摊销（或租赁）费用。内容由以下各项组成：

1）施工时可能发生的场内、场外材料搬运费用；

2）搭、拆脚手架、斜道、上料平台费用；

3）安全网的铺设费用；

4）拆除脚手架后材料的堆放费用。

（10）垂直运输费。垂直运输费是指现场所用材料、机具从地面运至相应高度以及施工人员上下工作面等所发生的运输费用。内容由以下各项组成：

1）垂直运输机械的固定装置、基础制作、安装费；

2）行走式垂直运输机械轨道的铺设、拆除、摊销费。

（11）超高施工增加费。当单层建筑物檐口高度超过20m，多层建筑物超过6层时，可计算超高施工增加费，内容由以下各项组成：

1）建筑物超高引起的人工工效降低以及由于人工工效降低引起的机械降效费；

2）高层施工用水加压水泵的安装、拆除及工作台班费；

3）通信联络设备的使用及摊销费。

（12）大型机械进出场及安拆费。大型机械进出场及安拆费是指机械整体或分体自停放场地运至施工现场或由一个施工地点运至另一个施工地点，所发生的机械进出场运输和转移费用及机械在施工现场进行安装、拆卸所需的人工费、材料费、机械费、试运转费和安装所需的辅助设施的费用。

1）进出场费包括施工机械、设备整体或分体自停放地点运至施工现场或由一处施工地点运至另一处施工地点所发生的运输、装卸、辅助材料等费用。

2）安拆费包括施工机械、设备在现场进行安装拆卸所需人工、材料、机具和试运转费用以及机械辅助设施的折旧、搭设、拆除等费用。

（13）施工排水、降水费。施工排水、降水费是指将施工期间有碍施工作业和影响工程质量的水排到施工场地以外，以及防止在地下水位较高的地区开挖深基坑而出现基坑浸水、地基承载力下降，在动水压力作用下还可能引起流砂、管涌和边坡失稳等现象而必须采取有效的降水和排水措施费用。该项费用由成井和排水、降水两个独立的费用项目组成。

1）成井。成井的费用主要包括：准备钻孔机械、埋设护筒、钻机就位，泥浆制作固壁，成孔、出渣、清孔等费用；对接上、下井管（滤管），焊接，安防，下滤料，洗井连接试抽等费用。

2）排水、降水。排水、降水的费用主要包括：管道安装、拆除，场内搬运等费用；抽水、值班、降水设备维修等费用。

（14）其他。根据项目的专业特点或所在地区不同，可能会出现其他的措施项目。如工程定位复测费和特殊地区施工增加费等。

1）工程定位复测费。工程定位复测费是指工程施工过程中进行全部施工测量放线和复测工作的费用。

2）特殊地区施工增加费。特殊地区施工增加费是指工程在沙漠或其边缘地区、高海拔、高寒、原始森林等特殊地区施工增加的费用。

3. 其他项目费

（1）暂列金额。暂列金额是指建设单位在工程量清单中暂定并包括在工程合同价款中的一笔款项。用于施工合同签订时尚未确定或者不可预见的所需材料、工程设备、服务的采购，施工中可能发生的工程变更、合同约定调整因素出现时的工程价款调整以及发生的索赔、现场签证确认等的费用。

暂列金额是由建设单位根据工程特点，按有关计价规定估算，施工过程中由建设单位掌握使用、扣除合同价款调整后如有余额，归建设单位。

（2）暂估价。暂估价是指招标人在工程量清单中提供的用于支付必然发生但暂时不能确定价格的材料、工程设备的单价以及专业工程的金额。

暂估价中的材料、工程设备暂估单价根据工程造价信息或参照市场价格估算，计入综合单价；专业工程暂估价分不同专业，按有关计价规定估算。暂估价在施工中按照合同约定再加以调整。

（3）计日工。计日工是指在施工过程中，施工单位完成建设单位提出的施工图纸以外的零星项目或工作所需的费用。

（4）总承包服务费。总承包服务费是指总承包人为配合、协调建设单位进行的专业工程发包，对建设单位自行采购的材料、工程设备等进行保管以及施工现场管理、竣工资料汇总整理等服务所需的费用。

总承包服务费是由建设单位在最高投标限价中根据总承包范围和有关计价规定编制，施工单位投标时自主报价，施工过程中按签约合同价执行。

4. 人工费

人工费是指按工资总额构成规定，支付给从事建筑安装工程施工的生产工人和附属生产单位工人的各项费用。内容包括：

（1）计时工资或计件工资。计时工资或计件工资是指按计时工资标准和工作时间或对已做工作按计件单价支付给个人的劳动报酬。

（2）奖金。奖金是指对超额劳动和增收节支支付给个人的劳动报酬。如节约奖、劳动竞赛奖等。

（3）津贴补贴。津贴补贴是指为了补偿职工特殊或额外的劳动消耗和因其他特殊原因支付给个人的津贴，以及为了保证职工工资水平不受物价影响支付给个人的物价补贴。如流动施工津贴、特殊地区施工津贴、高温（寒）作业临时津贴、高空津贴等。

（4）加班加点工资。加班加点工资是指按规定支付的在法定节假日工作的加班工资和在法定工作日时间外延时工作的加点工资。

（5）特殊情况下支付的工资。特殊情况下支付的工资是指根据国家法律、法规和政策规定，因病、工伤、产假、计划生育假、婚丧假、事假、探亲假、定期休假、停工学习、执行国家或社会义务等原因按计时工资标准或计时工资标准的一定比例支付的工资。

5. 材料费

材料费是指施工过程中耗费的原材料、辅助材料、构配件、零件、半成品或成品、工程设备的费用。内容包括：

（1）材料原价。材料原价是指材料、工程设备的出厂价格或商家供应价格。

（2）运杂费。运杂费是指材料、工程设备自来源地运至工地仓库或指定堆放地点所发生的全部费用。

（3）运输损耗费。运输损耗费是指材料在运输装卸过程中不可避免的损耗。

（4）采购及保管费。采购及保管费是指为组织采购、供应和保管材料、工程设备的过程中所需要的各项费用。包括采购费、仓储费、工地保管费、仓储损耗。

工程设备是指构成或计划构成永久工程一部分的机电设备、金属结构设备、仪器装置及其他类似的设备和装置。

6. 施工机具使用费

施工机具使用费是指施工作业所发生的施工机械、仪器仪表使用费或其租赁费。施工机械使用费以施工机械台班耗用量乘以施工机械台班单价表示，施工机械台班单价应由下列七项费用组成：

（1）折旧费。折旧费是指施工机械在规定的使用年限内，陆续收回其原值的费用。

（2）大修理费。大修理费是指施工机械按规定的大修理间隔台班进行必要的大修理，以恢复其正常功能所需的费用。

（3）经常修理费。经常修理费是指施工机械除大修理以外的各级保养和临时故障排除所需的费用。包括为保障机械正常运转所需替换设备与随机配备工具附具的摊销和维护费用，机械运转中日常保养所需润滑与擦拭的材料费用及机械停滞期间的维护和保养费用等。

（4）安拆费及场外运费。安拆费是指施工机械（大型机械除外）在现场进行安装与拆卸所需的人工、材料、机械和试运转费用以及机械辅助设施的折旧、搭设、拆除等费用；场外运费是指施工机械整体或分体自停放地点运至施工现场或由一处施工地点运至另一处施工地点的运输、装卸、辅助材料及架线等费用。

（5）人工费。人工费是指机上司机（司炉）和其他操作人员的人工费。

（6）燃料动力费。燃料动力费是指施工机械在运转作业中所消耗的各种燃料及水、电费等。

（7）税费。税费是指施工机械按照国家规定应缴纳的车船使用税、保险费及年检费等。

（8）仪器仪表使用费。仪器仪表使用费是指工程施工所需使用的仪器仪表的摊销及维修费用。与施工机具使用费类似，仪器仪表台板单价通常由折旧费、维护费、校验费和动力费组成。

7. 企业管理费

企业管理费是指建筑安装企业组织施工生产和经营管理所需的费用。内容包括：

（1）管理人员工资。管理人员工资是指按规定支付给管理人员的计时工资、奖金、津贴补贴、加班加点工资及特殊情况下支付的工资等。

（2）办公费。办公费是指企业管理办公用的文具、纸张、账表、印刷、邮电、书报、办公软件、现场监控、会议、水电、烧水和集体取暖降温（包括现场临时宿舍取暖降温）等费用。

（3）差旅交通费。差旅交通费是指职工因公出差、调动工作的差旅费、住勤补助费，市内交通费和误餐补助费，职工探亲路费，劳动力招募费，职工退休、退职一次性路费，工伤人员就医路费，工地转移费以及管理部门使用的交通工具的油料、燃料等费用。

（4）固定资产使用费。固定资产使用费是指管理和试验部门及附属生产单位使用的属于固定资产的房屋、设备、仪器等的折旧、大修、维修或租赁费。

（5）工具用具使用费。工具用具使用费是指企业施工生产和管理使用的不属于固定资产的工具、器具、家具、交通工具和检验、试验、测绘、消防用具等的购置、维修和摊销费。

（6）劳动保险和职工福利费。劳动保险和职工福利费是指由企业支付的职工退职金、按规定支付给离退休干部的经费、集体福利费、夏季防暑降温费、冬季取暖补贴、上下班交通补贴等。

（7）劳动保护费。劳动保护费是指企业按规定发放的劳动保护用品的支出，如工作服、手套、防暑降温饮料以及在有碍身体健康的环境中施工的保健费用等。

（8）检验试验费。检验试验费是指施工企业按照有关标准规定，对建筑以及材料、构件和建筑安装物进行一般鉴定、检查所发生的费用，包括自设实验室进行试验所耗用的材料等费用。不包括新结构、新材料的试验费，对构件做破坏性试验及其他特殊要求检验试验的费用和建设单位委托检测机构进行检测的费用，对此类检测发生的费用，由建设单位在工程建设其他费用中列支。但对施工单位提供的具有合格证明的材料进行检测不合格的，该检测费用由施工单位支付。

（9）工会经费。工会经费是指企业按《中华人民共和国工会法》规定的全部职工工资总额比例计提的工会经费。

（10）职工教育经费。职工教育经费是指按职工工资总额的规定比例计提的，企业为职工进行专业技术和职业技能培训、专业技术人员继续教育、职工职业技能鉴定、职业资格认定以及根据需要对职工进行各类文化教育所发生的费用。

（11）财产保险费。财产保险费是指施工管理用财产、车辆等的保险费用。

（12）财务费。财务费是指企业为施工生产筹集资金或提供预付款担保、履约担保、职工工资支付担保等所发生的各种费用。

（13）税金。税金是指除增值税之外的企业按规定缴纳的房产税、非生产性车船使用税、土地使用税、印花税、消费税、资源税、环境保护税、城市维护建设税、教育费附加、地方教育附加等各项税费。

（14）其他管理费，包括技术转让费、技术开发费、投标费、业务招待费、绿化费、广告费、公证费、法律顾问费、审计费、咨询费、保险费（含财产险、人身意外伤害险、安全生产责任险、工程质量保证险等）、劳动力招募费、企业定额编制费等。

8. 利润

利润是指施工单位从事建筑安装工程施工所获得的盈利，由施工单位根据企业自身需求并结合建筑市场实际自主确定。工程造价管理机构在确定计价定额中利润时，应以定额人工费、材料费和施工机具使用费之和，或以定额人工费、定额人工费与施工机具使用费之和作为计算基数，其费率根据历年积累的工程造价资料，并结合建筑市场实际、项目竞争情况、项目规模与难易程度等确定，以单位（单项）工程测算，利润在税前建筑安装工程费用的比重可按不低于 5% 且不高于 7% 的费率计算。

9. 规费

规费是指按国家法律、法规规定，由省级政府和省级有关权力部门规定必须缴纳或计取的费用，应计入建筑安装工程造价的费用。主要包括社会保险费、住房公积金。

（1）社会保险费。

1）养老保险费。养老保险费是指企业按照规定标准为职工缴纳的基本养老保险费。

2）失业保险费。失业保险费是指企业按照规定标准为职工缴纳的失业保险费。

3）医疗保险费。医疗保险费是指企业按照规定标准为职工缴纳的基本医疗保险费。

4）生育保险费。生育保险费是指企业按照规定标准为职工缴纳的生育保险费。

5）工伤保险费。工伤保险费是指企业按照规定标准为职工缴纳的工伤保险费。

（2）住房公积金。住房公积金是指企业按规定标准为职工缴纳的住房公积金。

其他应列而未列入的规费，按实际发生计取。

10. 税金

“营改增”后，建筑安装工程费用中的税金就是增值税，按税前造价乘以增值税税率确定。增值税是以商品（含应税劳务）在流转过程中产生的增值额作为计税依据而征收的一种流转税，其计税方法采用销项税额与进项税额抵扣计算应纳税额的方法（简易计税方法可以视为可抵扣进项税额为 0）。

第 2 章　建筑装饰装修工程制图与识读

2.1　装饰装修工程施工图识读基础

工程施工图是工程设计的重要成果之一，是用于指导工程施工的详细蓝图。

建筑工程施工图，是指建筑设计人员运用制图学原理，按照国家的建筑方针政策、设计规范、设计标准，结合建设地点的水文、地质、气象、资源、交通运输条件等有关资料，以及建设单位提出的具体要求，在经过批准的初步（或扩大初步）设计的基础上，采用国家统一制图规范表现拟建建筑物或构筑物，以及建筑设备各部位之间的空间关系及其实际形状尺寸的图样。建筑工程施工图是指导拟建项目施工建造和预算编制的基础依据。

装饰装修工程作为建筑工程的重要分部工程，装饰装修施工图制图在遵循现行国家标准《房屋建筑制图统一标准》GB/T 50001 的基础上，还应遵循现行行业标准《房屋建筑室内装饰装修制图标准》JGJ/T 244 的规定。

2.1.1　装饰装修工程构造简介

装饰装修施工图是用于指导建筑装饰装修工程施工的详细图纸，其能够准确反映各装饰部位的尺寸、形状，明确施工的工艺、流程、方法和具体要求，并清晰标注所需的装饰材料种类、规格、数量。造价人员要想做好装饰装修工程的预算工作，必须要在熟悉装饰装修工程构造的基础上，读懂、读透装饰装修施工图纸。

装饰构造是指建筑物装饰装修部分的结构组成和构造方式，其包括装饰面层、基层、连接件等部分。装饰构造的设计需要考虑美观、实用、耐久性等因素，同时也要满足相关的技术标准和安全要求。合理的装饰构造可以提高建筑物的装饰质量和使用寿命，满足人们的使用要求和精神需求，进一步实现建筑的使用和审美功能。室内装饰构造项目主要由以下部位组成：

（1）天棚

天棚通常是指建筑物内部的天棚板或天棚，天棚装饰是室内装饰的重要组成部分，起到遮挡屋顶结构、美化室内空间、改善室内采光和声学效果等作用。天棚的材料和形式有很多种，如石膏板、铝板、矿棉板、木质天棚板等。

（2）楼地面

楼地面包括楼层地面和底层地面，其主要功能是提供一个平整、坚固、舒适的表面，以便人们行走、放置家具和进行其他活动。楼地面的材料种类也很多，常见的有水泥地面、自流平地面、地砖、木地板、地毯等。

（3）内墙（柱）面

内墙（柱）面即室内空间的侧界面，是建筑物的重要组成部分，它不仅起到承重和分隔空间的作用，同时也是装饰和展示个性的重要元素。墙（柱）面的材料和装饰方式非常多样，可以根据不同的风格和需求进行选择。比如涂料、壁纸（布）、软（硬）包、瓷砖、石材等。

（4）室内门窗

室内门窗既起到分隔室内空间、提供安全保障、通风、采光和隔声的作用，还为室内空间增添装饰效果。门窗材料有铝合金、塑钢、实木、实木复合、模压等。门窗的装饰构件有贴脸板、筒子板等。

（5）室内细部装饰

室内细部装饰包括橱柜、窗帘盒、窗台板和暖气罩、门窗套、护栏和扶手、花饰等。

2.1.2 装饰装修工程施工图的特点

虽然装饰装修工程施工图与建筑工程施工图的绘制原理和图示标志形式基本相同，但由于专业特点的差异，两者在图示内容上有所不同，故两者在图示方法上主要存在以下方面的差异：

（1）装饰装修工程施工图纸不仅要表现与建筑结构、装饰构造等相关的内容，还要表现家具、陈设、绿化、设备等配套产品的布置，以及钢、铁、铝、铜、木等不同材质装饰构配件的构造处理。因此，装饰装修施工图中常出现建筑制图、家具制图、园林制图和机械制图等多种制图规则并存的现象。

（2）装饰装修工程施工图需表达的内容较多，不仅要表现建筑的基本结构，还要表现装饰的构造，以及水电与设备安装的要求。因此，装饰装修施工图常组合建筑工程、建筑装饰装修工程、建筑电气工程、建筑给水排水工程等相关专业的图纸。

（3）装饰装修工程施工图所要表现的装饰构造或构配件存在大小各异的情况，表现详略所用比例随实际需求各有不同。同时，建筑物某一装饰部位或某一装饰空间局部的详细描绘通常比建筑施工图更细致。

（4）由于装饰装修设计师与业主对装饰效果个性化的追求，装饰装修工程的标准化设计较少，无法普遍引用标准图集。所以，装饰装修工程施工图中需要专门绘制装饰构造或装饰构件的大样图或节点详图。

2.1.3　投影法

光线照射物体产生影子的现象称为投影，例如光线照射物体在地面或其他背景上产生的影子就是物体的投影。在制图学上把此投影称为投影图（亦称为视图）。

用一组假想的光线把物体的形状投射到投影面上，并在其上形成物体的图像，这种用投影图表示物体的方法称为投影法，它表示光源、物体和投影面三者之间的关系。投影法是绘制工程图的基础。

投射线相互平行且垂直于投影面的称为正投影法，又称为直角投影法。用正投影法画出的物体图形，称为正投影（正投影图）。正投影图能反映物体的真实形状和大小，度量性好，作图简便，是工程制图中广泛采用的一种图示方法。

（1）《房屋建筑制图统一标准》GB/T 50001—2017 有关投影法的规定。

房屋建筑的视图应按正投影法并用第一视角画法绘制。建筑制图中的视图就是画法几何中的投影图。自物体的正前方投影，所得视图应为主视图，即正立面图。以主视图为基准，从物体的上方垂直向下投影，所得视图应为俯视图，并放在主视图的下面，即平面图；从物体的左边投影，所得视图应为左视图，并放在主视图的右边，即左侧立面图；从物体的右边投影，所得视图应为右视图，并放在主视图的左边，即右侧立面图；从物体的下方垂直向上投影，所得视图应为仰视图，并放在主视图的上面，即底面图；自物体的正后方投影，所得视图应为后视图，并放在左视图的右面或右视图的左边，即背立面图。如图 2-1 所示。

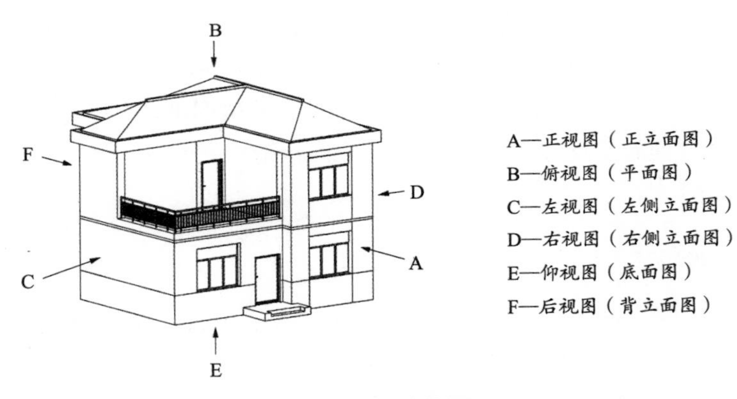

图 2-1　房屋建筑视图

（2）《房屋建筑制图统一标准》GB/T 50001—2017 有关投影法的规定。

房屋建筑室内装饰装修的视图，应采用位于建筑内部的视点按正投影法并用第一视角画法绘制，且自 A 的投影镜像图应为天棚平面图，自 B 的投影应为平面图，自 C、D、E、F 的投影应为立面图（图 2-2、图 2-3）。

房屋建筑室内装饰装修立面图应按正投影法绘制。除天棚平面图外、天棚平面图应采用镜像投影法绘制（图 2-4），其图像方向与定位轴线应与平面图完全一致，各种平面图也应按正投影法绘制（图 2-5 ~ 图 2-7）。

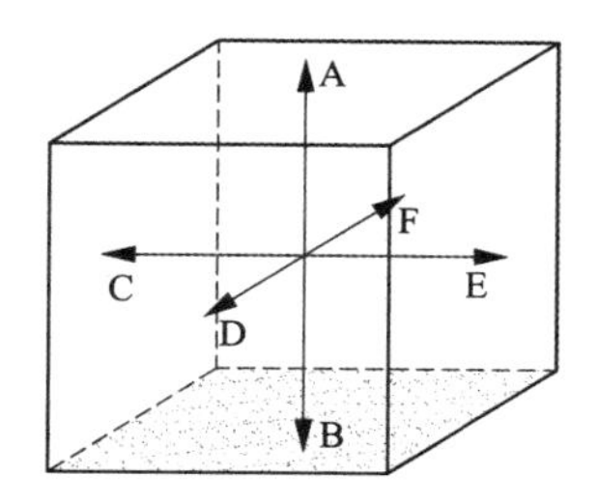

图 2-2 第一视角画法

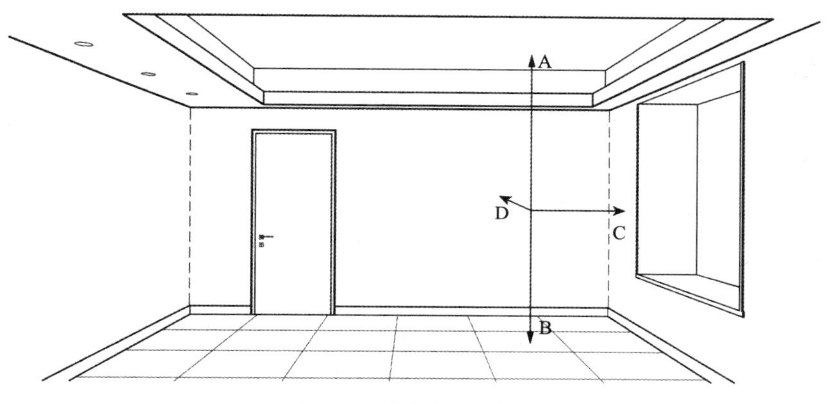

图 2-3 室内空间示意图

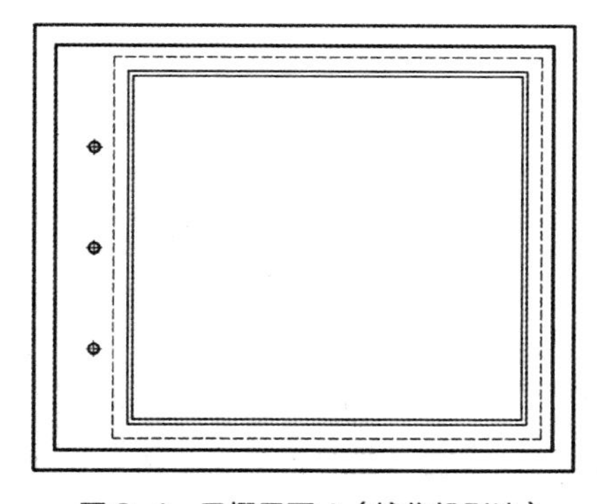

图 2-4 天棚平面 A（镜像投影法）

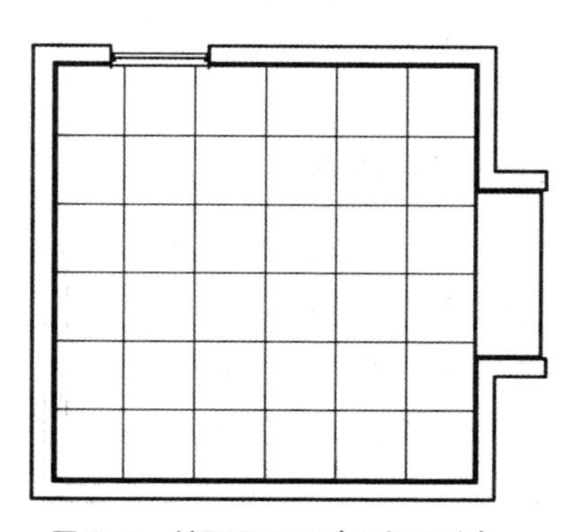

图 2-5 地面平面 B（正投影法）

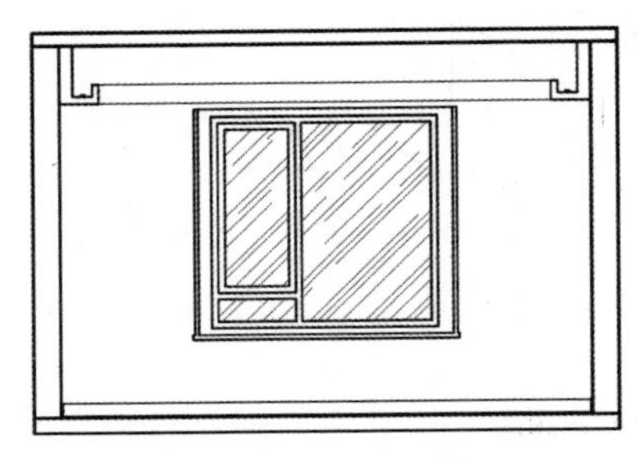

图 2-6　墙立面 C（正投影法）

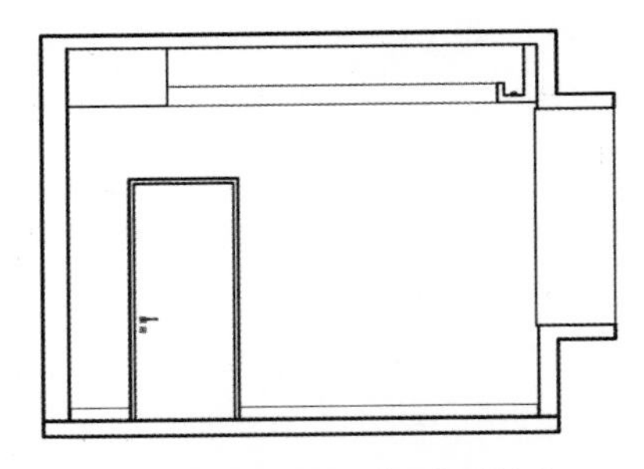

图 2-7　墙立面 D（正投影法）

2.1.4　剖面图

投影图对于物体不可见的轮廓线需用虚线画出，如物体结构较复杂时，必然导致图面虚实线交错、混淆不清，既不利于标注尺寸，也不容易读图。剖面图则是用假想的剖切平面将物体剖切后，将剖切平面与观察者之间的部分移去，将剩余部分按垂直剖切平面的方向投影而得到的视图。剖面图可以展示物体内部的结构、层次和关系，帮助读图者更好地理解物体的构造和工作原理。

剖面图除应画出剖切面切到部分的图形外，还应画出沿投射方向看到的部分，被剖切面切到部分的轮廓线用 0.76*b*（*b* 为基本线宽）的实线绘制，剖切面没有切到但沿投射方向可以看到的部分，用 0.56*b* 的实线绘制。

2.1.5　断面图

断面图是指用假想的剖切平面将物体剖切后，仅画出剖切平面与物体接触部分的图形。它可以用来表达物体内部的结构、形状、材料等信息，适用于仅需要表现物体某一部位的截面形状时，只画出形体与剖切平面相交的那部分图形的情况。与剖面图略有不同，画断面图时，只需用 0.76*b* 的实线绘制出被剖切面切到部分的轮廓线图形。

2.1.6　剖面图与断面图的区别

（1）断面图只画出物体被剖切后剖切平面与形体接触的那部分，

即只画出截断面的图形，而剖面图则画出被剖切后剩余部分的投影，如图 2-8 所示。

（2）断面图和剖面图的符号也有所不同，断面图的剖切符号只画长度为 6 ~ 10mm 的粗实线作为剖切位置线，不画剖视方向线，编号写在投影方向的一侧。

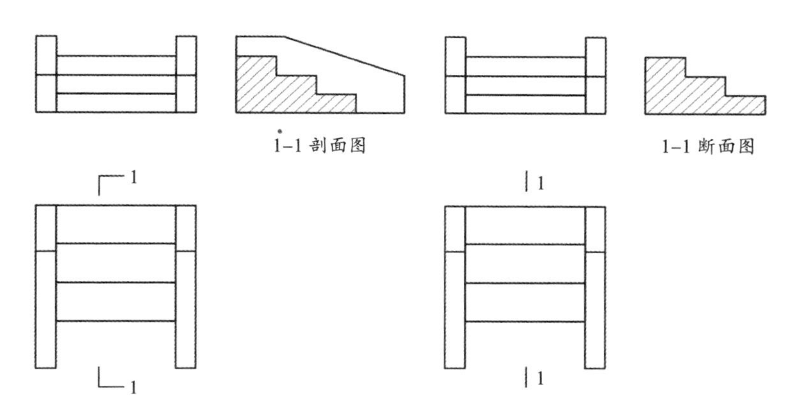

图 2-8 剖面图与断面图画法

2.2 装饰装修工程施工图绘制标准

2.2.1 图纸幅面

（1）装饰装修工程施工图图纸幅面及图框尺寸应符合表 2-1 的规定。

表 2-1 幅面及图框尺寸（mm）

尺寸代号	幅面代号				
	A0	A1	A2	A3	A4
$b \times l$	841 × 1189	594 × 841	420 × 594	297 × 420	210 × 297
c	10			5	
a	25				

注：表中 b 为幅面短边尺寸，l 为幅面长边尺寸，c 为图框线与幅面线间宽度，a 为图框线与装订边间宽度。

（2）图纸的短边尺寸不应加长，A0 ~ A3 幅面长边尺寸可加长，但应符合《房屋建筑制图统一标准》GB/T 50001—2017 的相关规定。

（3）图纸以短边作为垂直边应为横式，以短边作为水平边应为立式。A0 ~ A3 图纸宜横式使用；必要时，也可立式使用。

（4）一个工程设计中，每个专业所使用的图纸不宜多于两种幅面，不含目录及表格所采用的 A4 幅面。

2.2.2 图纸排序

（1）装饰装修工程图纸应按专业顺序编排，并应依次为图纸目录、装饰装修图、给水排水图、电气图、暖通空调图等。

（2）各专业图纸应按图纸内容的主次关系、逻辑关系进行分类排序。

（3）室内装饰装修图纸编排宜按设计（施工）说明，装饰装修材料表，总平面图，天棚总平面图，天棚灯具布置图，设备设施布置图，天棚综合布点图，墙体定位图，地面铺装图，陈设、家具平面布置图，部品部件平面布置图，各空间平面布置图，各空间天棚平面图，立面索引图，立面图，部品部件立面图、剖面图、详图、节点图，配套标准图的顺序排列。

（4）各楼层的室内装饰装修图纸应按自下而上的顺序排列，同楼层各段（区）的室内装饰装修图纸应按主次区域和内容逻辑关系排列。

2.2.3 图线要求

图线是表示工程图样的线条，图线由线型和线宽组成。为了使图纸主次分明，绘图时需要用不同规格的线型和线宽来表达设计内容。

（1）室内装饰装修制图应采用实线、虚线、单点长画线、折断线、波浪线、点线、样条曲线、云线等线型，并应选用如表 2-2 所示的常用线型。

表 2-2 房屋建筑室内装饰装修制图常用线型

名称		线型	线宽	一般用途
实线	粗		b	1. 平、剖面图中被剖切的房屋建筑和装饰装修构造的主要轮廓线 2. 房屋建筑室内装饰装修立面图外轮廓线 3. 房屋建筑室内装饰装修构造 4. 图、节点图中被剖切部分的主要轮廓线 5. 平、立、剖面图的剖切符号
	中粗		$0.7b$	1. 平、剖面图中被剖切的房屋建筑和装饰装修构造的次要轮廓线 2. 房屋建筑室内装饰装修详图中的外轮廓线
	中		$0.5b$	1. 房屋建筑室内装饰装修构造详图中的一般轮廓线 2. 小于 $0.7b$ 的图形线、家具线、尺寸线、尺寸界线、索引符号、标高符号、引出线、地面、墙面的高差分界线等
	细		$0.25b$	图形和图例的填充线
虚线	中粗		$0.7b$	1. 表示被遮挡部分的轮廓线 2. 表示被索引图样的范围 3. 拟建、扩建房屋建筑室内装饰装修部分轮廓线
	中		$0.5b$	1. 表示平面中上部的投影轮廓线 2. 预想放置的房屋建筑或构件
	细		$0.25b$	表示内容与中虚线相同，适合小于 $0.5b$ 的不可见轮廓线
单点长画线	中粗		$0.7b$	运动轨迹线
	细		$0.5b$	中心线、对称线、定位轴线
折断线	细		$0.25b$	不需要画全的断开界线
波浪线	细		$0.25b$	1. 不需要画全的断开界线 2. 构造层次的断开界线 3. 曲线形构件断开界限
点线	细		$0.25b$	制图需要的辅助线
样条曲线	细		$0.25b$	1. 不需要画全的断开界线 2. 制图需要的引出线
云线	中粗		$0.5b$	1. 圈出被索引的图样范围 2. 标注材料的范围 3. 标注需要强调、变更或改动的区域

（2）图线的基本线宽 b，宜按照图纸比例及图纸性质从 1.4mm、1.0mm、0.7mm、0.5mm 线宽系列中选取。每个图样，应根据复杂程度与比例大小，先选定基本线宽 b，再选用表 2-3 中相应的线宽组。

表 2-3　线宽组（mm）

线宽比	线宽组			
b	1.4	1.0	0.7	0.5
$0.7b$	1.0	0.7	0.5	0.35
$0.5b$	0.7	0.5	0.35	0.25
$0.25b$	0.35	0.25	0.18	0.13

注：1. 需要缩微的图纸，不宜采用 0.18mm 及更细的线宽。
　　2. 同一张图纸内，不同线宽中的细线，可统一采用较细线宽组的细线。

2.2.4　比例要求

绘制图样时所采用的比例是指图形与实物相应要素的线性尺寸之比。比值为 1 的比例称为原值比例，比值大于 1 的比例称为放大比例，比值小于 1 的比例称为缩小比例。比例的符号应为“：”，比例应以阿拉伯数字表示。

（1）装饰装修工程图样的比例应根据图样用途与被绘对象的复杂程度选取，常用比例宜为 1：1、1：2、1：5、1：10、1：15、1：20、1：25、1：30、1：40、1：50、1：75、1：100、1：150、1：200。

（2）绘图所用的比例，应根据装饰装修设计的不同部位、不同阶段的图纸内容和要求确定，并应符合表 2-4 的规定。对于其他特殊情况，可自定比例。

表 2-4　绘图所用的比例

比例	部位	图纸内容
1：200～1：100	总平面、总顶面	总平面布置图、总天棚平面布置图
1：100～1：50	局部平面、局部天棚平面	局部平面布置图、局部天棚平面布置图
1：100～1：50	不复杂的立面	立面图、剖面图
1：50～1：30	较复杂的立面	立面图、剖面图
1：30～1：10	复杂的立面	立面放大图、剖面图

续表

比例	部位	图纸内容
1：10～1：1	平面及立面中需要详细表示的部位	详图
1：10～1：1	重点部位的构造	节点图

2.2.5　符号与线型

1. 剖切符号

在建筑制图中，剖切符号用于标记剖切所得立面在建筑平面图中的具体位置。它由剖切位置线及剖视方向线组成，均应以粗实线绘制。其中，剖切位置线的长度为 6～10mm，剖视方向线应垂直于剖切位置线，长度为 4～6mm。

（1）剖面剖切符号的编号为阿拉伯数字，由左至右、由上至下连续编排，并注写在剖视方向线的端部。需转折的剖切位置线，在转角的外侧加注与该符号相同的编号，构件剖面图的剖切符号通常标注在构件的平面图或立面图上。

（2）断面的剖切符号用粗实线表示，且仅用剖切位置线而不用投射方向线。断面的剖切符号编号所在一侧为该断面的剖视方向。

（3）剖面图或断面图与被剖切图样不在同一张图纸时，在剖切位置线的另一侧标注其所在图纸的编号，或在图纸上集中说明。如图 2-9、图 2-10 所示。

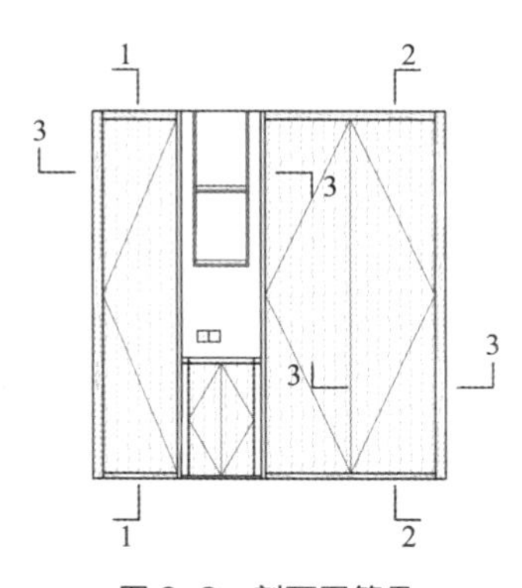

图 2-9　剖面图符号

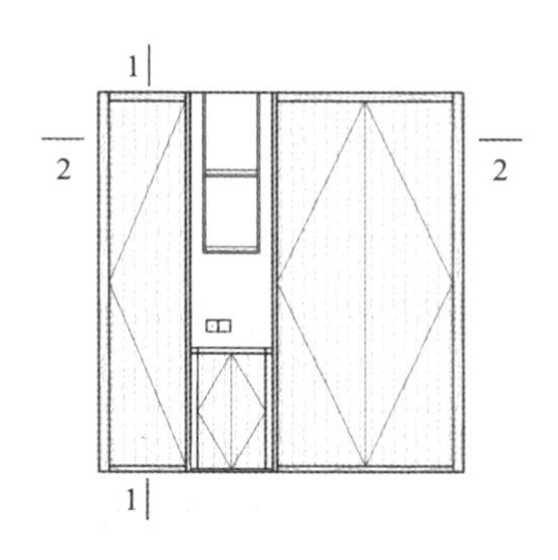

图 2-10　断面图符号

2. 索引符号

索引符号主要用作指示被索引的图所在的位置，以便快速查询相关的图纸或详图。根据用途的不同，可分为立面索引符号、剖切索引符号、详图索引符号、设备索引符号、部品部件索引符号。

（1）立面索引符号，表示室内立面在平面上的位置及立面图所在的图纸编号，应在立面索引的平面图上使用。立面索引符号一般由三角箭头、圆圈、水平直径线以及数字或字母组成。箭头代表各投视方向，并以顺时针方向排序；圆圈内单独的字母表示立面编号；圆圈分上下半圆时，上半圆的字母表示立面详图编号，下半圆的数字或字母表示立面详图所在图纸编号；如下半圆为短划线时，表示立面详图在本页图纸内。如图 2-11 所示。

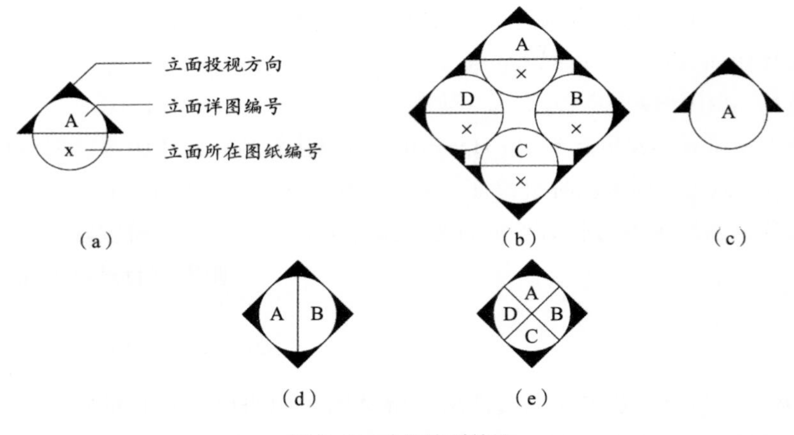

图 2-11　立面索引符号

（2）剖切索引符号，表示剖切面在界面上的位置或图样所在图纸编号，应在被索引的界面或图样上使用剖切索引符号。剖切索引符号由圆圈（或三角箭头）、数字、字母、引出线、剖切线组成，剖切线指向剖切图形。上半圆的数字或字母表示剖面详图编号，下半圆中的数字或字母表示剖面详图所在图纸编号；如下半圆为短划线时，表示剖面详图在本页图纸内。如图 2-12 所示。

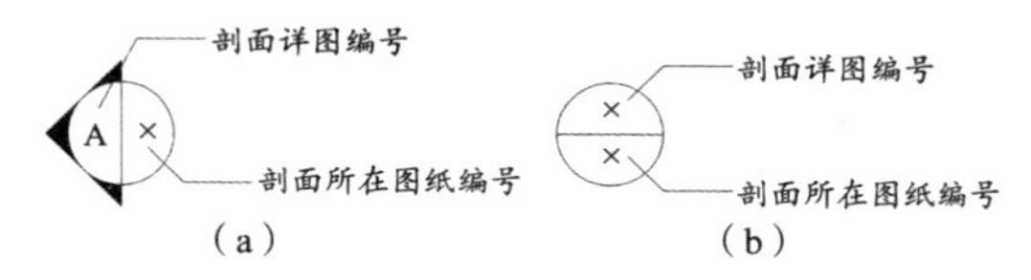

图 2-12 剖切索引符号

（3）详图索引符号，表示局部放大详图所在的位置，应在被索引图样上使用详图索引符号。详图索引符号由圆圈、数字、字母、水平直径线组成。上半圆的数字或字母表示详图编号，如上半圆为短划线时，表示整页详图；下半圆的数字或字母表示详图所在图纸编号；如下半圆为短划线时，表示剖面详图在本页图纸内。如图 2-13 所示。

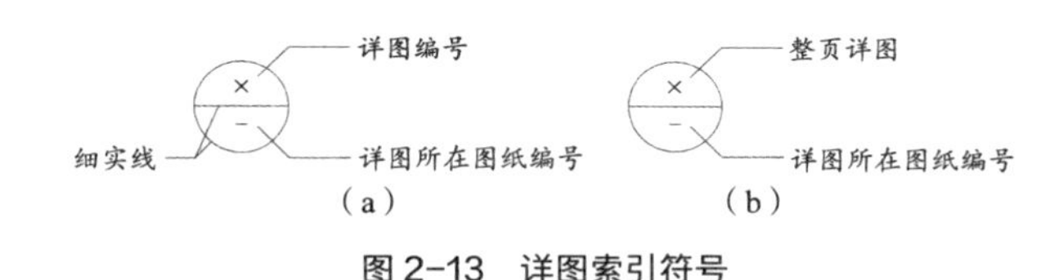

图 2-13 详图索引符号

（4）设备索引符号，表示各类设备（含设备、设施、家具、灯具等）的品种及对应的编号，应在图样上使用设备索引符号。设备索引符号由六边形、数字、字母、水平内径线组成。水平内径线上方表示设备编号，水平内径线下方表示设备品种代号。如图 2-14 所示。

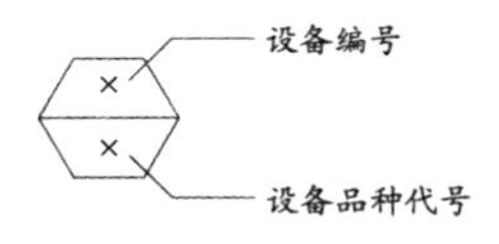

图 2-14 设备索引符号

3. 图名编号

图名编号主要用于标注被索引图样的详图编号、名称、比例、所在图纸页码等信息。图名编号应由圆圈、字母、数字、水平直径线、图名和比例组成。

（1）用来表示被索引出的详图图样时，应在图号圆圈内画一水平直径，上半圆的数字或字母表示详图编号，下半圆的数字或字母表示该索引图所在图纸编号（图 2-15）。

图 2-15　被索引出的图样的图名编写

（2）当被索引出的详图与索引图同在一张图纸中时，图号圆圈内可直接用数字或字母表示详图编号；也可在圆圈内画一水平直径线，上半圆用数字或字母表示详图编号，下半圆用短划线表示该索引详图在本页图纸中（图 2-16）。

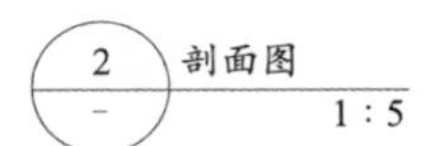

图 2-16　索引图与被索引出的图样同在一张图纸中的图名编写

（3）图名编号引出的水平直线上方应用中文注明该详图的图名，水平直线下方应注明该详图图样的比例。

4. 标高符号

标高符号主要用于标注建筑物的某一部位相对于某一基准面的垂直高度。标高符号一般由直角等腰三角形、水平延长线以及标高数字组成，也可用涂黑的倒直角等腰三角形或 90° 对顶角的圆。标注天棚标高时，也可采用 CH 符号表示（图 2-17）。

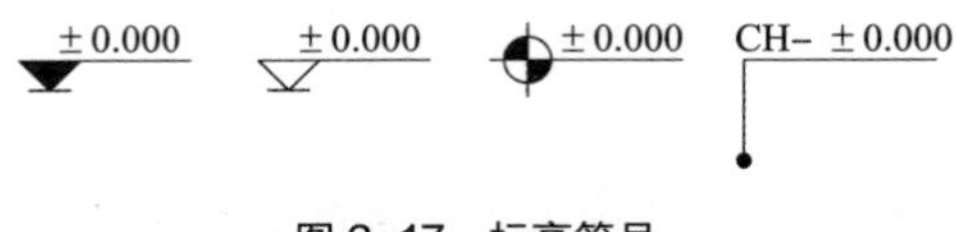

图 2-17　标高符号

（1）总平面图室外地坪标高符号宜用涂黑的三角形表示，具体画法如图 2-18 所示。

（2）标高符号的直角顶点应指至被标注高度的位置，而直角底边一般应与水平面相平行。直角顶点可向下或向上。标高数字应注写在标高符号水平线的上方或下方（直角顶点的相反方向）（图 2-19）。

图 2-18　总平面图室外地坪标高符号　　图 2-19　标高的指向

（3）标高数字应以米（m）为单位，注写到小数点后第三位。在总平面图中，可注写到小数字点后第二位。

（4）零点标高应注写成 ±0.000，正数标高不注“+”，负数标高应注“–”，如 3.000、–3.000。

在图样的同一位置需表示几个不同标高时，标高数字可按如图 2-20 所示的形式注写。

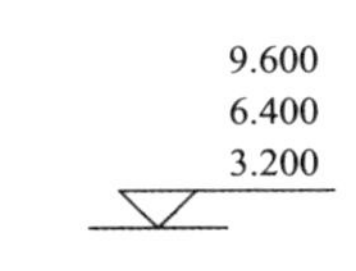

图 2-20　同一位置注写多个标高数字

5. 其他符号

（1）对称符号。由细单点长画线的对称线和细实线的分中符号组成。分中符号可采用两对平行线或大写英文 CL 缩写。构配件的视图有一条对称线，可只画该视图的一半；视图有两条对称线，可只画该视图的 1/4，并画出对称符号。对称的形体需画剖面图或断面图时，可以对称符号为界，一半画视图（外形图），一半画剖面图或断面图（图 2-21）。

（2）连接符号。以折断线或波浪线表示需连接的部位。两部位相距过远时，折断线或波浪线两端靠图样一侧应标注大写字母表示连接编号。两个被连接的图样应用相同的字母编号（图 2-22）。构配件较长时，当沿长度方向的形状相同或按一定规律变化，可断开省略绘制，断开处以折断线表示。当构配件在图纸中绘制位置不够时，可分成几个部分绘制，并应以连接符号表示相连。当构配件与另一构配件仅部分不相同，该构配件可只画不同部分，但应在两个构配件的相同部分与不同部分的分界线处，分别绘制连接符号。

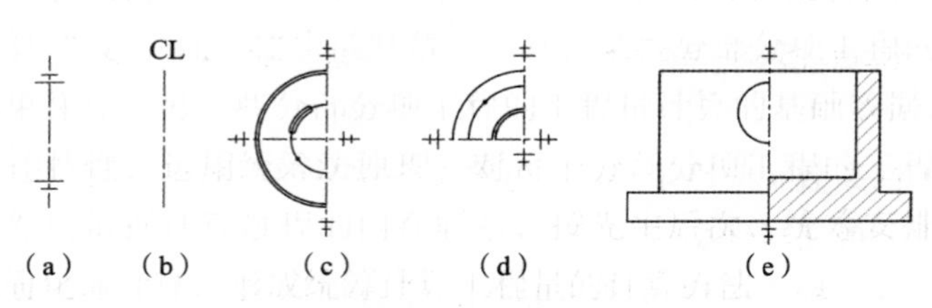

图 2-21　对称符号

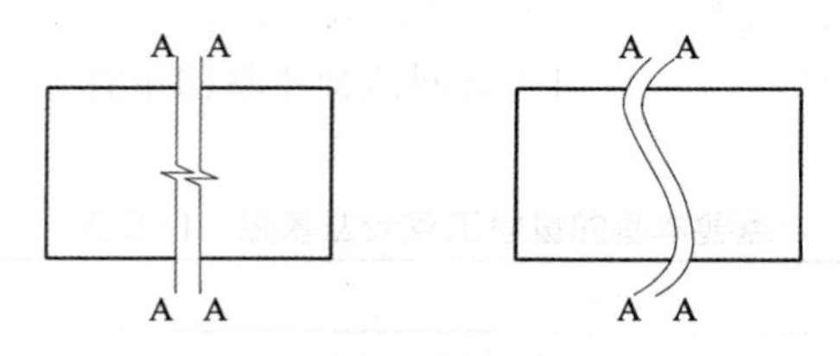

图 2-22　连接符号

（3）转角符号。立面的转折应用转角符号表示，且转角符号应以垂直线连接两端交叉线加注角度符号表示（图 2-23）。

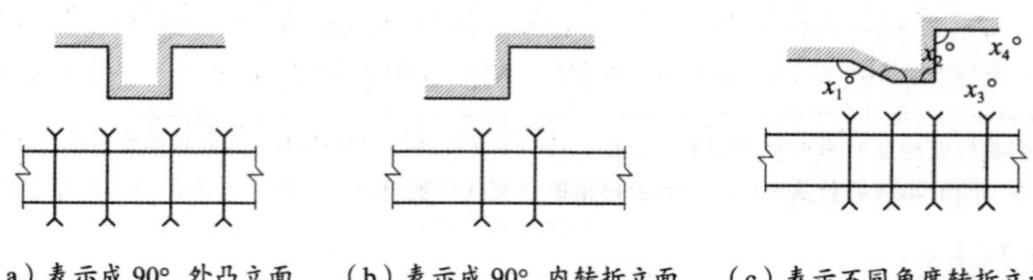

（a）表示成 90° 外凸立面　（b）表示成 90° 内转折立面　（c）表示不同角度转折立面

图 2-23　转角符号

（4）坡度符号。标注坡度时，应加注坡度符号“←”或“←”（图 2-24、图 2-25），箭头应指向下坡方向。坡度也可用直角三角形的形式标注。

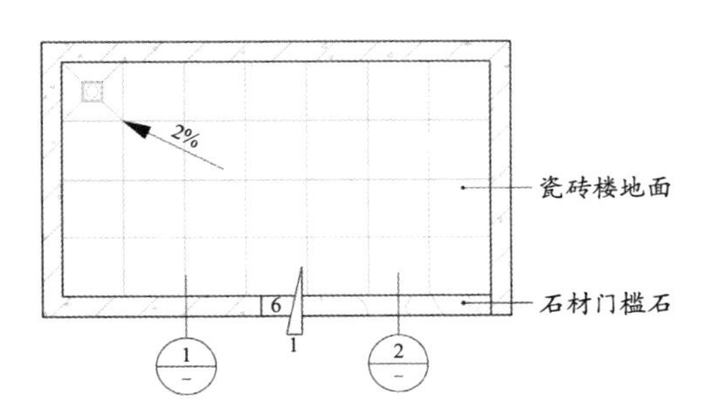

图 2-24 平面索引图

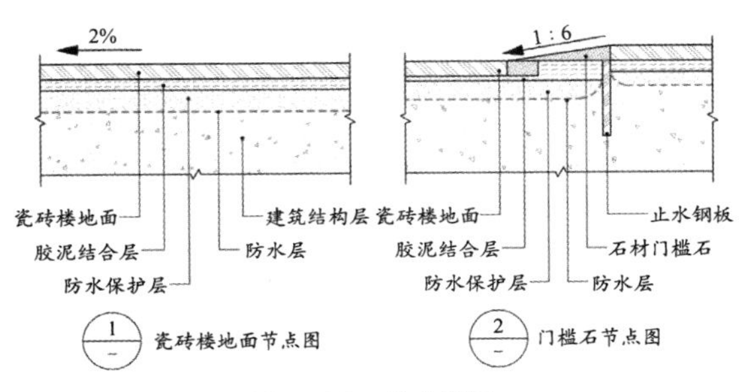

图 2-25 节点详图

（5）变更云线。图纸中局部变更部分宜采用云线，并注明修改版次。修改版次符号宜为正等边三角形，修改版次应采用数字表示（图 2-26）。

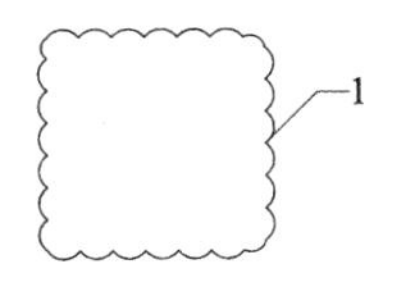

图 2-26 变更云线

注：1 为修改次数

6. 引出线

施工图中的引出线应用细实线绘制，它由水平方向的直线或与水平方向成 30° 、45° 、60° 、90° 的直线和经上述角度转折的水平线组成。引出线起止符号可采用圆点绘制，也可采用箭头绘制（图 2-27）。起止符号的大小应与本图样尺寸的比例相协调。

图 2-27 引出线起止符号

（1）文字说明应注写在水平线的上方或端部。索引详图的引出线应与索引符号圆圈内的水平直径线相连接（图 2-28）。同时引出几个相同部分的引出线时，引出线可相互平行，也可集中于一点（图 2-29）。

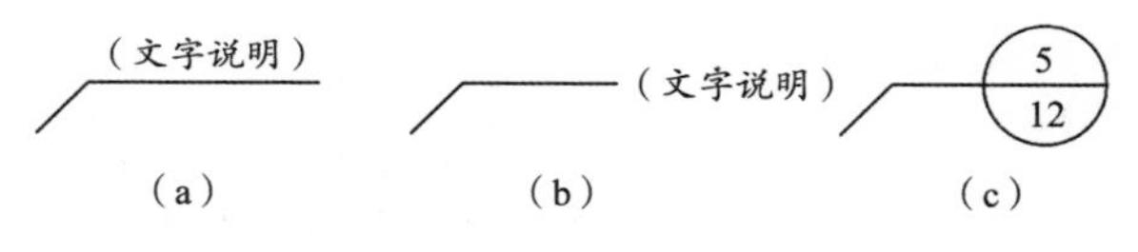

图 2-28 引出线

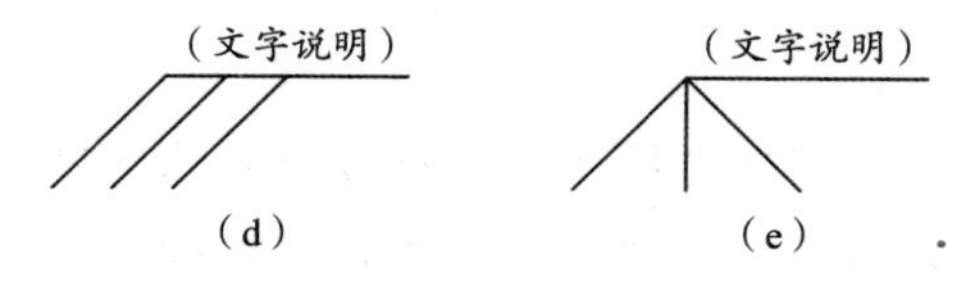

图 2-29 共用引出线

（2）多层构造或多层管道共用引出线，应通过被引出的各层，并用圆点示意对应各层次。文字说明应注写在水平线的上方或端部，说明的顺序应由上至下，与被说明的层次对应一致；如层次为横向排序，则由上至下的说明顺序应与被说明的层次由左至右对应一致（图 2-30）。

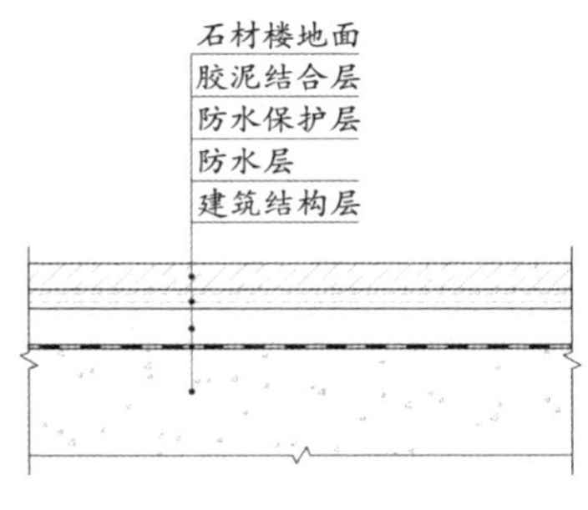

图 2-30 多层构造引出线

7. 定位轴线

定位轴线主要用来确定建筑物主要结构或构件位置及尺寸的基准线。定位轴线应用细单点长画线绘制。定位轴线的编号应注写在轴线端部的圆内。定位轴线圆的圆心应在定位轴线的延长线上或延长线的折线上。

（1）除较复杂需采用分区编号或圆形、折线形外，平面图上定位轴线的编号，宜标注在图样的下方及左侧，或在图样的四面标注。横向编号应用阿拉伯数字，从左至右顺序编写；竖向编号应用大写英文字母，从下至上顺序编写（图 2-31）。

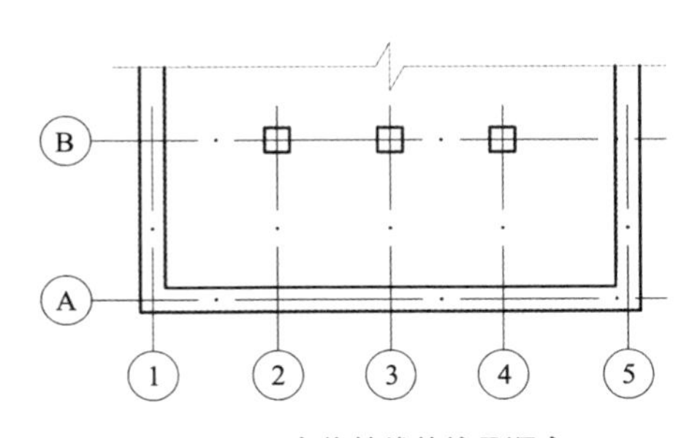

图 2-31 定位轴线的编号顺序

（2）英文字母作为轴线号时，应全部采用大写字母，不应用同一个字母的大小写来区分轴线号。英文字母的 I、O、Z 易与数字 1、0、2 混淆，因此不得用作轴线编号。当字母数量不够使用时，可增用双字母或单字母加数字注脚。

（3）组合较复杂的平面图中定位轴线可采用分区编号，编号的注写形式应为“分区号 - 该分区定位轴线编号”，分区号宜采用数字或大写英文字母表示；多子项的平面图中定位轴线可采用子项编号，编号的注写形式为“子项号 - 该子项定位轴线编号”，子项号采用数字或大写英文字母表示，如“1-1”“1-A”或“A-1”“A-2”。当采用分区编号或子项编号，同一根轴线有不止 1 个编号时，相应编号应同时注明（图 2-32）。

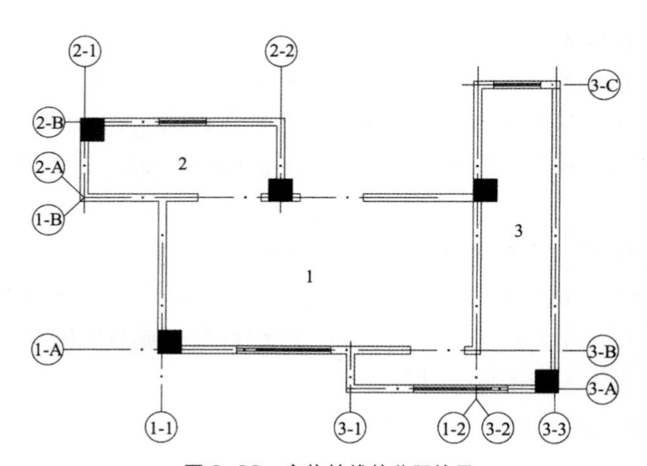

图 2-32　定位轴线的分区编号

8. 指北针、风玫瑰

（1）指北针是表示东、西、南、北四个朝向的符号，形状如图 2-33 所示。指北针采用细实线绘制，其圆的直径宜为 23mm，指针尾部的宽度宜为 3mm，上端注“北”字或字母“N”。

（2）工程所在地一年四季的风向情况，一般采用风向频率标记，由于风向频率标记形似朵玫瑰花，因此又称为风向频率玫瑰图，简称风玫瑰。指北针与风玫瑰结合时宜采用互相垂直的线段，线段两端应超出风玫瑰轮廓线 2 ~ 3mm，垂点宜为风玫瑰中心，北向应注“北”字或字母“N”。

（3）风玫瑰是根据某一地区多年平均统计的各个方向刮风次数的百分值，按一定比例绘制而成的，一般采用 16 个方位表示，箭头表示正北方向，实线表示全年的风向频率，虚线表示夏季（6 ~ 8 月）的风向频率，图上所表示的风的吹向是指从外面吹向地区中心的，如图 2-34 所示，表示该地区全年的主导风向为西北风，夏季的主导风向为西风。

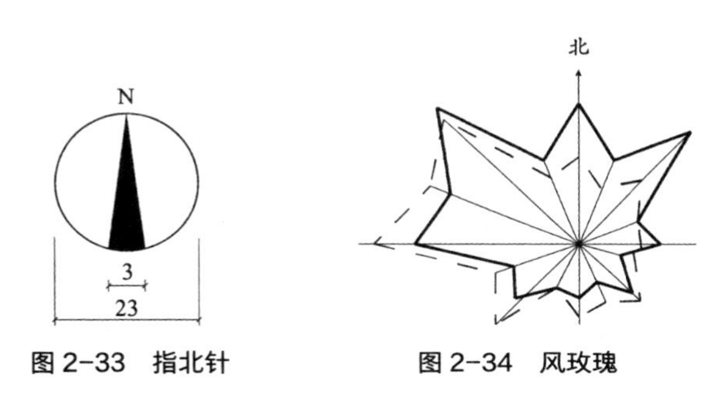

图 2-33　指北针　　图 2-34　风玫瑰

2.2.6　尺寸标注

1. 尺寸界线、尺寸线及尺寸起止符号

（1）图样上的尺寸，应包括尺寸界线、尺寸线、尺寸起止符号和尺寸数字（图 2-35）。

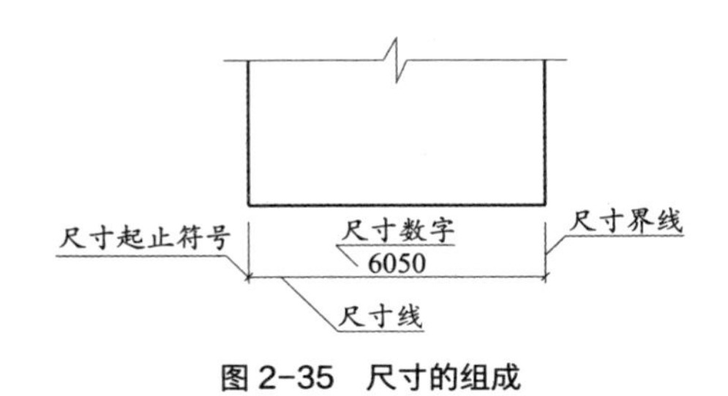

图 2-35　尺寸的组成

（2）尺寸界线应用细实线绘制，应与被标注长度垂直，其一端应离开图样轮廓线不小于 2mm，另一端宜超出尺寸线 2 ~ 3mm（图 2-36）。图样轮廓线可用作尺寸界线。

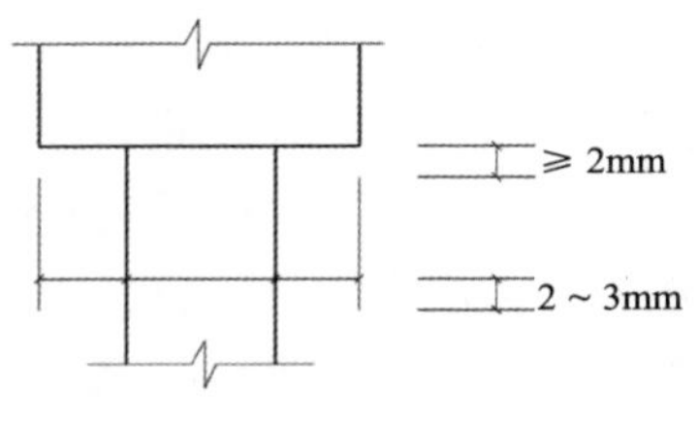

图 2-36 尺寸界线

（3）尺寸线应用细实线绘制，应与被标注长度平行，两端宜以尺寸界线为边界，也可超出尺寸界线 2 ~ 3mm。图样本身的任何图线均不得用作尺寸线。

（4）尺寸起止符号用中粗斜短线绘制，其倾斜方向应与尺寸界线呈顺时针 45° 角，长度宜为 2 ~ 3mm。轴测图中用小圆点表示尺寸起止符号，小圆点直径 1mm（图 2-37）。半径、直径、角度与弧长的尺寸起止符号，宜用箭头表示，箭头宽度不宜小于 1mm。

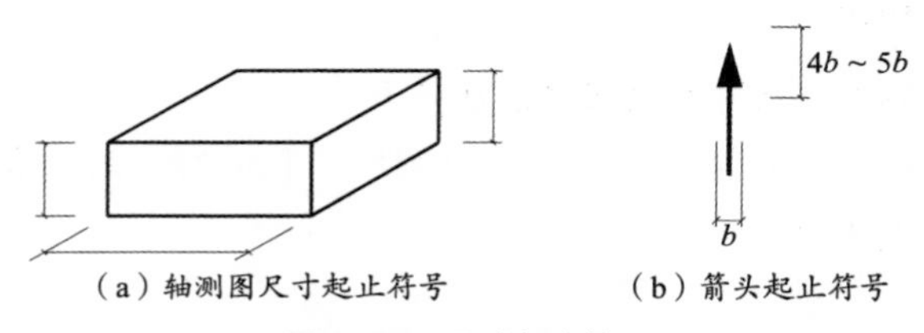

（a）轴测图尺寸起止符号　　（b）箭头起止符号

图 2-37 尺寸起止符号

2. 半径、直径、球的尺寸标注

（1）半径的尺寸线应一端从圆心开始，另一端画箭头指向圆弧。半径数字前应加注半径符号“*R*”（图 2-38）。

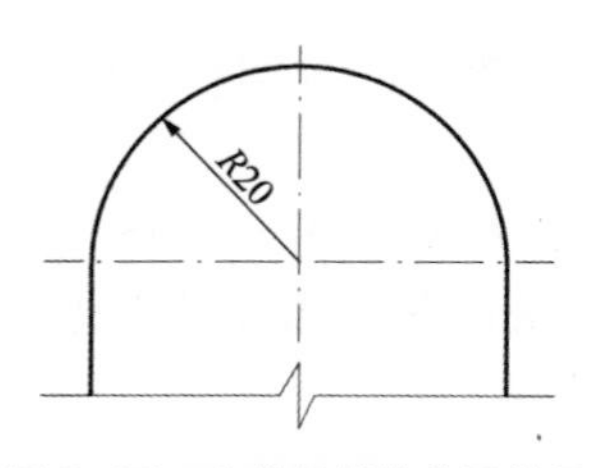

图 2-38 定位轴线的分区编号

（2）较小圆弧的半径，可按图 2-39 的形式标注。

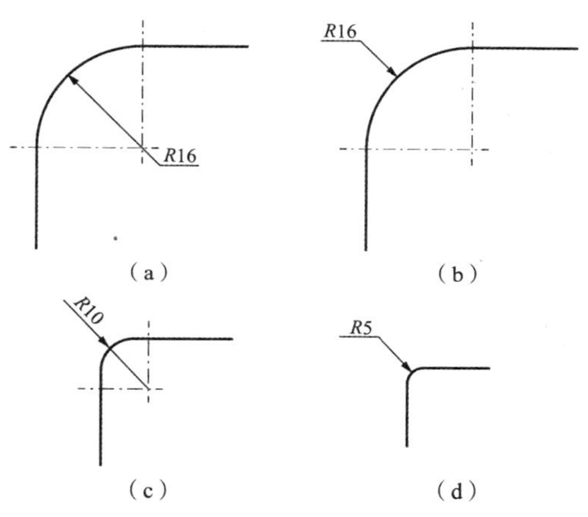

图 2-39 较小圆弧半径的标注方法

（3）较大圆弧的半径，可按图 2-40 的形式标注。

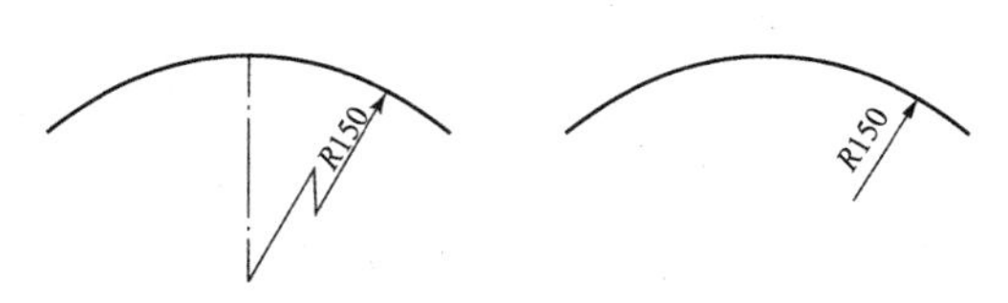

图 2-40 较大圆弧半径的标注方法

（4）标注圆的直径尺寸时，直径数字前应加直径符号“ϕ”，在圆内标注的尺寸线应通过圆心，两端画箭头指至圆弧（图 2-41）。

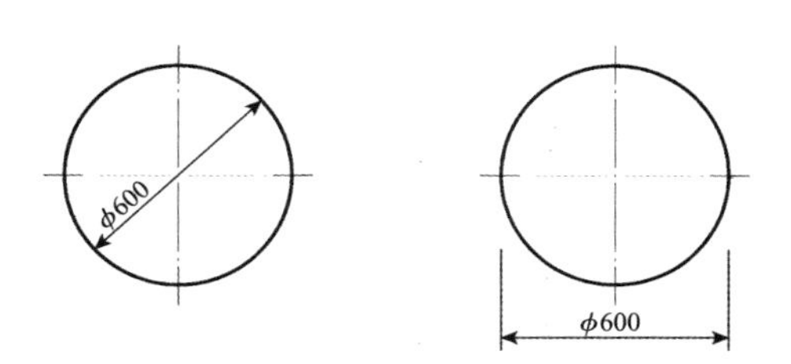

图 2-41 圆直径的标注方法

（5）较小圆的直径尺寸，可标注在圆外（图 2-42）。

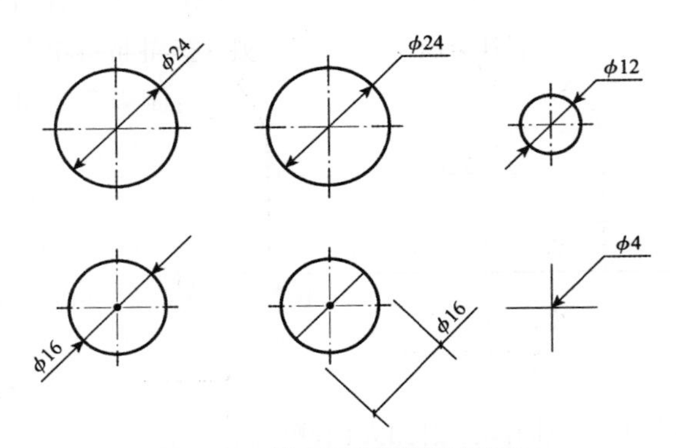

图 2-42　较小圆直径的标注方法

（6）标注球的半径尺寸时，应在尺寸前加注符号“S*R*”。标注球的直径尺寸时，应在尺寸数字前加注符号“Sϕ”。注写方法与圆弧半径和圆直径的尺寸标注方法相同。

3. 角度、弧度、弧长的标注

（1）角度的尺寸线应以圆弧表示。该圆弧的圆心应是该角的顶点，角的两条边为尺寸界线。起止符号应以箭头表示，如没有足够位置画箭头，可用圆点代替，角度数字应沿尺寸线方向注写（图 2-43）。

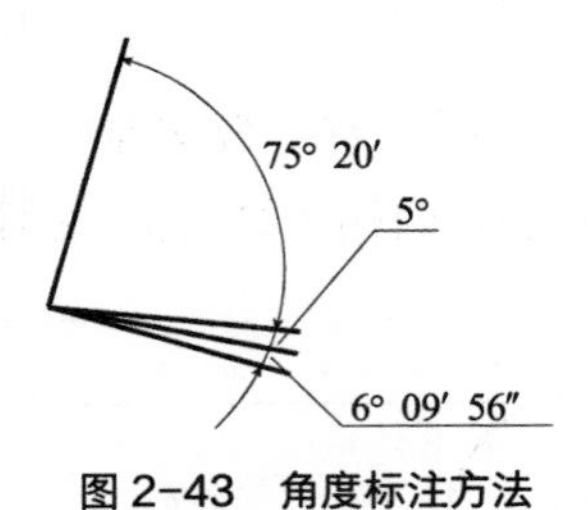

图 2-43　角度标注方法

（2）标注圆弧的弧长时，尺寸线应以与该圆弧同心的圆弧线表示，尺寸界线应指向圆心，起止符号用箭头表示，弧长数字上方或前方应加注圆弧符号“⌒”（图 2-44）。

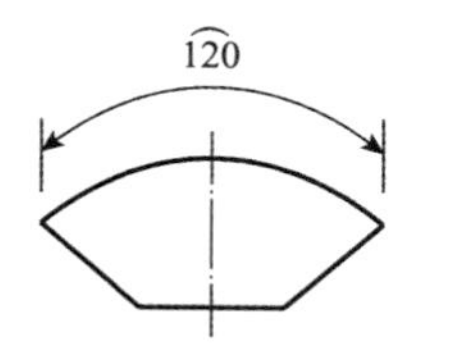

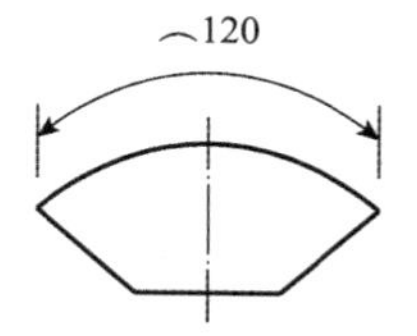

图 2-44 弧长标注方法

（3）标注圆弧的弦长时，尺寸线应以平行于该弦的直线表示，尺寸界线应垂直于该弦，起止符号用中粗斜短线表示（图 2-45）。

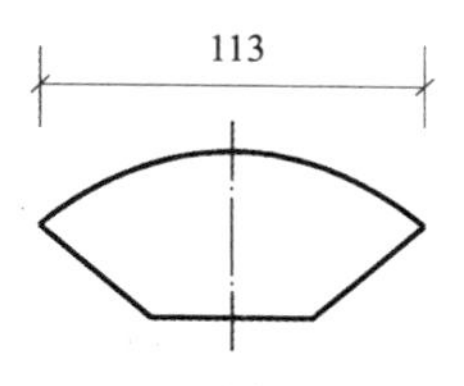

图 2-45 弦长标注方法

4. 非圆曲线、复杂图形的标注

（1）外形为非圆曲线的构件，可用坐标形式标注尺寸（图 2-46）。

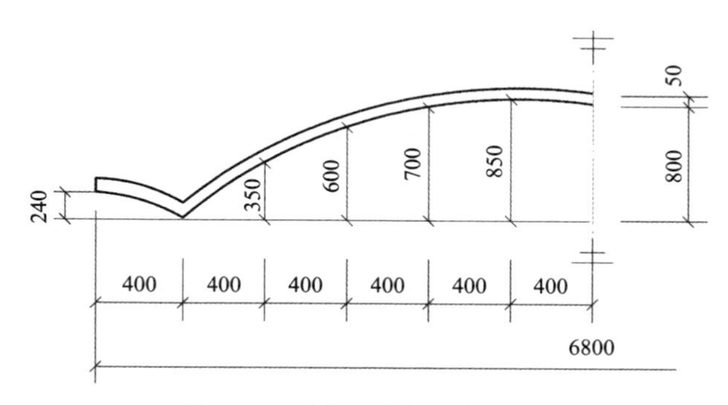

图 2-46 坐标形式标注曲线尺寸

（2）复杂的图形，可用网格形式标注尺寸（图 2-47）。

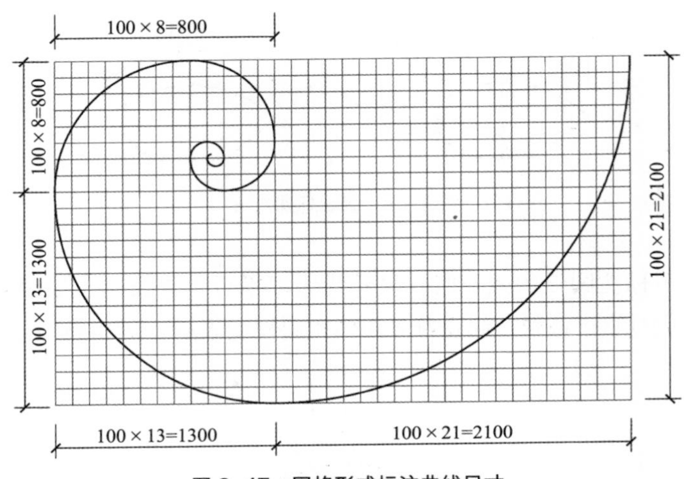

图 2-47　网格形式标注曲线尺寸

2.3　装饰装修工程制图常用图例

（1）房屋建筑室内装饰装修材料的图例画法应符合现行国家标准《房屋建筑制图统一标准》GB/T 50001 的规定。

（2）常用房屋建筑室内材料、装饰装修材料应按表 2-5 所示图例绘制。

表 2-5　常用房屋建筑室内装饰装修材料图例

序号	名称	图例	备注
1	夯实土壤		—
2	砂砾石、碎砖三合土		—
3	石材		注明厚度
4	毛石		必要时注明石料块面大小及品种

续表

序号	名称	图例	备注
5	普通砖		包括实心砖、多孔砖、砌块等
6	轻质砌块砖		指非承重砖砌体
7	轻钢龙骨板材隔墙		注明材料品种
8	饰面砖		包括铺地砖、墙面砖、陶瓷锦砖等
9	混凝土		1. 指能承重的混凝土及钢筋混凝土 2. 在剖面图上画出钢筋时，不画图例线 3. 断面图形小，不易画出图例线时，可涂黑
10	钢筋混凝土		
11	多孔材料		包括水泥珍珠岩、沥青珍珠岩、泡沫混凝土、非承重加气混凝土、软木、蛭石制品等
12	纤维材料		包括矿棉、岩棉、玻璃棉、麻丝、木丝板、纤维板等
13	泡沫塑料材料		包括聚苯乙烯、聚乙烯、聚氨酯等多孔聚合物类材料
14	密度板		注明厚度
15	实木		表示垫木、木砖或木龙骨
			表示木材横断面
			表示木材纵断面

续表

序号	名称	图例	备注
16	胶合板		注明厚度或层数
17	多层板		注明厚度或层数
18	木工板		注明厚度
19	石膏板		1. 注明厚度 2. 注明石膏板品种名称
20	金属		1. 包括各种金属，注明材料名称 2. 图形小时，可涂黑
21	玻璃砖		注明厚度
22	普通玻璃		注明材质、厚度
		（立面）	—
23	磨砂玻璃	（立面）	1. 注明材质、厚度 2. 本图例采用较均匀的点
24	夹层（夹绢、夹纸）玻璃	（立面）	注明材质、厚度
25	镜面	（立面）	注明材质、厚度
26	橡胶		—
27	塑料		包括各种软、硬塑料及有机玻璃等

续表

序号	名称	图例	备注
28	防水材料	（小尺度比例）	注明材质、厚度
		 （大尺度比例）	
29	粉刷		本图例采用较稀的点

（3）常用灯光照明图例应按表2-6所示图例画法绘制。

表2-6 常用灯光照明图例

序号	名称	图例
1	艺术吊灯	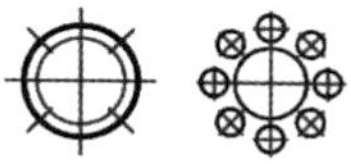
2	吸顶灯	
3	筒灯	
4	射灯	
5	轨道射灯	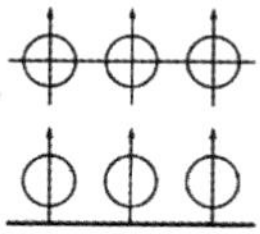
6	格栅射灯	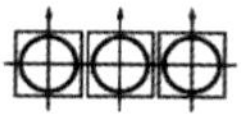
7	格栅荧光灯	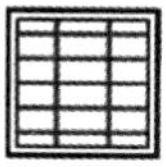 （正方形）
		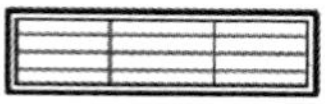 （长方形）
8	暗藏灯带	

续表

序号	名称	图例
9	壁灯	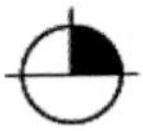
10	水下灯	
11	踏步灯	
12	荧光灯	
13	投光灯	
14	泛光灯	
15	聚光灯	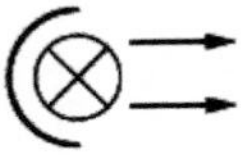

（4）常用设备图例应按表 2-7 所示图例画法绘制。

表 2-7　常用设备图例

序号	名称	图例
1	送风口	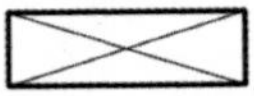 （条形）
		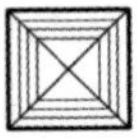 （方形）
2	回风口	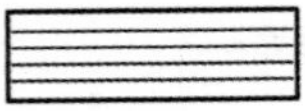 （条形）
		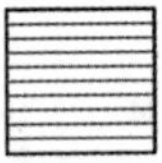 （方形）

续表

序号	名称	图例
3	侧送风、侧回风	
4	排气扇	
5	风机盘管	（立式明装）
		（卧式明装）
6	安全出口	EXIT
7	防火卷帘	F
8	消防自动喷淋头	
9	感温探测器	
10	感烟探测器	S
11	室内消火栓	（单口）
		（双口）
12	扬声器	

（5）常用开关、插座图例应按表2-8、表2-9所示图例画法绘制。

表2-8 常用开关、插座立面图例

序号	名称	图例
1	单相二极 电源插座	
2	单相三极 电源插座	
3	单相二、三极 电源插座	

续表

序号	名称	图例
4	电话、信息插座	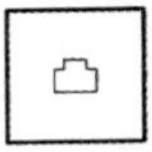 （单孔）
		 （双孔）
5	电视插座	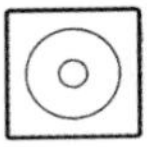 （单孔）
		 （双孔）
6	地插座	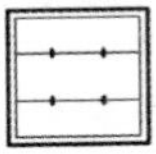
7	连接盒、接线盒	
8	音响出线盒	 M
9	单联开关	
10	双联开关	
11	三联开关	
12	四联开关	
13	锁匙开关	
14	可调节开关	

表 2-9 常用开关、插座平面图例

序号	名称	图例
1	电源插座	
2	三个插座	
3	带保护极的（电源）插座	
4	单相二、三极电源插座	
5	带单极开关的（电源）插座	
6	带保护极的单极开关的（电源）插座	
7	信息插座	C
8	电接线箱	J
9	网络插座	C
10	单联单控开关	
11	双联单控开关	
12	三联单控开关	
13	单极限时开关	t
14	双极开关	
15	多位单极开关	
16	双控单极开关	
17	配电箱	AP

2.4 装饰装修工程施工图识读方法

2.4.1 装饰装修工程施工图的构成

装饰装修工程施工图应包括设计（施工）说明、装饰装修材料表、各类平面图、立面图、剖面图、节点详图等。

1. 各类平面图

装饰装修施工图的平面图应包括总平面图、平面布置图、墙体定位图、天棚平面图、地面铺装图，以及立面索引图等。

（1）平面布置图可分为陈设、家具平面布置图，部品部件平面布置图，设备设施布置图，绿化布置图，局部放大平面布置图等。各类平面布置图应标注物品的名称、位置尺寸、大小、其他必要的尺寸，以及布置中需要说明的问题。如图 2-48 所示。

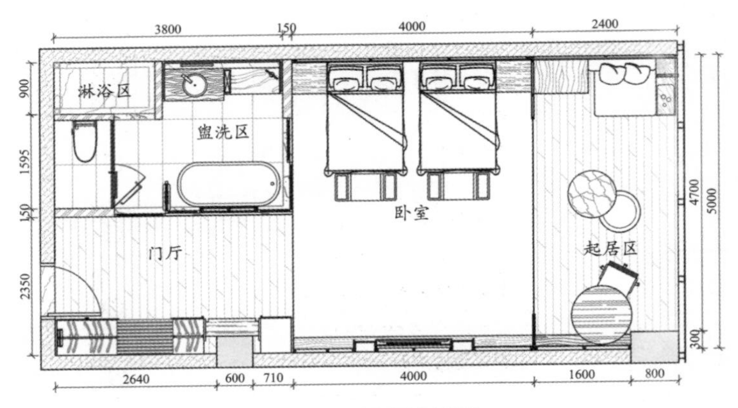

图 2-48 平面布置图

（2）墙体定位图应表达与原房屋建筑图的关系，并应体现墙体平面图的定位尺寸。如标注对原房屋建筑改造状况、新设计的墙体和管井等的定位尺寸、墙体厚度与材料种类并注明做法、门窗洞定位尺寸、洞口宽度与高度尺寸、材料种类、门窗编号等。如图 2-49 所示。

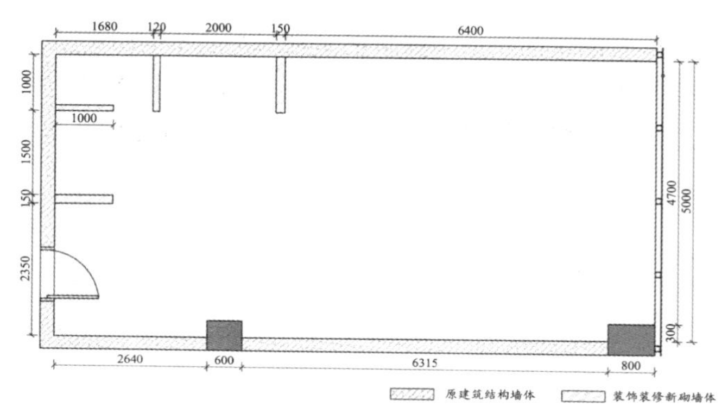

图 2-49　墙体定位图

（3）天棚平面图应包括天棚总平面图、天棚灯具布置图、天棚综合布点图等，应全面反映天棚平面的总体情况，如天棚平面造型、标高关系、饰面材料等，还应标注所有明装和暗藏的灯具（包括火灾和事故照明灯具）、发光天棚、空调风口、喷头、探测器、扬声器、挡烟垂壁、防火卷帘、防火挑檐、疏散和指示标志牌等的位置，标明定位尺寸材料名称、编号及做法等。如图 2-50 所示。

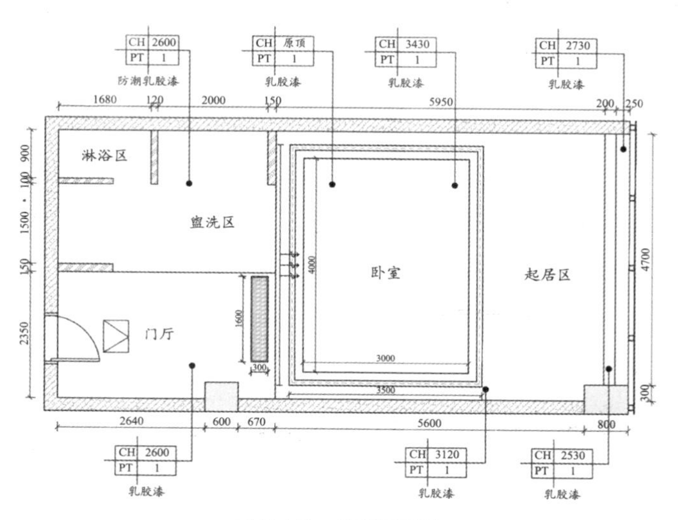

图 2-50　天棚平面图

（4）地面铺装图应全面反映地面装饰材料的种类、拼接图案、不同材料的分界线，包括各类地铺造型的定位尺寸、规格和异形材料的尺寸、施工做法，以及嵌条、台阶和梯段防滑条的定位尺寸、材料种类及做法等。如图 2-51 所示。

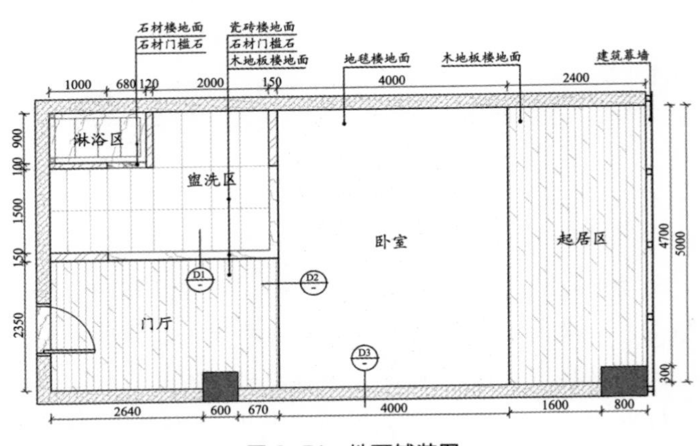

图 2-51　地面铺装图

（5）装饰装修施工图的立面索引图应根据其平面位置，在平面图中绘制。立面索引图应注明立面、剖面、详图和节点图的索引符号及编号，并可增加文字说明以帮助索引。如图 2-52 所示。

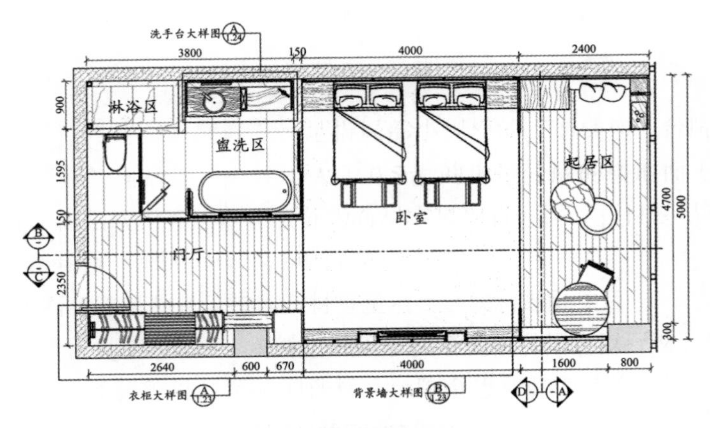

图 2-52　立面索引图

2. 立面图

立面图应表现立面造型的定位尺寸及细部尺寸、立面投视方向上装饰物的形状、尺寸及关键控制标高，并标注立面上装饰装修材料的种类、名称、施工工艺、拼接图案、不同材料的分界线。如图 2-53 所示。

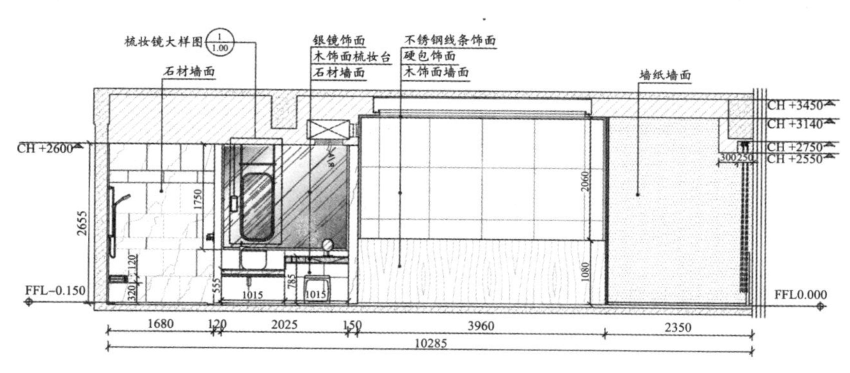

图 2-53 立面图

（1）立面图应绘制立面左右两端的墙体构造或界面轮廓线、原楼地面至装修地面的构造层、天棚面层、装饰装修的构造层。

（2）装饰物、家具、陈设品、灯具、电源插座、通信和电视信号插孔、空调控制器、开关、按钮、消火栓等物体，应在立面图中绘制其位置。

（3）对需要特殊和详细表达的部位，可单独绘制其局部放大立面图，如需单独绘制构造节点详图时，应标明其索引位置。

（4）无特殊装饰装修要求的立面，可不画立面图，但应在施工说明中或相邻立面的图纸上予以说明。

3. 剖面图

装饰装修施工图的剖面图通常用来表现天棚平面图、地面平面图、立面图，以及单装饰构件所需表达剖面的构造详细尺寸、材料名称、连接方式和做法。如图 2-54 所示。

（1）剖面图的剖切部位应根据设计表达的需要确定。

（2）剖面图应清楚标明所需表达剖面的具体位置。

（3）剖面图应根据需要标注需进一步详细绘制构造详图的索引位置。

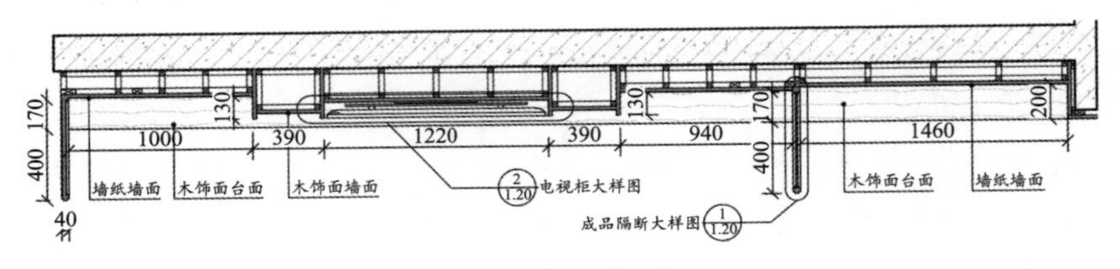

图 2-54　剖面图

4. 节点详图

装饰装修施工图设计过程中，应将平面图、立面图和剖面图中需要进一步详细并清晰表达的部位索引出来，并绘制大样图或节点详图。如图 2-55 所示。

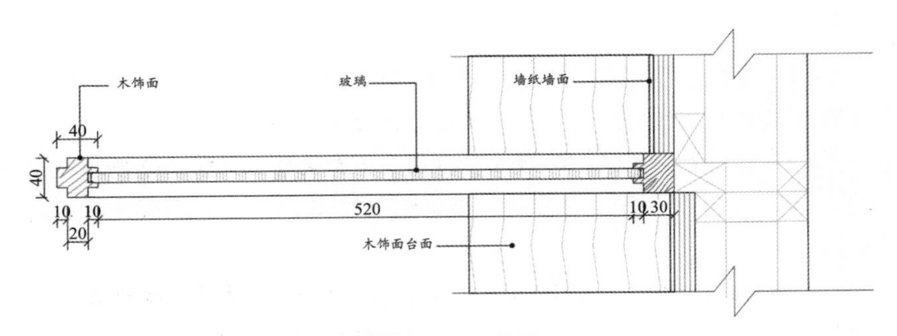

图 2-55　节点详图

（1）对于在平、立、剖面图或文字说明中对物体的细部形态无法交代或交代不清的，可绘制详图。

（2）详图应标明物体的细部、构件或配件的开关、大小、材料名称及具体技术要求，注明尺寸和做法。

（3）详图应标明节点外构造层材料的支撑、连接的关系，标注材料的名称及技术要求，注明尺寸和构造做法。

（4）详图应标注节点图名称和制图比例。

2.4.2 装饰装修平面图识读

装饰装修平面图是指假想用一个水平的剖切平面，将建筑整个横向剖开，移去上半部分，向下投影所得到的视图。其主要用来表现建筑室内外空间的平面关系、形状、位置、大小；家具、陈设、设备等平面布置及定位尺寸；以及天棚与地铺的造型、定位尺寸、设备点位等信息。具体包括：①建筑主体结构与尺寸。②装饰布置与装饰结构及其尺寸关系。③设备、家具陈设位置及尺寸关系。④天棚造型、灯具布置、综合布排。⑤地面铺装的拼花造型、分格尺寸。⑥各种视图符号，如剖切符号、索引符号、投影符号等。

1. 装饰装修平面布置图识读

平面布置图是根据装饰设计原理、人体工学及用户的要求，画出用于反映建筑平面布局、装饰空间及功能区域的划分、家具设备的布置、绿化及陈设的布局，以及门窗和门窗套、护壁板或墙裙、隔断、装饰柱等装饰结构的平面形式和位置等内容的图纸，是确定装饰空间平面尺度及装饰形体定位的主要依据。

（1）识读平面布置图要先看图名、比例、标题栏，确定平面布置图的类型。再识读建筑平面基本布局与尺寸，确定各空间的名称、面积，以及门窗、走廊、楼梯等的主要位置和尺寸信息。然后识读建筑平面结构内的装饰装修结构和装饰装修设置的平面布置等内容。

（2）通过对各个功能空间的了解，明确为满足功能要求所需设置的设备与设施的种类、规格和数量。

（3）识图时面对众多的尺寸，要注意区分建筑尺寸和装饰装修尺寸。在装饰装修尺寸中，要分清其中的定位尺寸、外形尺寸和结构尺寸。

（4）通过平面布置图上标注的各类索引符号（剖切索引、详图索引、立面索引），可以确定被索引部位和剖面图、详图以及立面图所在的位置。

2. 装饰装修天棚平面图识读

天棚平面图是以镜像投影法画出的反映天棚平面形状、灯具位置、材料选用、尺寸标高及构造做法等内容的水平镜像投影图。天棚平面图主要用于确定天棚平面及造型的布置和各部位的尺寸关系；所用的材料种类及其规格、灯具的种类、布置形式和安装位置；空调风口以及顶部消防与音响设备等设施的布置形式与安装位置；顶部有关装饰配件（如窗帘盒、窗帘等）的形式与位置的图纸。

（1）识读天棚平面图首先要明确天棚与平面布置图各部分的对应关系，核对二者的基本结构和尺寸是否相符。对于某些有跌级变化的天棚，要分清其各完成面的标高尺寸和线型尺寸，并结合造型平面分区线，在平面上建立三维空间的尺度概念。

（2）通过天棚平面图，明确顶部灯具和设备设施的规格、品种和数量。

（3）通过天棚平面图的文字标注，明确天棚的施工要求，以及所用装饰材料的品种、规格等要求。

（4）通过标注的构造详图的剖切位置及剖面构造详图的所在索引位置，可以明确详细的天棚节点构造。

3. 装饰装修地面铺装图识读

地面铺装图与平面布置图的投影原理基本相同，即假想一个水平剖切平面，沿建筑物楼层靠地面位置横切，移去上面部分，向下投影所得到的视图。地面铺装图则主要用于确定地面铺装的拼花、造型、块材，以及分格尺寸等楼地面的设计信息。

（1）识读地面铺装图先要明确各功能空间地面铺装的面积、完成面标高、不同空间的衔接关系、放坡坡度，以及铺装选用的材料、分格尺寸、拼花造型等信息。

（2）通过地面铺装图的文字标注，明确铺装地面的施工要求，以及所用装饰材料的品种、规格、色彩和工艺制作等要求。

（3）通过标注的构造详图的剖切位置及剖面构造详图的所在索引位置，可以明确详细的地面铺装节点构造。

2.4.3 装饰装修立面图识读

立面图可假想将室内空间垂直剖开，移去剖切平面前面的部分，对余下部分作投影而成的视图。或者，假想将室内各墙面沿面与面相交处拆开，对欲图示的墙面作投影而成的视图。立面图主要用来表现墙面、柱面或某一装饰构件的立面装饰造型、尺寸、材料、工艺要求等信息。

（1）识读立面图首先要结合平面布置图、天棚平面图、地面铺装图和该空间其他立面图对照识读，明确该空间的整体做法与要求。再识读立面各部位的造型、饰面材料、尺寸和标高，以及相互之间的衔接、收口关系。

（2）通过立面图的文字标注，明确装饰立面的施工要求，以及所用装饰材料的品种、规格等要求。

（3）通过立面图的图示，确定各类开关、插座在立面的安装位置和安装方式，以便排版与留位。

（4）通过标注的构造详图的剖切位置及剖面构造详图的所在索引位置，可以明确详细的墙面节点构造。

2.4.4　装饰装修剖面图识读

剖面图可假想将装饰装修工程的某部位或某装饰构件剖切后，沿剖切方向投影而得到的视图。剖面图主要用来表现上述部位或构件的内部结构和构造，或者装饰结构与建筑结构、结构材料与饰面材料之间的构造关系的视图。

（1）识读剖面图首先要明确剖切部位或剖切构件，剖切位置线的位置和投影方向。再识读其剖面形状、构造方法、构造尺寸、材料要求与工艺要求。

（2）通过剖面图，明确装饰结构自身的支承方式、与建筑主体之间的衔接尺寸与连接方式。

（3）通过剖面图，明确装饰结构和装饰面上的设备安装方式或固定方法，以及装饰面与设备间的收口方式和收边方式。

（4）通过剖面图上的索引符号，识读该剖面位置进一步绘制的构件详图或节点详图。

（5）标注的构造详图的剖切位置及剖面构造详图的所在索引位置，可以明确详细的细部节点构造。

2.4.5 装饰装修详图识读

装饰装修施工图中主要是用“平面、立面、剖面”三类图纸表现建筑物、建筑空间与装饰结构的基本装饰做法。由于装饰装修工程的特殊性，存在复杂的构造要求、烦琐的收口收头、各异的尺寸标注、不同的造型比例，使得上述“三图”在表现方式上存在一定程度的局限，必须采用更为详细的图示方式方能满足图纸设计要求。

装饰装修详图便是补充平面图、立面图和剖面图最为具体的图式手段之一。详图应包含“三详”：①图形详；②数据详；③文字详。而常见的装饰装修详图主要有装饰装修局部放大图、装饰装修件详图和装饰装修节点详图。

1. 装饰装修局部放大图识读

局部放大图是指将图纸的某一部分放大比例绘制，并对图示内容进行详细、具体的描绘，以便更清晰地表现特定区域的细节的视图。通过识读局部放大图，可以了解较为精细或复杂的装饰部件构造的标注与说明。

2. 装饰装修件详图识读

建筑装饰装修件的图示要视其细部构造的繁简程度和表达范围确定。有的只需一个详图即可，有的需用综合平面详图、立面详图、剖面详图，甚至节点详图来表现。通过识读建筑装饰件详图，可以明确该装饰件在建筑物上的准确位置、与建筑物其他构件的衔接关系、装饰件自身的详细构造等信息。

3. 装饰装修节点详图识读

装饰装修节点详图是将两个或多个装饰面的交汇点沿垂直或水平方向切开，并以放大的形式绘出的投影图。通过识读节点详图，可以明确构配件的节点构造、尺寸、做法、工艺要求，装饰结构与建筑结构之间的衔接关系与连接形式，以及装饰面之间的收口方式、装饰面上设备的安装方式和固定方法等信息。

第3章　建筑装饰装修工程计量

3.1　工程计量的有关概念

3.1.1　工程量的含义

工程量是指在工程项目中，对各个分项工程或工作的数量进行计算和统计的结果，通常涉及建设工程各分部分项工程、措施项目或结构构件的物理计量单位，如长度、面积、体积、质量等；或自然计量单位，如个、条、樘、块等。

工程量的准确计算和管理对于确保工程顺利进行、控制成本、保证质量和按时完成具有重要意义。它是工程计价、招标投标、施工管理和项目结算等过程中的关键因素之一。

（1）工程量是决定建筑安装工程造价的重要依据。只有准确计算工程量，才能正确计算工程相关费用，合理确定工程造价。

（2）工程量是承包方经营管理的关键依据。在投标报价阶段，工程量是确定项目综合单价和投标策略的重要因素。在工程实施过程中，它是编制项目管理规划、安排施工进度、制定材料供应计划、进行工料分析，编制人力、材料和机具台班需求，进行工程统计、经济核算和编制工程形象进度报表的重要基础。而工程竣工时，工程量则是与工程建设发包方结算工程价款的关键依据。

（3）工程量对发包方管理工程建设至关重要。它是编制建设计划、筹措资金、制作工程招标文件、编制工程量清单、编制建筑工程预算、安排工程款项拨付与结算，以及实施投资控制的重要依据。

3.1.2　工程计量的含义

工程量计算是工程计价活动的重要环节，是指以工程设计图纸、施工组织设计或施工方案及有关技术经济文件为依据，按照国家相关标准的计算规则、计量单位等规定，对建设工程项目中所涉及的各种工程量进行测量、计算和确认的过程，在工程建设中简称工程计量。

工程计量呈现多阶段性和多次性，不仅包括招标阶段工程量清单编制时的工程量计算，还包括投标报价以及合同约定阶段的变更、索赔、支付和结算中的工程量计算与确认。在不同的计价过程中，工程计量工作的具体内容有所不同。例如，在招标阶段，主要依据施工图纸和工程量计算规则来确定拟建的分部分项工程项目和措施项目的工程数量；而在施工阶段，则主要根据合同约定、施工图纸及工程量计算规则，对已完成的工程量进行计算和确认。

3.1.3 工程量计算规则

工程量计算规则是指在计算工程量时所遵循的一系列规定和方法。这些规则通常是由相关的工程标准、规范或定额确定，用于确保工程量计算具有一致性、准确性和可比较性。不同工程领域和项目可能会有各自特定的工程量计算规则，在计算建筑装饰装修工程工程量时，应按照《房屋建筑与装饰工程工程量计算规范》GB 50854—2013 及《房屋建筑与装饰工程消耗量定额》TY01—31—2015 规定的计算规则进行有关的工程量计算。下文中所涉及的案例计算依据均来源于上述规范。

工程定额中除了定额说明、定额消耗量等以外，还有与之配合使用的工程量计算规则。

3.1.4 工程量计算的依据

工程量计算需根据施工图及相关说明，技术规范、标准、定额，有关图集，有关的计算手册等，按照一定的工程量计算规则逐项进行。主要依据如下：

（1）国家发布的工程量计算规范和相关计算规则。

（2）经审定的施工设计图纸及其说明。施工图纸全面反映建筑物（或构筑物）的结构构造、各部位的尺寸及工程做法，是工程量计算的基础资料和基本依据。除了施工设计图纸及其说明外，还应配合有关的标准图集进行工程量计算。

（3）经审定的施工组织设计（项目管理实施规划）或施工方案。

施工图纸主要表现拟建工程的实体项目，分项工程的具体施工方法及措施应按施工组织设计（项目管理实施规划）或施工方案确定。如计算挖基础土方，施工方法是采用人工开挖还是采用机械开挖，基坑周围是否需要放坡、预留工作面或做支撑防护等，应以施工方案为计算依据。

（4）经审定通过的其他有关技术经济文件。如工程施工合同、招标文件的商务条款等。

3.2 工程量计算的方法

3.2.1 工程量计算顺序

为避免漏算或重算，提高计算准确程度，工程量计算应按照一定的顺序进行。具体的计算顺序应根据具体工程和个人习惯确定，一般有以下几种顺序。

3.2.2 单位工程计算顺序

一个单位工程，其工程量计算顺序一般有以下几种：

按图纸顺序计算。根据图纸排列的先后顺序，由建筑施工图到结构施工图;每个专业图纸由前向后，按先“平面→立面→剖面”，后“基本图→详图”的顺序计算。

按消耗量定额的分部分项顺序计算。按消耗量定额的章、节、子目次序，由前向后，逐项对照，定额项与图纸设计内容能对应时就计算。

按工程量计算规范顺序计算。按工程量计算规范附录先后顺序，由前向后，逐项对照计算。

按施工顺序计算。按施工顺序计算工程量，可以按先施工的先算、后施工的后算的方法进行。如由平整场地、基础挖土方开始算起，直到装饰装修工程等全部施工内容结束。

单个分部分项工程计算顺序

（1）按顺时针方向计算，即先从平面图的左上角开始，自左至右，然后由上而下最后转回到左上角为止，按顺时针方向转圈依次进行计算。例如，计算外墙、地面、天棚等分部分项工程，都可以按照此顺序进行计算。

（2）按“先横后竖、先上后下、先左后右”计算，即在平面图上从左上角开始，按上述顺序计算工程量。例如，房屋的条形基础土方砖石基础、砖墙砌筑、门窗过梁、墙面抹灰等分部分项工程，均可按此顺序计算工程量。

（3）按图纸分项编号顺序计算，即按照图纸上标注的结构构件、配件的编号顺序进行计算。例如，计算混凝土构件、门窗、屋架等分部分项工程，均可以按照此顺序进行计算。

（4）按图纸上定位轴线编号计算。对于造型或结构复杂的工程，为了计算和审核方便，可以根据施工图纸轴线编号来确定工程量计算顺序。按一定顺序计算工程量的目的是避免漏项少算或重复多算的现象。

3.2.3 工程量电算化应用

工程量电算化是指借助计算机软件与信息技术来达成工程量的计算、统计以及分析等一连串相关操作。就计算而言，通过电算化能够迅速且精准地处置繁杂的几何形状与计算规则，极大地提升计算速度与精度，规避了人工计算可能产生的遗漏和差错。在数据管理上，能够有条理地存储并管控大量的工程数据，涵盖构件信息、尺寸数据、计算成果等，便于随时查看和调用。在协同作业方面，不同的专业人员能够经由电算化系统共享工程量数据，增进工作的协同性与效率。举例来讲，造价人员和施工人员能够依据统一的工程量数据来开展工作以及进行成本把控。工程量电算化还能够达到数据的可视化呈现，例如通过图形、图表等形式直观地展示工程量的分布及变化状况，这有助于更好地理解和剖析数据。

此外，工程量电算化能够和其他工程管理软件进行融合，构建一个完备的信息化管理系统，更进一步提高工程项目的管理水平与质量。比如和项目进度管理软件相结合，实时把控工程量与进度的匹配情形。

工程量电算化的发展趋势主要体现在以下方面：

（1）集成化：电算化系统将与其他工程管理软件［如建筑信息模型（BIM）、项目管理软件等］进行更紧密的集成，实现数据共享和协同工作，提高工作效率和准确性。

（2）智能化：随着人工智能和机器学习技术的发展，工程量电算化将越来越智能化。例如，通过图像识别技术自动识别图纸中的构件，利用机器学习算法自动计算工程量等。

（3）移动化：随着移动设备的普及，工程量电算化系统将逐渐向移动端发展，方便用户随时随地进行工程量计算和管理。

（4）云端化：云计算技术将为工程量电算化提供更强大的计算和存储能力，同时方便用户进行数据备份和共享。

（5）标准化：随着工程量电算化的普及，相关的标准和规范将逐渐完善，以确保数据的准确性和一致性。

（6）普及化：工程量电算化将在建筑工程领域得到更广泛的应用，不仅大型企业会采用，中小型企业也将逐渐普及。

3.3 工程量计算注意事项

工程量计算应注意以下几点：

（1）严格按照规范规定的工程量计算规则计算工程量。注意按一定顺序计算。

（2）工程量计量单位必须与清单计价规范中规定的计量单位一致。

（3）计算口径要一致。根据施工图列出的工程量清单项目的口径（明确清单项目的工程内容与计算范围）必须与清单计价规范中相应清单项目的口径相一致。所以计算工程量除必须熟悉施工图纸外，还必须熟悉每个清单项目所包括的工程内容和范围。

（4）力求分层分段计算。要结合施工图纸尽量做到结构按楼层，内装修按楼层分房间，外装修按施工层分立面计算，或按施工方案的要求分段计算，或按使用的材料不同分别进行计算。这样，在计算工程量时既可避免漏项，又可为安排施工进度和编制资源计划提供数据。

3.4 用统筹法计算工程量

运用统筹法计算工程量，就是分析工程量计算中各分部分项工程量计算之间的固有规律和相互之间的依赖关系，运用统筹法原理和统筹图图解来合理安排工程量的计算程序，以达到节约时间、简化计算、提高工效、为及时准确地编制工程预算提供科学数据的目的。

实践表明，每个分部分项工程量计算虽有着各自的特点，但都离不开计算“线”“面”之类的基数。另外，某些分部分项工程的工程量计算结果往往是另一些分部分项工程的工程量计算的基础数据，因此，根据上述特性，运用统筹法原理，对每个分部分项工程的工程量进行分析，然后依据计算过程的内在联系，按先主后次，统筹安排计算程序可以简化地计算，形成统筹计算工程量的计算方法。

3.4.1 统筹法计算工程量的基本要点

统筹法计算工程量的基本要点见表 3-1。

表 3-1 统筹法计算工程量的基本要点

序号	基本要点	内容说明
1	统筹程序，合理安排	工程量计算程序的安排是否合理，关系着计量工作的效率高低、进度快慢。按施工顺序进行工程量计算，往往不能充分利用数据间的内在联系而形成重复计算，浪费时间和精力，有时还易出现差错
2	利用基数，连续计算	以“线”或“面”为基数，利用连乘或加减，算出与其有关的分部分项工程量。“线”和“面”是指长度和面积，常用的基数为“三线一面”，“三线”是指建筑物的外墙中心线、外墙外边线和内墙净长线；“一面”是指建筑物的底层建筑面积
3	一次算出，多次使用	在工程量计算过程中，往往有一些不能用“线”“面”基数进行连续计算的项目。首先，将常用数据一次算出，汇编成工程量计算手册（即“册”）；其次，要把那些规律较明显的一次算出，也编入册。当需计算有关的工程量时，只要查手册就可快速计算出所需要的工程量。这样可以减少按图逐项进行烦琐而重复计算的工作量，亦能保证计算的及时性与准确性
4	结合实际，灵活机动	用“线”“面”“册”计算工程量，是一般常用的工程量计算方法。实践证明，在一般工程上完全可以利用。但在特殊工程上，不能完全用“线”或“面”的一个数作为基数，而必须结合实际灵活计算

3.4.2 统筹图

运用统筹法计算工程量，即需依据统筹法的原理针对计价规范中的清单列项以及工程量计算规则，构建出“计算工程量程序统筹图”。该统筹图将“三线一面”当作基数，持续对与之存在共性联系的分部分项工程量进行计算，而那些与基数有共性关系的分部分项工程量，则利用册或示意尺寸展开计算。

1. 统筹图的主要内容

统筹图主要包括计算工程量的主次程序线、基数、分部分项工程量计算式及计算的单位。主要程序线是指在“线”“面”基数上连续计算项目的线，次要程序线是指在分部分项项目上连续计算的线。

2. 计算程序的统筹安排

统筹图的计算程序安排应遵循以下原则：

（1）需遵循先主后次的原则，进行全面统筹安排。利用统筹法计算各分项工程量需从“线”“面”基数的计算开启。其计算顺序务必秉持先主后次的原则进行合理统筹，如此方能达成连续计算的目标。先计算的项目要为后续计算的项目提供条件，后续计算的项目便能在先算的基础上实现简化计算，有些项目仅与基数相关，和其他项目无关联，先算或后算都行，前后之间需参照定额程序进行安排，以利于便捷计算。

（2）对于共性要共同处理，个性则分别处理。分部分项工程量计算程序的规划，是依照分部分项工程之间共性与个性的关系，采取将共性合并在一起、个性分开处理的方式。

（3）对于独立项目需单独进行处理。对于某些独立项目工程量的计算，不能合并在一起，也无法通过“线”“面”基数进行计算时，就需要单独处理。可以采用预先编制“册”的方式解决，只要查阅“册”便能得出所需的各项工程量。或者运用按表格形式填写计算的方法。对于那些与“线”“面”基数没有关系且又不能预先编入“册”的项目，则按图示尺寸分别进行计算。

3.5 分部分项工程量计算规则与实例

3.5.1 楼地面装饰工程

1. 清单项目设置说明

楼地面装饰工程按施工工艺、材料及部位分为楼地面抹灰、楼地面镶贴、橡塑面层、其他材料面层、踢脚线、楼梯面层、台阶装饰、零星装饰项目，适用于楼地面、楼梯、台阶等装饰工程。

各项目包含的清单项目详见表3-2。

表3-2 楼地面装饰工程分类

项目	分类
整体面层及找平层	水泥砂浆楼地面，现浇水磨石楼地面，细石混凝土楼地面，菱苦土楼地面，自流平楼地面，平面砂浆找平层
块料面层	石材楼地面，碎石材楼地面，块料楼地面
橡塑面层	橡胶板楼地面，橡胶板卷材楼地面，塑料板楼地面，塑料卷材楼地面
其他材料面层	地毯楼地面，竹、木（复合）地板，金属复合地板，防静电活动地板
踢脚线	水泥砂浆踢脚线，石材踢脚线，块料踢脚线，塑料板踢脚线，木质踢脚线，金属踢脚线，防静电踢脚线
楼梯面层	石材楼梯面层，块料楼梯面层，拼碎块料楼梯面层，水泥砂浆楼梯面层，现浇水磨石楼梯面层，地毯楼梯面层，木板楼梯面层，橡胶板楼梯面层，塑料板楼梯面层
台阶装饰	石材台阶面，块料台阶面，拼碎块料台阶面，水泥砂浆台阶面，现浇水磨石台阶面，剁假石台阶面
零星装饰	石材零星项目，拼碎石材零星项目，块料零星项目，水泥砂浆零星项目

（1）水泥砂浆面层处理是拉毛还是提浆压光，应在面层做法要求中描述。

（2）平面砂浆找平层适用于仅做找平层的平面抹灰。

（3）在描述碎石材项目的面层材料特征时，可不描述规格、颜色。

（4）石材、块料与粘结材料的结合面刷防渗材料的种类在防护层材料种类中描述。

（5）橡塑面层及其他材料面层中如涉及找平层，按整体面层及找平层中找平层项目编码列项。

（6）楼梯、台阶牵边和侧面镶贴块料面层，不大于 $0.5m^2$ 的少量分散的楼地面镶贴块料面层，可按零星装饰项目进行计算。

2. 清单项目编码说明

一级编码为 01（房屋建筑与装饰工程）；二级编码为 11（《房屋建筑与装饰工程工程量计算规范》GB 50854—2013 附录 L 楼地面装饰工程）；三级编码为 01 ~ 08（从整体面层及找平层至零星装饰项目）；四级编码从 001 开始，根据各项目包含的清单项目不同依次递增；五级编码从 001 开始依次递增，比如，同一个工程中的块料面层，不同房间因其规格、品牌等不同，其价格也不同，故其编码从第五级编码区分。

3. 清单特征描述说明

（1）楼地面是指构成的基层（楼板、夯实土基）、垫层（承受地面荷载并均匀传递给基层的构造层）、填充层（在建筑楼地面上起隔声、保温、找坡或敷设暗管、暗线等作用的构造层）、隔离层（起防水、防潮作用的构造层）、找平层（在垫层、楼板或填充层上起找平、找坡或加强作用的构造层）、结合层（面层与下层结合的中间层）、面层（直接承受各种荷载作用的表面层）等。

（2）找平层是指水泥砂浆找平层,有特殊要求的可采用细石混凝土、沥青砂浆、沥青混凝土等材料铺设找平层。

（3）隔离层是指卷材、防水砂浆、沥青砂浆或防水涂料等材料的构造层。

（4）填充层是用轻质的松散材料（炉渣、膨胀蛭石、膨胀珍珠岩等）或块体（加气混凝土、泡沫混凝土、泡沫塑料、矿棉、膨胀珍珠岩、膨胀蛭石块和板材等）材料以及整体材料（沥青膨胀珍珠岩、沥青膨胀蛭石、水泥膨胀珍珠岩、膨胀蛭石等）铺设而成。

（5）面层是指整体面层（水泥砂浆、现浇水磨石、细石混凝土、菱苦土等）、块料面层（石材、陶瓷地砖、橡胶、塑料、竹、木地板）等。

（6）面层中涉及的其他材料：

1）防护材料是指耐酸、耐碱、耐臭氧、耐老化、防火、防油渗等材料。

2）嵌条材料用于水磨石的分格、作图案等。如玻璃嵌条、铜嵌条、铝合金嵌条、不锈钢嵌条等。

3）压线条是用地毯、橡胶板、橡胶卷材铺设而成。如铝合金、不锈钢、铜压线条等。

4）颜料是用于水磨石地面、踢脚线、楼梯、台阶和块料面层勾缝所需配制的石子浆或砂浆内添加的材料（耐碱的矿物颜料）。

5）防滑条是用于楼梯、台阶踏步的防滑设施，如水泥玻璃屑、水泥钢屑、铜或铁防滑条等。

6）地毡固定配件是用于固定地毡的压棍脚和压棍。

7）扶手固定配件是用于楼梯、台阶的栏杆柱、栏杆、栏板与扶手相连接的固定件，靠墙扶手与墙相连接的固定件。

8）水磨石、菱苦土、陶瓷块料等均可用酸洗（草酸）清洗油渍、污渍，然后打蜡（蜡脂、松香水、鱼油、煤油等按设计要求配置）和磨光。

4. 工程量计算规则

（1）整体面层及找平层

整体面层是指以建筑砂浆为主要材料，用现场浇筑法做成整片，直接接受各种荷载、摩擦、冲击的表面层。一般分为水泥砂浆楼地面、现浇水磨石楼地面、细石混凝土楼地面、菱苦土楼地面、自流平楼地面、平面砂浆找平层等。

1）水泥砂浆楼地面

① 子目释义：水泥砂浆楼地面是指以水泥砂浆为主要材料，直接在楼板或地面垫层上铺设而成的传统整体面层构造。水泥砂浆楼地面施工简便、成本较低、施工方便，对基层的适应性较强等。但其不耐磨、易开裂、易起砂、起灰，且表面相对较为粗糙，在某些对地面装饰要求较高的场合不太适用。

② 工作内容：基层清理，抹找平层，抹面层，材料运输。

③ 特征描述：找平层厚度、砂浆、配合比，素水泥浆遍数，面层厚度、

砂浆配合比，面层做法要求。

④ 工程量计算规则：

清单计算规则	定额计算规则
按设计图示尺寸以面积计算。扣除凸出地面构筑物、设备基础、室内管道、地沟等所占面积，不扣除间壁墙及≤ 0.3m² 柱、垛、附墙烟囱及孔洞所占面积。门洞、空圈、暖气包槽、壁龛的开口部分不增加面积	按设计图示尺寸以面积计算。扣除凸出地面构筑物、设备基础、室内铁道、地沟等所占面积，不扣除间壁墙及单个面积≤ 0.3m² 柱、垛、附墙烟囱及孔洞所占面积。门洞、空圈、暖气包槽、壁龛的开口部分不增加面积

注：分格嵌条按设计图示尺寸以“延长米”计算。

2）现浇水磨石楼地面

① 子目释义：现浇水磨石楼地面是指施工现场将水泥、石粒等按比例混合成的拌合物铺设在基层上，经凝固、硬化后，再通过打磨、抛光等工艺处理，使其形成表面平整光滑，具有一定美观图案且坚固耐用的楼地面。其施工过程相对复杂，工期较长，且对施工工艺要求较高。同时装饰性较好、硬度较高、耐磨性强、整体性好，不易出现裂缝等问题。常用于人流量大的场所，如医院、机场、地铁站、火车站、办事处、银行等。

② 工作内容：基层清理，抹找平层，面层铺设，嵌缝条安装，磨光、酸洗打蜡，材料运输。

③ 特征描述：找平层厚度、砂浆配合比，面层厚度、水泥石子浆配合比，嵌条材料种类、规格，石子种类、规格、颜色，颜料种类、颜色，图案要求，磨光、酸洗、打蜡要求。

④ 工程量计算规则：

清单计算规则	定额计算规则
按设计图示尺寸以面积计算。扣除凸出地面构筑物、设备基础、室内管道、地沟等所占面积，不扣除间壁墙及≤ 0.3m² 柱、垛、附墙烟囱及孔洞所占面积。门洞、空圈、暖气包槽、壁龛的开口部分不增加面积	按设计图示尺寸以面积计算。扣除凸出地面构筑物、设备基础、室内铁道、地沟等所占面积，不扣除间壁墙及单个面积≤ 0.3m² 柱、垛、附墙烟囱及孔洞所占面积。门洞、空圈、暖气包槽、壁龛的开口部分不增加面积

注：分格嵌条按设计图示尺寸以“延长米”计算。

3）细石混凝土楼地面

① 子目释义：细石混凝土楼地面是指用粒径较小的石子与水泥、砂、水等按一定比例拌制而成的混凝土铺设而成的楼地面。其随打随抹、一次成型，具有强度高、抗裂性、耐磨性、耐久性好、施工简便、造价低等优点。常用于厂房或材料、设备库房楼地面。

② 工作内容：基层清理，抹找平层，面层铺设，材料运输。

③ 特征描述：找平层厚度、砂浆配合比，面层厚度、混凝土强度等级。

④ 工程量计算规则：

清单计算规则	定额计算规则
按设计图示尺寸以面积计算。扣除凸出地面构筑物、设备基础、室内管道、地沟等所占面积，不扣除间壁墙及≤ $0.3m^2$ 柱、垛、附墙烟囱及孔洞所占面积。门洞、空圈、暖气包槽、壁龛的开口部分不增加面积	按设计图示尺寸以面积计算。扣除凸出地面构筑物、设备基础、室内铁道、地沟等所占面积，不扣除间壁墙及单个面积≤ $0.3m^2$ 柱、垛、附墙烟囱及孔洞所占面积。门洞、空圈、暖气包槽、壁龛的开口部分不增加面积

注：分格嵌条按设计图示尺寸以“延长米”计算。

4）菱苦土楼地面

① 子目释义：菱苦土楼地面是由菱苦土、锯末、滑石粉和矿物颜料干拌均匀后，加入氯化镁溶液调制成胶泥，铺抹压光，硬化稳定后，用磨光机磨光打蜡而成。其具有易于清洁，弹性、热工性能好等优点，但不耐水及高温，因此不适用于经常有水存留或地面温度较高的场所，如浴室、厨房等。

易于清洁和维护：该楼地面表面相对平整，不易积尘，清洁起来比较方便。

热工性能较好：菱苦土楼地面的热传导性能较低，能够在一定程度上保持室内温度的稳定，具有较好的保温隔热效果。

② 工作内容：基层清理，抹找平层，面层铺设，打蜡，材料运输。

③ 特征描述：找平层厚度、砂浆配合比，面层厚度，打蜡要求。

④ 工程量计算规则：

清单计算规则	定额计算规则
按设计图示尺寸以面积计算。扣除凸出地面构筑物、设备基础、室内管道、地沟等所占面积，不扣除间壁墙及≤ 0.3m² 柱、垛、附墙烟囱及孔洞所占面积。门洞、空圈、暖气包槽、壁龛的开口部分不增加面积	按设计图示尺寸以面积计算。扣除凸出地面构筑物、设备基础、室内铁道、地沟等所占面积，不扣除间壁墙及单个面积≤ 0.3m² 柱、垛、附墙烟囱及孔洞所占面积。门洞、空圈、暖气包槽、壁龛的开口部分不增加面积

注：分格嵌条按设计图示尺寸以“延长米”计算。

5）自流平楼地面

① 子目释义：自流平楼地面是指一种通过让液态的自流平材料自动流动、找平并凝固形成的平整光滑的楼地面。自流平材料一般包括胶凝材料（如水泥、石膏等）、骨料、添加剂等，按一定比例混合后形成可流动的浆体，均匀地铺设在基层上，在短时间内就能自流找平并固化。其具有施工简便、造价低，表面平整光滑、耐酸碱、耐磨、耐压、耐冲击等特点，广泛应用于各种场所，如办公室、商场、家居等。

② 工作内容：基层处理，抹找平层，涂界面剂，涂刷中层漆，打磨、吸尘，镘自流平面漆（浆），拌合自流平浆料，铺面层。

③ 特征描述：找平层砂浆配合比、厚度，界面剂材料种类，中层漆材料种类、厚度，面漆材料种类、厚度，面层材料种类。

④ 工程量计算规则：

清单计算规则	定额计算规则
按设计图示尺寸以面积计算。扣除凸出地面构筑物、设备基础、室内管道、地沟等所占面积，不扣除间壁墙及≤ 0.3m² 柱、垛、附墙烟囱及孔洞所占面积。门洞、空圈、暖气包槽、壁龛的开口部分不增加面积	按设计图示尺寸以面积计算。扣除凸出地面构筑物、设备基础、室内铁道、地沟等所占面积，不扣除间壁墙及单个面积≤ 0.3m² 柱、垛、附墙烟囱及孔洞所占面积。门洞、空圈、暖气包槽、壁龛的开口部分不增加面积

注：分格嵌条按设计图示尺寸以“延长米”计算。

6）平面砂浆找平层

① 子目释义：平面砂浆找平层是指在施工过程中使用砂浆进行找平处理的施工过程。在施工环境中，地面的平整度以及防潮隔热的效果对于施工质量和使用效果都有着重要的影响。因此，在进行地面处理时，平面砂浆找平层成为首选施工方法之一，具有操作简便、时间短、

效果显著等优势。

② 工作内容：基层清理，抹找平层，材料运输。

③ 项目清单特征描述：找平层厚度、砂浆配合比。

④ 工程量计算规则：

清单计算规则	定额计算规则
按设计图示尺寸以面积计算	按设计图示尺寸以面积计算

注：分格嵌条按设计图示尺寸以“延长米”计算。

（2）块料面层

块料面层是指用块状材料铺贴而成的楼地面面层。块状材料包括瓷砖、石材（如大理石板、花岗岩板等）、陶瓷锦砖（马赛克）等，通过如水泥砂浆、胶粘剂等固定在基层上，形成具有一定强度、平整度和美观度的面层。一般可分为石材楼地面、碎石材楼地面、块料楼地面等。

1）子目释义：石材、碎石材、块料面层是指用一定规格的石材、瓷砖等板块材料或者碎石材，采用水泥砂浆或胶粘剂镶铺而成的装饰面层。常见的装饰地面块料面层有大理石、花岗岩及缸砖、马赛克等。

2）工作内容：基层清理，抹找平层，面层铺设、磨边，嵌缝，刷防护材料，酸洗、打蜡，材料运输。

3）项目特征：找平层厚度、砂浆配合比，结合层厚度、砂浆配合比，面层材料品种、规格、颜色，嵌缝材料种类，防护层材料种类，酸洗、打蜡要求。

4）工程量计算规则：

清单计算规则	定额计算规则
按设计图示尺寸以面积计算。门洞、空圈、暖气包槽、壁龛的开口部分并入相应的工程量内	按设计图示尺寸以面积计算。门洞、空圈、暖气包槽、壁龛的开口部分并入相应的工程量内

注：1. 石材拼花按最大外围尺寸以矩形面积计算。

2. 点缀按“个”计算，计算主体铺贴地面面积时，不扣除点缀所占面积。

3. 石材勾缝按石材设计图示尺寸以面积计算。

4. 块料楼地面做酸洗、打蜡者，按设计图示尺寸以表面积计算。

（3）橡塑面层

1）子目释义：橡塑面层是以橡胶或塑料为主要材料制成的卷材或块材铺设而成的楼地面装饰面层。橡塑面层材料是以橡胶或塑料（如PVC）为主体材料（可含有织物、金属薄板等增强材料），经硫化制得的具有一定厚度和较大面积的产品。常用于工矿企业、交通运输部门、办公环境、学校、运动场等领域。橡塑面层可分为橡塑胶楼地面、橡胶板卷材楼地面、塑料板楼地面、塑料卷材楼地面等。

2）工作内容：基层清理、面层铺贴、压缝条装钉、材料运输。

3）项目特征：粘结层厚度、材料种类，面层材料品种、规格、颜色，压线条种类。

4）工程量计算规则：

清单计算规则	定额计算规则
按设计图示尺寸以面积计算。门洞、空圈、暖气包槽、壁龛的开口部分并入相应的工程量内	按设计图示尺寸以面积计算。门洞、空圈、暖气包槽、壁龛的开口部分并入相应的工程量内

（4）其他材料面层

其他材料面层是指除整体面层、块料面层、橡塑面层以外的其他材料面层，一般可分为地毯楼地面，竹、木（复合）地板，金属复合地板，防静电活动地板等。

1）地毯楼地面

① 子目释义：地毯楼地面是一种使用地毯作为装饰面覆盖在楼地面上的装饰面层。地毯是一种高档的地面覆盖材料，具有吸声、隔声、弹性与保温性能好、脚感舒适、美观等特点，同时施工及维护方便。地毯广泛用于宾馆、住宅等场所。

② 工作内容：基层清理，铺贴面层，刷防护材料，装钉压条，材料运输。

③ 项目特征：面层材料品种、规格、颜色，防护材料种类，粘结材料种类，压线条种类。

④ 工程量计算规则：

清单计算规则	定额计算规则
按设计图示尺寸以面积计算。门洞、空圈、暖气包槽、壁龛的开口部分并入相应的工程量内	按设计图示尺寸以面积计算。门洞、空圈、暖气包槽、壁龛的开口部分并入相应的工程量内

2）竹、木（复合）地板

① 子目释义：竹、木（复合）地板是指以竹地板、木地板、复合或强化地板等作为铺装材料铺设而成的楼地面装饰面层。竹、木（复合）地板材料种类繁多、性能各异，价格与所选主材关联性很强，区间也很大。其广泛应用于家庭住宅、办公场所、宾馆酒店等场所。

② 工作内容：基层清理，龙骨铺设，基层铺设，面层铺贴，刷防护材料，材料运输。

③ 项目特征：龙骨材料种类、规格、铺设间距，基层材料种类、规格，面层材料品种、规格、颜色，防护材料种类。

④ 工程量计算规则：

清单计算规则	定额计算规则
按设计图示尺寸以面积计算。门洞、空圈、暖气包槽、壁龛的开口部分并入相应的工程量内	按设计图示尺寸以面积计算。门洞、空圈、暖气包槽、壁龛的开口部分并入相应的工程量内

3）金属复合地板

① 子目释义：金属复合地板是指由金属板（如铝板、钢板等）与其他材料（如塑料、橡胶等）复合而成的地板材料铺设而成的楼地面面层。其通过模块化设计，安装快捷，耐腐蚀性好、防火性好、装饰性强，具有较好的承载能力和耐磨性。常用于一些对地面有较高要求的场所，如工业厂房、商业空间、公共场所等。

② 工作内容：基层清理，龙骨铺设，基层铺设，面层铺贴，刷防护材料，材料运输。

③ 项目特征：龙骨材料种类、规格、铺设间距，基层材料种类、规格，面层材料品种、规格、颜色，防护材料种类。

④ 工程量计算规则：

清单计算规则	定额计算规则
按设计图示尺寸以面积计算。门洞、空圈、暖气包槽、壁龛的开口部分并入相应的工程量内	按设计图示尺寸以面积计算。门洞、空圈、暖气包槽、壁龛的开口部分并入相应的工程量内

4）防静电活动地板

① 子目释义：防静电地板又叫作耗散静电地板，分为陶瓷防静电地板、全钢防静电地板、铝合金型防静电地板。其具有防火性能好，且容易清洁、高耐磨、抗老化的优点。常用于计算机房、电化教室、电力调度室、弱电机房、洁净厂房等有防尘、防静电、架空要求的场合。

② 工作内容：基层清理、固定支架安装、活动面层安装、刷防护材料、材料运输。

③ 项目特征：支架高度、材料种类，面层材料品种、规格、颜色，防护材料种类。

④ 工程量计算规则：

清单计算规则	定额计算规则
按设计图示尺寸以面积计算。门洞、空圈、暖气包槽、壁龛的开口部分并入相应的工程量内	按设计图示尺寸以面积计算。门洞、空圈、暖气包槽、壁龛的开口部分并入相应的工程量内

（5）踢脚线

踢脚线又称为踢脚板，是一种安装在墙面与地面交界处的装饰线条或板条，具有保护墙面、平衡视觉，以及为墙地面装饰收口的作用。踢脚线一般分为水泥砂浆踢脚线、石材踢脚线、块料踢脚线、塑料板踢脚线、木质踢脚线、金属踢脚线、防静电踢脚线等。

1）水泥砂浆踢脚线

① 子目释义：水泥砂浆踢脚线是指直接以水泥砂浆抹灰而成的踢脚线，其优点在于施工简便、造价低廉。

② 工作内容：基层清理、底层和面层抹灰、材料运输。

③ 项目特征：踢脚线高度，底层厚度、砂浆配合比，面层厚度、砂浆配合比。

④ 工程量计算规则：

清单计算规则	定额计算规则
1. 以平方米计量，按设计图示长度乘以高度以面积计算； 2. 以米计量，按延长米计算	按设计图示长度乘以高度以面积计算。楼梯靠墙踢脚线（含锯齿形部分）贴块料按设计图示面积计算

2）石材踢脚线、块料踢脚线

① 子目释义：石材、块料踢脚线是指以大理石、花岗岩等天然石板或瓷砖块料制作的踢脚线。优点在于耐用、美观、强度较高，缺点在于需二次加工，且造价相对较高。

② 项目特征：踢脚线高度，粘贴层厚度、材料种类，面层材料品种、规格、颜色，防护材料种类。

③ 工作内容：基层清理、底层和面层抹灰、材料运输。

④ 工程量计算规则：

清单计算规则	定额计算规则
1. 以平方米计量，按设计图示长度乘以高度以面积计算； 2. 以米计量，按延长米计算	按设计图示长度乘以高度以面积计算。楼梯靠墙踢脚线（含锯齿形部分）贴块料按设计图示面积计算

3）塑料板踢脚线

① 子目释义：塑料板踢脚线通常是以聚氯乙烯（PVC）等塑料为主要原料，添加增塑剂、稳定剂、填料等辅助材料压延定型制作的踢脚线。具有防潮、防虫、耐水、价格低廉、造型各异、安装简便等优点，但其质感较差，装饰性能低，材质较软，容易变形，寿命较短，常用于办公室、学校、医院、家居等场所。

② 工作内容：基层清理、基层铺贴、面层铺贴、材料运输。

③ 项目特征：踢脚线高度，粘结层厚度、材料种类，面层材料种类、规格、颜色。

④ 工程量计算规则：

清单计算规则	定额计算规则
1. 以平方米计量，按设计图示长度乘以高度以面积计算； 2. 以米计量，按延长米计算	按设计图示长度乘以高度以面积计算。楼梯靠墙踢脚线（含锯齿形部分）贴块料按设计图示面积计算

4）木质踢脚线

① 子目释义：木质踢脚线是指以实木或人造木板（如多层夹板、密度板等）材料加工制作而成的踢脚线。其通常呈现木纹的质感，特别适合与木地板搭配使用，常用于家装、会所等高档装修中。

② 工作内容：基层清理、基层铺贴、面层铺贴、材料运输。

③ 项目特征：踢脚线高度，基层材料种类、规格，面层材料品种、规格、颜色。

④ 工程量计算规则：

清单计算规则	定额计算规则
1. 以平方米计量，按设计图示长度乘以高度以面积计算； 2. 以米计量，按延长米计算	按设计图示长度乘以高度以面积计算。楼梯靠墙踢脚线（含锯齿形部分）贴块料按设计图示面积计算

5）金属踢脚线

① 子目释义：金属踢脚线多为铝合金及不锈钢材质，通过机械压延加工而成的踢脚线。其成品强度高、不易断裂、柔韧性强、着色效果佳，比重轻，装饰效果好。广泛适用于办公楼、写字间、高档住宅、宾馆、酒店、洗浴中心、医院、学校等各类公共场所及民用建筑。

② 工作内容：基层清理、基层铺贴、面层铺贴、材料运输。

③ 项目特征：踢脚线高度，基层材料种类、规格，面层材料品种、规格、颜色。

④ 工程量计算规则：

清单计算规则	定额计算规则
1. 以平方米计量，按设计图示长度乘以高度以面积计算； 2. 以米计量，按延长米计算	按设计图示长度乘以高度以面积计算。楼梯靠墙踢脚线（含锯齿形部分）贴块料按设计图示面积计算

6）防静电踢脚线

① 子目释义：防静电踢脚线是指经特殊设计与防静电地板配套使用的踢脚线。其通常是由导电材料制成，能够有效地将静电传导到地面，防止静电的积累和释放，从而保护设备和人员的安全，且具有良好的导电性、耐磨性、安装方便等特点，主要适用于需要控制静电产生的环境，如数据中心、实验室、计算机房、医疗设备室等场所。

② 工作内容：基层清理、基层铺贴、面层铺贴、材料运输。

③ 项目特征：踢脚线高度，基层材料种类、规格，面层材料品种、规格、颜色。

④ 工程量计算规则：

清单计算规则	定额计算规则
1. 以平方米计量，按设计图示长度乘以高度以面积计算； 2. 以米计量，按延长米计算	按设计图示长度乘以高度以面积计算。楼梯靠墙踢脚线（含锯齿形部分）贴块料按设计图示面积计算

（6）楼梯面层

楼梯面层是指楼梯踏步及休息平台表面所铺设的装饰面层，主要起到保护楼梯结构、提供行走表面以及增强美观性的作用。常见的楼梯面层材料包括石材（如大理石、花岗岩）、地砖、木地板、地毯等。楼梯面层一般分为石材楼梯面层、块料楼梯面层、拼碎块料楼梯面层、水泥砂浆楼梯面层、现浇水磨石楼梯面层、地毯楼梯面层、木板楼梯面层、橡胶板楼梯面层、塑料板楼梯面层等。

1）石材楼梯面层、块料楼梯面层、拼碎块料楼梯面层

① 子目释义：石材、块料、拼碎块料石材楼梯面层是指用石材、

瓷砖等板块材料或者拼碎块料石材镶铺而成的楼梯装饰面层。常见的面层材料有大理石、花岗岩、瓷砖及马赛克等。

② 工作内容：基层清理，抹找平层，面层铺贴、磨边，贴嵌防滑条，勾缝，刷防护材料，酸洗、打蜡，材料运输。

③ 项目特征：找平层厚度、砂浆配合比，贴结层厚度、材料种类，面层材料品种、规格、颜色，防滑条材料种类、规格，勾缝材料种类，防护层材料种类，酸洗、打蜡要求。

④ 工程量计算规则：

清单计算规则	定额计算规则
按设计图示尺寸以楼梯（包括踏步、休息平台及≤500mm楼梯井）水平投影面积计算。楼梯与楼地面相连时，算至梯口梁内侧边沿；无梯口梁，算至最上一层踏步边沿加300mm	楼梯面积（包括踏步、休息平台，以及≤500mm宽的楼梯井）按水平投影面积计算

注：单跑楼梯不论其中间是否有休息平台，其工程量与双跑楼梯同样计算。

2）水泥砂浆楼梯面层

① 子目释义：水泥砂浆楼梯面层是指直接采用水泥砂浆铺设在楼梯踏步和休息平台上形成的楼梯面层。其具有造价低、施工方便、能够承受一定的使用压力和磨损的优点，但存在装饰性相对较弱、表面粗糙、易起砂等问题。在一些对装饰要求不高、注重实用性和经济性的场所较为常见。

② 工作内容：基层清理，抹找平层，抹面层，抹防滑条，材料运输。

③ 项目特征：找平层厚度、砂浆配合比，面层厚度、砂浆配合比，防滑条材料种类、规格。

④ 工程量计算规则：

清单计算规则	定额计算规则
按设计图示尺寸以楼梯（包括踏步、休息平台及≤500mm楼梯井）水平投影面积计算。楼梯与楼地面相连时，算至梯口梁内侧边沿；无梯口梁，算至最上一层踏步边沿加300mm	楼梯面积（包括踏步、休息平台，以及≤500mm宽的楼梯井）按水平投影面积计算

注：单跑楼梯不论其中间是否有休息平台，其工程量与双跑楼梯同样计算。

3）现浇水磨石楼梯面层

① 子目释义：采用与现浇水磨石楼地面相同工艺制作的楼梯面层。其具有耐磨性高、材料色彩搭配多样、装饰性强等特性，在建筑上广泛运用。常用于人流量大的场所，如医院、机场、地铁站、火车站、办事处、银行等。

② 工作内容：基层清理，抹找平层，抹面层，贴嵌防滑条，磨光、酸洗、打蜡，材料运输。

③ 项目特征：找平层厚度、砂浆配合比，面层厚度、水泥石子浆配合比，防滑条材料种类、规格，石子种类、规格、颜色，颜料种类、颜色，磨光、酸洗、打蜡要求。

④ 工程量计算规则：

清单计算规则	定额计算规则
按设计图示尺寸以楼梯（包括踏步、休息平台及≤500mm楼梯井）水平投影面积计算。楼梯与楼地面相连时，算至梯口梁内侧边沿；无梯口梁者，算至最上一层踏步边沿加300mm	楼梯面积（包括踏步、休息平台，以及≤500mm宽的楼梯井）按水平投影面积计算

注：单跑楼梯不论其中间是否有休息平台，其工程量与双跑楼梯同样计算。

4）地毯楼梯面层

① 子目释义：地毯楼梯面层是指在楼梯踏步和休息平台上铺设地毯的楼梯装饰面层。其装饰性高、美观、脚感舒适、静音、安全防滑，但作为楼梯面层，地毯易积尘、不易清洁，长期使用可能会有磨损、起毛等现象。但总体来说，地毯楼梯面层在一些注重舒适和装饰效果的场所，如高档住宅、酒店等，还是被广泛应用的。

② 工作内容：基层清理，铺贴面层，固定配件安装，刷防护材料，材料运输。

③ 项目特征：基层种类，面层材料品种、规格、颜色，防护材料种类，粘结材料种类，固定配件材料种类、规格。

④ 工程量计算规则：

清单计算规则	定额计算规则
按设计图示尺寸以楼梯（包括踏步、休息平台及≤500mm楼梯井）水平投影面积计算。楼梯与楼地面相连时，算至梯口梁内侧边沿；无梯口梁，算至最上一层踏步边沿加300mm	楼梯面积（包括踏步、休息平台，以及≤500mm宽的楼梯井）按水平投影面积计算

注：单跑楼梯不论其中间是否有休息平台，其工程量与双跑楼梯同样计算。

5）木板楼梯面层

① 子目释义：木板楼梯面层是指用实木或人造木板覆盖楼梯踏步和休息平台的楼梯装饰面层。其具有天然独特的纹理、柔和的色泽、脚感舒适、冬暖夏凉、环保等优势，但其造价偏高，需要较好的保养维护，怕水、怕潮、怕刮擦等，长期使用可能会出现变形、开裂等问题。常用于一些对装饰要求较高、追求自然风格的场所，如别墅、高档住宅等。

② 工作内容：基层清理，基层铺贴，面层铺贴，刷防护材料，材料运输。

③ 项目特征：基层材料种类、规格，面层材料品种、规格、颜色，粘结材料种类，防护材料种类。

④ 工程量计算规则：

清单计算规则	定额计算规则
按设计图示尺寸以楼梯（包括踏步、休息平台及≤500mm楼梯井）水平投影面积计算。楼梯与楼地面相连时，算至梯口梁内侧边沿；无梯口梁，算至最上一层踏步边沿加300mm	楼梯面积（包括踏步、休息平台，以及≤50mm宽的楼梯井）按水平投影面积计算

注：单跑楼梯不论其中间是否有休息平台，其工程量与双跑楼梯同样计算。

6）橡胶板楼梯面层、塑料板楼梯面层

① 概念：橡胶板、塑料板楼梯面层是指以橡胶或塑料为主要成分制成的地板材料铺设而成的楼梯装饰面层。其具有超强耐磨性，经久耐用。常用于重实用性、防滑性且对装饰要求不太高的办公、学校、

运动场等场所。

② 工作内容：基层清理，面层铺贴，压缝条装钉，材料运输。

③ 项目特征：粘结层厚度、材料种类，面层材料品种、规格、颜色，压线条种类。

④ 工程量计算规则：

清单计算规则	定额计算规则
按设计图示尺寸以楼梯（包括踏步、休息平台及≤500mm 楼梯井）水平投影面积计算。楼梯与楼地面相连时，算至梯口梁内侧边沿；无梯口梁，算至最上一层踏步边沿加 300mm	楼梯面积（包括踏步、休息平台，以及≤500mm 宽的楼梯井）按水平投影面积计算

注：单跑楼梯不论其中间是否有休息平台，其工程量与双跑楼梯同样计算。

（7）台阶面层工程量计算规则及实例

台阶面层是指台阶表面的装饰面层，主要作用是提供一个美观、耐用、防滑的表面，同时也可以保护台阶的结构不受损坏。台阶面层材料一般包括石材、地砖、水泥砂浆、水磨石等。台阶面层一般分为石材台阶面、块料台阶面、拼碎块料台阶面、水泥砂浆台阶面、现浇水磨石台阶面、剁假石台阶面等。

1）石材台阶面、块料台阶面、拼碎块料台阶面

① 子目释义：石材、块料、拼碎块料台阶面是指用石材、瓷砖等板块材料，以及拼碎石材或块料等为主要材料，用水泥砂浆或胶粘剂结合层嵌砌的台阶装饰面层。常见的面层材料有大理石、花岗岩、瓷砖及马赛克等。

② 工作内容：基层清理，抹找平层，面层铺贴，贴嵌防滑条，勾缝，刷防护材料，材料运输。

③ 项目特征：找平层厚度、砂浆配合比，粘结层材料种类，面层材料品种、规格、颜色，勾缝材料种类，防滑条材料种类、规格，防护材料种类。

④ 工程量计算规则

清单计算规则	定额计算规则
按设计图示尺寸以台阶（包括最上层踏步边沿加 300mm）水平投影面积计算	台阶面层（包括踏步及最上一层踏步沿 300mm）按水平投影面积计算

注：台阶面层与平台面层是同一种材料时，平台计算面层后，台阶不再计算最上一层踏步面积；如台阶计算最上一层踏步（加 300mm）面积，平台面层中必须扣除该面积。

2）水泥砂浆台阶面

① 子目释义：水泥砂浆台阶面是指直接采用水泥砂浆均匀铺设在台阶上，进行找平、压光等处理制成的台阶面层。其材料便宜，施工简单。相比其他装饰材料，外观不够精致，适用于要求不高的场所。

② 工作内容：基层清理，铺设垫层，抹找平层，抹面层，抹防滑条，材料运输。

③ 项目特征：垫层材料种类、厚度，找平层厚度、砂浆配合比，面层厚度、砂浆配合比，防滑条材料种类。

④ 工程量计算规则：

清单计算规则	定额计算规则
按设计图示尺寸以台阶（包括最上层踏步边沿加 300mm）水平投影面积计算	台阶面层（包括踏步及最上一层踏步沿 300mm）按水平投影面积计算

注：台阶面层与平台面层是同一种材料时，平台计算面层后，台阶不再计算最上一层踏步面积；如台阶计算最上一层踏步（加 300mm）面积，平台面层中必须扣除该面积。

3）现浇水磨石台阶面

① 子目释义：采用与现浇水磨石楼地面相同工艺制作的台阶面层。其耐磨性高、不积灰尘、材料色彩搭配多样、装饰性强。常用于人流量大的场所，如医院、机场、地铁站、火车站、办事处、银行等。

② 工作内容：清理基层，铺设垫层，抹找平层，抹面层，贴嵌防滑条、打磨、酸洗、打蜡，材料运输。

③ 项目特征：垫层材料种类、厚度，找平层厚度、砂浆配合比，面层厚度、水泥石子浆配合比，防滑条材料种类、规格，石子种类、规格、颜色，颜料种类、颜色，磨光、酸洗、打蜡要求。

④ 工程量计算规则：

清单计算规则	定额计算规则
按设计图示尺寸以台阶（包括最上层踏步边沿加 300mm）水平投影面积计算	台阶面层（包括踏步及最上一层踏步沿 300mm）按水平投影面积计算

注：台阶面层与平台面层是同一种材料时，平台计算面层后，台阶不再计算最上一层踏步面积；如台阶计算最上一层踏步（加 300mm）面积，平台面层中必须扣除该面积。

4）剁假石台阶面

① 子目释义：又称斩假石、剁斧石。剁假石台阶面是在掺入石屑及石粉的水泥砂浆面层上，用剁斧工具将其剁出类似石材纹理和质感的台阶面层。

② 工作内容：清理基层，铺设垫层，抹找平层，抹面层，剁假石，材料运输。

③ 项目特征：垫层材料种类、厚度，找平层厚度、砂浆配合比，面层厚度、砂浆配合比，剁假石要求。

④ 工程量计算规则：

清单计算规则	定额计算规则
按设计图示尺寸以台阶（包括最上层踏步边沿加 300mm）水平投影面积计算	台阶面层（包括踏步及最上一层踏步沿 300mm）按水平投影面积计算

注：台阶面层与平台面层是同一种材料时，平台计算面层后，台阶不再计算最上一层踏步面积；如台阶计算最上一层踏步（加 300mm），平台面层中必须扣除该面积。

（8）零星装饰项目

零星（楼地面）装饰项目是指局部小规模的，如楼梯、台阶牵边和侧面镶贴块料面层，以及不大于 $0.5m^2$ 的少量分散的楼地面（如门槛石等）镶贴块料面层。一般分为石材零星项目、拼碎石材零星项目、块料零星项目、水泥砂浆零星项目等。

1）石材零星项目、拼碎石材零星项目、块料零星项目

① 子目释义：石材、块料、拼碎石材零星项目是指以石材、瓷砖、拼碎石材或瓷砖等材料镶贴的楼梯、台阶牵边和侧面装饰面层，以及面积在 $0.5m^2$ 以内的零星楼地面装饰面层。

② 工作内容：清理基层，抹找平层，面层铺贴、磨边，勾缝，刷防护材料，酸洗、打蜡，材料运输。

③ 项目特征：工程部位，找平层厚度、砂浆配合比，贴结合层厚度、材料种类，面层材料品种、规格、颜色，勾缝材料种类，防护材料种类，酸洗、打蜡要求。

④ 工程量计算规则：

清单计算规则	定额计算规则
按设计图示尺寸以面积计算	零星项目按实铺面积计算

2）水泥砂浆零星项目

① 子目释义：水泥砂浆零星项目是指用水泥砂浆抹灰的楼梯、台阶牵边和侧面面层，以及面积在 $0.5m^2$ 以内的零星楼地面抹灰面层。

② 工作内容：清理基层，抹找平层，抹面层，材料运输。

③ 项目特征：工程部位，找平层厚度、砂浆配合比，面层、砂浆厚度。

④ 工程量计算规则：

清单计算规则	定额计算规则
按设计图示尺寸以面积计算	零星项目按实铺面积计算

（9）工程量计算实例

【例 3-1】某酒店地面铺装图如图 3-1 所示，地面节点如图 3-2 所示，踢脚线节点如图 3-3 所示，踢脚线布置于卧室及起居室墙面处。

【问题 1】试计算平面砂浆找平层工程量。

【解】

（1）清单工程量

平面砂浆找平层 $=(1.8+2)\times(1+1.5)+(1.5+2.8+0.075\times2)\times0.15=10.15\ (m^2)$

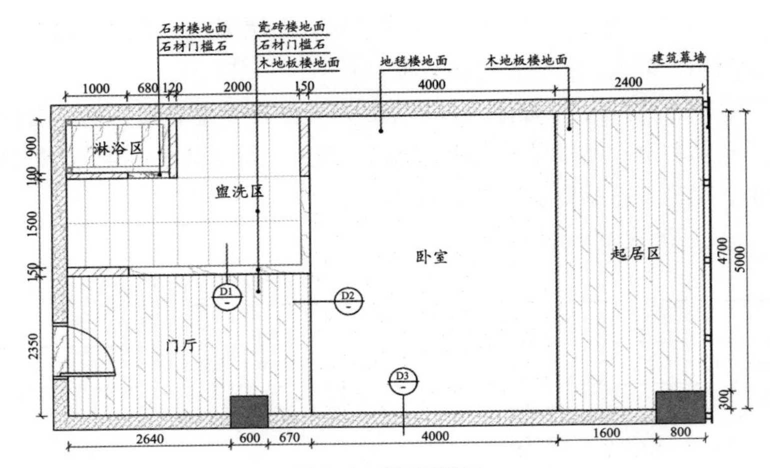

图 3-1　地面铺装图

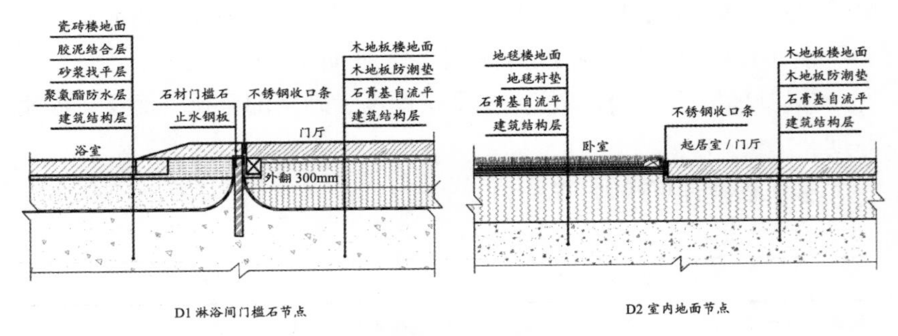

图 3-2　地面节点

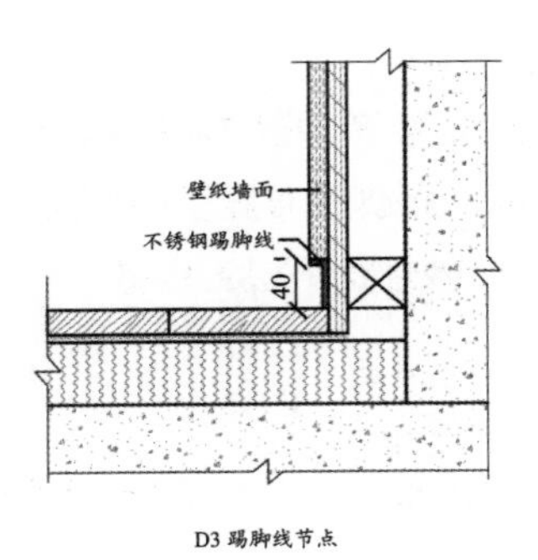

图 3-3　踢脚线节点

（2）定额工程量

定额工程量计算方法同清单工程量。

★ **注释：**如图 3-2 所示，卫生间区域为水泥砂浆找平层。

整个卫生间区域面积为 [（1.8+2）×（1+1.5）]m^2，卫生间门槛石中心线长度为（1.5+2.8+0.075×2）m，门槛石宽度为 0.15m。

★ **要点点评：**

1）在计算平面砂浆工程量时，首先要明白其定额及清单工程量计算规则，判断平面图上需扣除的面积，同时注意无须增加的门洞、空圈、暖气包槽、壁龛的开口部分。

2）水泥砂浆楼地面的配合比，设计要求与定额消耗量不同时，可以调整。

3）根据图 3-1 地面节点大样，20mm 厚平面砂浆施工至卫生间门槛石下方，因此应包含门槛石下方工程量。

4）间壁墙墙厚≤ 120mm。淋浴间处内隔墙厚度≤ 120mm，均为间壁墙，根据工程量计算规则，无须扣除其所占面积。

5）盥洗室处隔墙 150mm 厚，根据工程量计算规则，需扣除其所占面积。

【问题 2】试计算自流平楼地面工程量。

【解】

（1）清单工程量

1）30mm 厚自流平楼地面 = 2.35×3.95+2.4×5= 21.28（m^2）

2）35mm 厚自流平楼地面 = 5×4= 20（m^2）

（2）定额工程量

定额工程量计算方法同清单工程量。

★ **注释：**

如图 3-2 所示，门厅、起居区及卧室装饰面层下为自流平找平层。

门厅、起居室及卧室面积分别为（2.35×3.95）m^2、（2.4×5）m^2、（5×4）m^2。

★ **要点点评：**

1）在计算自流平楼地面工程量时，首先要明白其定额及清单工程量计算规则，判断平面图上需扣除的面积，同时注意无须增加的门洞、空圈、暖气包槽、壁龛的开口部分。

2）本案例中，卧室处地毯下方自流平楼地面厚度为35mm，门厅及起居室木地板下方自流平楼地面厚度为30mm，其项目特征不同，根据清单要求需分别列项。

3）本案例门厅凸出垛、柱面积分别为0.6×0.3=0.18（m^2），起居室凸出垛、柱面积为0.8×0.3=0.24（m^2），均小于0.3m^2，根据工程量计算规则，无须扣除其所占面积。

【问题3】试计算瓷砖楼地面工程量。

【解】

（1）清单工程量

瓷砖楼地面 =（1.8+2）×1.5+1×2= 7.7（m^2）

（2）定额工程量

定额工程量计算方法同清单工程量。

★ 注释：

如图3-2所示，盥洗区地面为瓷砖面层。

卫生间盥洗区瓷砖楼地面面积为[（1.8+2）×1.5+1×2]m^2。

★ 要点点评：

计算瓷砖楼地面工程量时，首先要明白其定额及清单工程量计算规则。结合图纸，计算时特别注意门洞开口等是否需要并入工程量中。

【问题4】试计算石材楼地面工程量。

【解】

（1）清单工程量

石材楼地面 = 1.68×0.9= 1.51（m^2）

（2）定额工程量

定额工程量计算方法同清单工程量。

★ 注释：

如图3-2所示，淋浴区地面为石材楼地面。

淋浴间区域石材楼地面所占面积为（1.68×0.9）m^2。

★ **要点点评：**

1）计算石材楼地面工程量时，首先要明白其定额及清单工程量计算规则。结合图纸，计算时特别注意门洞开口等是否需要并入工程量中。

2）根据图 3-2 地面节点大样，其门洞处为石材门槛石，根据清单计价要求，其属于零星项目，应单独列项，因此无须并入石材楼地面工程量。

【问题 5】试计算石材零星项目工程量。

【解】

（1）清单工程量

石材零星项目 = 1×0.24+0.15×（1.5+3.8−1+0.15）+（1.68−1）×0.12= 0.989（m^2）

（2）定额工程量

定额工程量计算方法同清单工程量。

★ **注释：**

如图 3-2 所示，门槛处地面面层材料为石材。

门厅处门槛石面积为（1×0.24）m^2，其中门槛石宽度为 0.24m。盥洗区处门槛石面积为 [0.15×（1.5+3.8−1）]m^2，其中门槛石宽度为 0.15m，门槛石中心线长度为（1.5+3.8−1+0.15）m。淋浴区处门槛石面积为 [（1.68−1）×0.12]m^2。其中门槛石宽度为 0.12m，门槛石长度为（1.68−1）m。

★ **要点点评：**

计算石材零星项目工程量时，首先要明白其定额及清单工程量计算规则。结合图纸，以中心线长度乘以宽度，按实铺面积计算。

【问题 6】试计算地毯楼地面工程量。

【解】

（1）清单工程量

地毯楼地面 = 5×4= 20（m^2）

（2）定额工程量

定额工程量计算方法同清单工程量。

★ **注释：**

如图 3-2 所示，卧室区域楼地面为地毯面层。

卧室地毯铺设面积为（5×4）m^2。

★ **要点点评：**

1）在计算地毯楼地面工程量时，首先要明白其定额及清单工程量计算规则。同时结合图纸数据，对于门洞、空圈，若为同材质则需并入计算。

2）水泥砂浆楼地面的配合比，设计要求与定额消耗量不同时，可以调整。

【问题 7】试计算木地板楼地面工程量。

【解】

（1）清单工程量

木地板楼地面 = 2.35×3.95+2.4×5= 21.28（m^2）

（2）定额工程量

定额工程量计算方法同清单工程量。

★ **注释：**

如图 3-2 所示，门厅、起居室区域楼地面为木地板面层。

门厅、起居室木地板铺设面积分别为（2.35×3.95）m^2、（2.4×5）m^2。

★ **要点点评：**

在计算竹、木复合楼地面工程量时，首先要明白其定额及清单工程量计算规则。同时结合图纸数据，对于门洞、空圈，若为同材质则需并入计算。

【问题 8】试计算金属踢脚线工程量。

【解】

（1）清单工程量

金属踢脚线 =（4+2.4）×2+0.3= 13.1（m）

（2）定额工程量

金属踢脚线 = [（4+2.4）×2+0.3）]×0.04= 0.524（m^2）

★ **注释：**

起居区及卧室区域踢脚线长度分别为 [（4+2.4）×2+0.3]m，踢脚线高度为 0.04m，两者相乘即为踢脚线面积。

★ **要点点评：**

1）在计算踢脚线工程量时，首先要明白其定额及清单工程量计算规则。同时结合图纸数据，扣除门窗洞口等非踢脚线区域长度，再根据清单要求及描述，考虑是否乘以高度。

2）本案例中，平面图右侧为幕墙区域，无踢脚线，因此无须计算该区域踢脚线。

3）清单计算规则中，清单可以延长米“m”计量，也可以面积“m^2”计量，具体根据清单描述及要求计量。

4）定额计算规则中，踢脚线工程量主要以面积“m^2”计量。

3.5.2 墙、柱面装饰与隔断、幕墙工程

1. 清单项目设置说明

墙、柱面装饰与隔断、幕墙工程可分为墙面抹灰、柱（梁）面抹灰、零星抹灰、墙面块料面层、柱（梁）面镶贴块料、镶贴零星块料、墙饰面、柱（梁）饰面、幕墙工程、隔断等项目，适用于墙、柱、梁面层等装饰工程。详见表3-3。

表3-3 墙、柱面装饰与隔断、幕墙工程分类

项目	分类
墙面抹灰	墙面一般抹灰，墙面装饰抹灰，墙面勾缝，立面砂浆找平层
柱（梁）面抹灰	柱（梁）面一般抹灰，柱（梁）面装饰抹灰，柱（梁）面砂浆找平，柱面勾缝
零星抹灰	零星项目一般抹灰，零星项目装饰抹灰、零星项目砂浆找平
墙面块料面层	石材墙面，块料墙面，拼碎石材墙面，干挂石材钢骨架
柱（梁）面镶贴块料	石材柱面，块料柱面，拼碎块柱面，石材梁面，块料梁面
镶贴零星块料	石材零星项目，块料零星项目，拼碎块零星项目
墙饰面	墙面装饰板，墙面装饰浮雕
柱（梁）饰面	柱（梁）面装饰，成品装饰柱
幕墙工程	带骨架幕墙，全玻璃（无框玻璃）幕墙
隔断	木隔断，金属隔断，玻璃隔断，塑料隔断，成品隔断，其他隔断

（1）立面砂浆找平层项目适用于仅做找平层的立面抹灰。

（2）墙面抹石灰砂浆、水泥砂浆、混合砂浆、聚合物水泥砂浆、

麻刀石灰浆、石膏灰浆等按墙面一般抹灰列项；墙面水刷石、干粘石、假面砖等按墙面装饰抹灰列项。

（3）砂浆找平项目适用于仅做找平层的柱（梁）面抹灰。

（4）柱（梁）面抹石灰砂浆、水泥砂浆、混合砂浆、聚合物水泥砂浆、麻刀石灰浆、石膏灰浆等按柱（梁）面一般抹灰列项；柱（梁）面水刷石、斩假石、干粘石、假面砖等按柱（梁）面装饰抹灰列项。

（5）抹灰工程的“零星项目”适用于各种壁柜、碗柜、飘窗板、空调隔板、暖气罩、池槽、花台以及≤ $0.5m^2$ 的其他各种零星抹灰。

（6）零星项目抹石灰砂浆、水泥砂浆、混合砂浆、聚合物水泥砂浆、麻刀石灰浆、石膏灰浆等按零星项目一般抹灰列项；墙面水刷石、斩假石、干粘石、假面砖等按零星项目装饰抹灰列项。

（7）墙、柱（梁）面≤ $0.5m^2$ 的少量分散的抹灰按零星抹灰项目编码列项。

（8）墙、柱面不大于 $0.5m^2$ 的少量分散的镶贴块料面层按镶贴零星块料项目执行。

（9）墙面贴块料、饰面高度在300mm以内者，按踢脚线项目执行。

2. 清单项目编码说明

一级编码为01（房屋建筑与装饰工程）；二级编码为12（《房屋建筑与装饰工程工程量计算规范》GB 50854—2013附录M墙、柱面装饰与隔断、幕墙工程）；三级编码为01～10（从墙面抹灰至隔断）；四级编码从001开始，根据各项目包含的清单项目不同依次递增；五级编码从001开始依次递增，同一个工程中的墙面若采用一般抹灰，所用的砂浆种类既有水泥砂浆，又有混合砂浆，则第五级编码应分别设置。

3. 清单特征描述说明

（1）在描述碎块项目的面层材料特征时，可不描述规格、颜色。

（2）石材、块料与粘结材料的结合面刷防渗材料的种类在防护层材料种类中描述。

（3）墙体类型是指砖墙、石墙、混凝土墙、砖块墙以及内墙、外墙等。

（4）底层、面层的厚度应根据设计规定（一般采用标准设计图）

确定。

（5）勾缝类型是指清水砖墙、砖柱的加浆勾缝（平缝或凹缝），石墙、石柱的勾缝（如平缝、平凹缝、平凸缝、半圆凹缝、半圆凸缝和三角凸缝等）。

（6）块料饰面板是指石材饰面板（天然花岗岩、大理石、人造花岗岩、人造大理石、预制水磨石饰面板等）、陶瓷面砖（内墙彩釉面砖、外墙面砖，陶瓷锦砖、大型陶瓷锦面板等）、玻璃面砖（玻璃锦砖、玻璃面砖等）、金属饰面板（彩色涂色钢板、彩色不锈钢板、不锈钢饰面板、铝合金板、复合铝板、铝塑板等）、塑料饰面板（聚氯乙烯塑料饰面板、玻璃钢饰面板、塑料贴面饰面板、聚酯装饰板、复塑中密度纤维板等）、木质饰面板（胶合板、硬质纤维板、细木工板、刨花板、建筑纸面草板、水泥木屑板、灰板条等）。

（7）墙体块料面层安装方式可描述为砂浆或胶粘剂粘贴、挂贴、干挂等，不论哪种安装方式，都要详细描述与组价相关的内容。

（8）挂贴方式是对大规格的石材（大理石、花岗岩、青石等）使用先挂后灌浆的方式固定于墙、柱面。

（9）干挂方式：直接干挂法，是通过不锈钢膨胀螺栓、不锈钢挂件、不锈钢连接件、不锈钢钢针等，将墙饰面板挂接在墙体上；间接干挂法，是通过固定在墙、柱、梁上的龙骨，再通过各种挂件固定外墙饰面板。

（10）嵌缝材料是指嵌缝砂浆、嵌缝油膏、密封材料等。

（11）防护材料是指石材等防碱背涂处理剂和面层防酸涂剂等。

（12）基层材料是指面层内的底板材料，如木墙裙、木护墙、木板隔墙等，在龙骨上粘贴或铺钉一层加强面层的底板。

4. 工程量计算规则

（1）墙面抹灰

墙面抹灰是指用水泥砂浆等材料在建筑物的墙面上进行涂抹、找平的施工工艺，以达到平整墙面、保护墙体、增加美观度的目的。墙面抹灰一般分为墙面一般抹灰、墙面装饰抹灰、墙面勾缝、立面砂浆找平层等。

1）墙面一般抹灰、墙面装饰抹灰

① 子目释义：墙面一般抹灰是指在建筑物墙面涂抹石灰砂浆、水泥砂浆、水泥混合砂浆、聚合物水泥砂浆、麻刀石灰浆、纸筋石灰浆、石膏灰浆等。

墙面装饰抹灰是指在建筑物墙面涂抹水砂石、斩假石、干粘石、假面砖等。装饰抹灰根据使用材料、施工方法和装饰效果不同，分为拉毛灰、甩毛灰、搓毛灰、扫毛灰、拉条抹灰、装饰线条毛灰、假面砖、人造大理石以及外墙喷涂、滚涂、弹涂和机喷石屑等装饰抹灰。

② 工作内容：基层清理，砂浆制作、运输，底层抹灰、抹面层，抹装饰面，勾分格缝。

③ 项目特征：墙体类型，底层厚度、砂浆配合比，面层厚度、砂浆配合比，装饰面材料种类，分格缝宽度、材料种类。

④ 工程量计算规则：

清单计算规则	定额计算规则
按设计图示尺寸以面积计算。扣除墙裙、门窗洞口及单个＞ $0.3m^2$ 的孔洞面积，不扣除踢脚线、挂镜线和墙与构件交接处的面积，门窗洞口和孔洞的侧壁及顶面不增加面积。附墙柱、梁、垛、烟囱侧壁并入相应的墙面面积内	内墙面、墙裙抹灰面积应扣除门窗洞口和单个面积＞ $0.3m^2$ 的空圈所占的面积，不扣除踢脚线、挂镜线及单个面积≤ $0.3m^2$ 的孔洞和墙与构件交接处的面积，且门窗洞口、空圈，孔洞的侧壁面积亦不增加，附墙柱的侧面抹灰应并入墙面，墙裙抹灰工程量内计算

注：1. 墙面抹灰不扣除与构件交接处的面积，是指墙与梁的交接处所占的面积，不包括墙与楼板的交接。

2. 装饰抹灰分格嵌缝按抹灰面积计算。

2）墙面勾缝

① 子目释义：墙面勾缝是一种对砖砌墙面、石砌墙面灰缝进行加浆勾缝处理的工艺，提升视觉效果，同时起到保护砌体结构的功能。勾缝类型主要有平缝、平凹缝、平凸缝、半圆凹缝、半圆凸缝和三角凸缝等。常用白水泥、腻子粉、勾缝剂及美缝剂进行施工。

② 工作内容：基层清理，砂浆制作、运输，勾缝。

③ 项目特征：墙体类型，勾缝类型，勾缝材料种类。

④ 工程量计算规则：

清单计算规则	定额计算规则
按设计图示尺寸以面积计算。扣除墙裙、门窗洞口及单个＞0.3m² 的孔洞面积，不扣除踢脚线、挂镜线和墙与构件交接处的面积，门窗洞口和孔洞的侧壁及顶面不增加面积。附墙柱、梁、垛、烟囱侧壁并入相应的墙面面积内	按设计图示尺寸以面积计算。扣除墙裙、门窗洞口及单个面积＞0.3m² 的孔洞面积，不扣除踢脚线、挂镜线和墙与构件交接处的面积，门窗洞口和孔洞的侧壁及顶面不增加面积。附墙柱、梁、垛、烟囱侧壁并入相应的墙面面积内

3）立面砂浆找平层

① 子目释义：立面砂浆找平是指用水泥砂浆等材料在建筑物的墙面、柱面等立面上进行涂抹、找平的施工工艺，使立面表面平整、光滑，为后续的涂装、刷漆等装饰工作提供良好的基础。

② 工作内容：基层清理，砂浆制作、运输，抹灰找平。

③ 项目特征：基层类型，找平层砂浆厚度、配合比。

④ 工程量计算规则：

清单计算规则	定额计算规则
按设计图示尺寸以面积计算。扣除墙裙、门窗洞口及单个＞0.3m² 的孔洞面积，不扣除踢脚线、挂镜线和墙与构件交接处的面积，门窗洞口和孔洞的侧壁及顶面不增加面积。附墙柱、梁、垛、烟囱侧壁并入相应的墙面面积内	按设计图示尺寸以面积计算。扣除墙裙、门窗洞口及单个面积＞0.3m² 的孔洞面积，不扣除踢脚线、挂镜线和墙与构件交接处的面积，门窗洞口和孔洞的侧壁及顶面不增加面积。附墙柱、梁、垛、烟囱侧壁并入相应的墙面面积内

（2）柱（梁）面抹灰

柱（梁）面抹灰是指对建筑物的柱子和梁的表面进行抹灰处理。其是建筑结构施工完成之后的一项工作，可起到防潮、隔热、防风化等功能，避免建筑物墙体受到风、雨、雪等的侵蚀，还可以起到装饰房间的作用。柱（梁）面抹灰一般分为柱（梁）面一般抹灰、柱（梁）面装饰抹灰、柱（梁）面砂浆找平、柱（梁）面勾缝等。

1）柱（梁）面一般抹灰、柱（梁）面装饰抹灰

① 子目释义：与墙面抹灰工程类似，指在建筑物柱（梁）面上进行一般抹灰或装饰抹灰工程的施工。

② 工作内容：基层清理，砂浆制作、运输，底层抹灰，抹面层，勾分格缝。

③ 项目特征：柱（梁）体类型，底层厚度、砂浆配合比，面层厚度、砂浆配合比，装饰面材料种类，分格缝宽度、材料种类。

④ 工程量计算规则：

清单计算规则	定额计算规则
柱面抹灰：按设计图示柱断面周长乘以高度以面积计算。 梁面抹灰：按设计图示梁新面周长乘以长度以面积计算	柱（梁）面抹灰按结构断面周长乘以抹灰高度计算

注：柱的断面周长是指结构断面周长。

2）柱（梁）面砂浆找平

① 子目释义：柱（梁）面砂浆找平与立面砂浆找平类似，指在建筑物柱（梁）面上进行砂浆找平的施工，使墙柱、梁面达到较高的平整度，以便为下一步的涂装、刷漆等施工提供良好的基础。

② 工作内容：基层清理，砂浆制作、运输，抹灰找平。

③ 项目特征：柱（梁）体类型，找平的砂浆厚度、配合比。

④ 工程量计算规则：

清单计算规则	定额计算规则
柱面抹灰：按设计图示柱断面周长乘以高度以面积计算。 梁面抹灰：按设计图示梁新面周长乘以长度以面积计算	柱（梁）面砂浆找平按结构断面周长乘以抹灰高度计算

注：柱的断面周长是指结构断面周长。

3）柱（梁）面勾缝

① 子目释义：柱（梁）面勾缝与墙面勾缝类似，即在砖砌柱（梁）面、石砌柱（梁）面灰缝进行加浆勾缝处理的工艺，以提升视觉效果，保护砌体结构的功能。

② 工作内容：基层清理，砂浆制作、运输，勾缝。

③ 项目特征：墙体类型，勾缝类型，勾缝材料种类。

④ 工程量计算规则：

清单计算规则	定额计算规则
按设计图示柱（梁）断面周长乘以高度以面积计算	装饰抹灰分格嵌缝按抹灰面积计算

（3）零星抹灰

零星抹灰是指小面积、不规则部位或比较分散的区域的抹灰，以及面积不超过 $0.5m^2$ 墙、柱（梁）面少量分散的抹灰。零星抹灰一般分为零星项目一般抹灰、零星项目装饰抹灰、零星项目砂浆找平等。

1）零星项目一般抹灰、零星项目装饰抹灰

① 子目释义：指面积不超过 $0.5m^2$ 的零星项目的抹石灰砂浆、水泥砂浆、混合砂浆、聚合物水泥砂浆、麻刀石灰浆、石膏灰浆的一般抹灰；以及面积不超过 $0.5m^2$ 的零星项目的水刷石、斩假石、干粘石、假面砖的装饰抹灰。

② 工作内容：基层清理，砂浆制作、运输，底层抹灰，抹面层，抹装饰面，勾分格缝。

③ 项目特征：基层类型、部位，底层厚度、砂浆配合比，面层厚度、砂浆配合比，装饰面材料种类，分格缝宽度、材料种类。

④ 工程量计算规则：

清单计算规则	定额计算规则
按设计图示尺寸以面积计算	按设计图示尺寸以展开面积计算

2）零星项目砂浆找平

① 子目释义：指面积不超过 $0.5m^2$ 少量分散的零星砂浆找平。

② 工作内容：基层清理，砂浆制作、运输，抹灰找平。

③ 项目特征：基层类型，找平的砂浆厚度、配合比。

④ 工程量计算规则：

清单计算规则	定额计算规则
按设计图示尺寸以面积计算	按设计图示尺寸以展开面积计算

（4）墙面块料面层

墙面块料面层是指将各类板状块料饰面镶贴于墙面基层而成的装饰面层。块料可分为饰面砖（如釉面砖、外墙面砖、陶瓷锦砖）、天然石饰面板（如大理石、花岗岩等）、人造石饰面板（如预制水磨石、水刷石、人造大理石）。墙面块料面层一般分为石材墙面、块料墙面、拼碎石材墙面、干挂石材钢骨架等。

1）石材墙面、块料墙面、拼碎石材墙面

① 子目释义：石材、块料、拼碎石材墙面是指以石材、瓷砖块料或拼碎石材为饰面面层的墙面。其主要作用是保护墙、柱主体结构，增强坚固性、耐久性，延长主体结构的使用年限，改善主体结构的使用功能，提高建筑的艺术效果，美化环境。施工方法包括干挂法、湿贴法、湿挂法、干贴法。

② 工作内容：基层清理，砂浆制作、运输，粘结层铺贴，面层安装，嵌缝，刷防护材料，磨光、酸洗、打蜡。

③ 项目特征：墙体类型，安装方式，面层材料品种、规格、颜色，缝宽、嵌缝材料种类，防护材料种类，磨光、酸洗、打蜡要求。

④ 工程量计算规则：

清单计算规则	定额计算规则
按镶贴表面积计算	按镶贴表面积计算

2）干挂石材钢骨架

① 子目释义：干挂石材钢骨架是指用于支撑和固定干挂石材面板的各类龙骨骨架结构。一般是由型钢（如槽钢、角钢等）通过焊接或螺栓连接等方式组合而成。

② 工作内容：骨架制作、运输、安装，刷漆。

③ 项目特征：骨架种类、规格，防锈漆品种遍数。

④ 工程量计算规则：

清单计算规则	定额计算规则
按设计图示尺寸以质量计算	按设计图示尺寸以质量计算

（5）柱（梁）面镶贴块料

柱（梁）面镶贴块料是指将各类板状块料饰面镶贴于柱（梁）面基层形成的装饰面层。块料可分为饰面砖（如釉面砖、外墙面砖、陶瓷锦砖）、天然石饰面板（如大理石、花岗岩等）、人造石饰面板（如预制水磨石、水刷石、人造大理石）。柱（梁）面镶贴块料一般分为石材柱面、块料柱面、拼碎块柱面、石材梁面、块料梁面等。

1）石材柱面、块料柱面、拼碎块柱面

① 子目释义：石材、块料、拼碎块柱面与墙面镶贴块料施工类似，指在建筑物柱面上进行石材、块料、拼碎块料镶贴工程的施工。

② 工作内容：基层清理，砂浆制作、运输，粘结层铺贴，面层安装，嵌缝，刷防护材料，磨光、酸洗、打蜡。

③ 项目特征：柱截面类型、尺寸，安装方式，面层材料品种、规格、颜色，缝宽、嵌缝材料种类，防护材料种类，磨光、酸洗、打蜡要求。

④ 工程量计算规则：

清单计算规则	定额计算规则
按镶贴表面积计算	按镶贴表面积计算

2）石材梁面、块料梁面

① 子目释义：石材、块料梁面与墙面镶贴块料施工类似，指在建筑物梁面上进行石材、块料镶贴工程的施工。

② 工作内容：基层清理，砂浆制作、运输，粘结层铺贴，面层安装，嵌缝，刷防护材料，磨光、酸洗、打蜡。

③ 项目特征：安装方式，面层材料品种、规格、颜色，缝宽、嵌缝材料种类，防护材料种类，磨光、酸洗、打蜡要求。

④ 工程量计算规则：

清单计算规则	定额计算规则
按镶贴表面积计算	按镶贴表面积计算

（6）镶贴零星块料

① 子目释义：镶贴零星块料是指面积不超过 0.5m^2 的少量分散的零星石材类、块料材料镶贴项目，适用于窗台板、压顶、腰线等。镶贴零星块料一般分为石材零星项目、块料零星项目、拼碎块零星项目等。

② 工作内容：基层类型、部位，安装方式，面层材料品种、规格、颜色，缝宽、嵌缝材料种类，防护材料种类，磨光、酸洗、打蜡。

③ 项目特征：安装方式，面层材料品种、规格、颜色，缝宽、嵌缝材料种类，防护材料种类，磨光、酸洗、打蜡。

④ 工程量计算规则：

清单计算规则	定额计算规则
按镶贴表面积计算	"零星项目"按设计图示尺寸以展开面积计算

注：中柱墩、柱帽是按圆弧形成品考虑的，按其圆最大外径以周长计算；其他类型柱帽、柱墩工程量按设计图示尺寸以展开面积计算。

（7）墙饰面

墙饰面是指将金属板、木板饰面、塑料板等作为饰面板，以干挂或粘贴的方式附着于墙、柱面的装饰工程。其主要作用包括保护结构墙体、隐藏墙内管线、改善装点室内环境等，饰面板工程主要包括木板安装、各类金属板安装、玻璃板安装、陶土板安装等。一般分为墙面装饰板、墙面装饰浮雕等。

1）墙面装饰板

① 子目释义：墙面装饰板是指采用陶瓷板、金属板、木板饰面、塑料板、软 / 硬包等作为饰面板，以干挂或粘贴的方式附着于墙面的装饰工程。

② 工作内容：基层清理，龙骨制作、运输、安装，钉隔离层，基层

铺钉，面层铺贴。

③ 项目特征：龙骨材料种类、规格、中距，隔离层材料种类、规格，基层材料种类、规格，面层材料品种、规格、颜色，压条材料种类、规格。

④ 工程量计算规则：

清单计算规则	定额计算规则
按设计图示墙净长乘以净高以面积计算。扣除门窗洞口及单个＞ $0.3m^2$ 的孔洞所占面积	龙骨、基层、面层墙饰面项目按设计图示饰面尺寸以面积计算，扣除门窗洞口及单个面积＞ $0.3m^2$ 的空圈所占的面积，不扣除单个面积≤ $0.3m^2$ 孔洞所占面积，门窗洞口及孔洞侧壁面积亦不增加

2）墙面装饰浮雕

① 子目释义：墙面装饰浮雕是指将金属、木质、石膏等浮雕板，通过粘贴或龙骨安装等方式固定在墙面的装饰形式。

② 工作内容：基层清理，材料制作、运输，安装成型。

③ 项目特征：基层类型，浮雕材料种类，浮雕样式。

④ 工程量计算规则：

清单计算规则	定额计算规则
按设计图示尺寸以面积计算	龙骨、基层、面层墙饰面项目按设计图示饰面尺寸以面积计算，扣除门窗洞口及单个面积＞ $0.3m^2$ 的空圈所占的面积，不扣除单个面积≤ $0.3m^2$ 孔洞所占面积，门窗洞口及孔洞侧壁面积亦不增加

（8）柱（梁）饰面

柱（梁）饰面是指采用陶瓷板、金属板、木板饰面、塑料板、软/硬包等作为饰面板，以干挂或粘贴的方式附着于墙、柱面的装饰工程。其主要作用包括保护结构柱、隐藏墙内管线、改善装点室内环境等。柱（梁）饰面一般分为柱（梁）饰面、成品装饰柱。

1）柱（梁）饰面

① 子目释义：柱（梁）饰面是指采用陶瓷板、金属板、木板饰面、塑料板、软/硬包等作为饰面板，以干挂或粘贴的方式附着于柱（梁）

面的装饰工程。其主要作用包括保护结构柱、隐藏墙内管线、改善装点室内环境等。

② 工作内容：清理基层，龙骨制作、运输、安装，钉隔离层，基层铺钉，面层铺贴。

③ 项目特征：龙骨材料种类、规格、中距，隔离层材料种类，基层材料种类、规格，面层材料品种、规格、颜色，压条材料种类、规格。

④ 工程量计算规则：

清单计算规则	定额计算规则
按设计图示饰面外围尺寸以面积计算。柱帽、柱墩并入相应柱饰面工程量内	柱（梁）饰面的龙骨、基层、面层按设计图示饰面尺寸以面积计算，柱帽、柱墩并入相应柱面积内

2）成品装饰柱

① 子目释义：成品装饰柱是指预先制作好的具有装饰性的柱子。装饰柱可由木材、石材、金属、高分子材料等制成，现场安装简单快捷，能有效缩短施工周期。广泛应用于室内外各种场所，如大厅、走廊、庭院等。

② 工作内容：柱运输、固定、安装。

③ 项目特征：柱截面、高度尺寸，柱材质。

④ 工程量计算规则：

清单计算规则	定额计算规则
1. 以根计量，按设计数量计算； 2. 以米计量，按设计长度计算	1. 以根计量，按设计数量计算； 2. 以米计量，按设计长度计算

（9）隔断

隔断是指专门作为分隔室内空间的一种立面设施或构造，可使空间应用分隔灵活、装饰风格多变。隔断可分为木隔断、金属隔断、玻璃隔断、塑料隔断、成品隔断与其他隔断。

1）木隔断、金属隔断、玻璃隔断、塑料隔断

① 子目释义：木、金属、玻璃、塑料隔断是指分别以木质、金属、玻璃、塑料为主要材料制作而成的隔断设施或构造。

② 工作内容：骨架及边框制作、运输、安装，隔板制作、运输、安装，嵌缝、塞口，装钉压条。

③ 项目特征：骨架、边框材料种类、规格，隔板材料品种、规格、颜色，嵌缝、塞口材料品种，压条材料种类。

④ 工程量计算规则：

清单计算规则	定额计算规则
按设计图示框外围尺寸以面积计算。不扣除单个 $\leq 0.3m^2$ 的孔洞所占面积；浴厕门的材质与隔断相同时，门的面积并入隔断面积内	隔断按设计图示框外围尺寸以面积计算，扣除门窗洞及单个面积 $> 0.3m^2$ 的孔洞所占面积

2）成品隔断

① 子目释义：成品隔断是指一种工厂预先制作、可重复拆装使用的空间分隔装置，适用于办公、厂房、展厅等区域。

② 工作内容：隔断运输、安装，嵌缝、塞口。

③ 项目特征：隔断材料品种、规格、颜色，配件品种、规格。

④ 工程量计算规则：

清单计算规则	定额计算规则
1. 以平方米计量，按设计图示框外围尺寸以面积计算； 2. 以间按设计间数量计算	隔断按设计图示框外围尺寸以面积计算，扣除门窗洞及单个面积 $> 0.3m^2$ 的孔洞所占面积

3）其他隔断

① 子目释义：其他隔断是指除木隔断、金属隔断、玻璃隔断、塑料隔断以及成品隔断范围以外的，其他材质或其他形式的隔断。

② 工作内容：骨架及边框安装，隔板安装，嵌缝、塞口。

③ 项目特征：骨架、边框材料种类、规格，隔板材料品种、规格、颜色，嵌缝、塞口材料品种。

④ 工程量计算规则：

清单计算规则	定额计算规则
按设计图示框外围尺寸以面积计算。不扣除单个≤ $0.3m^2$ 的孔洞所占面积	隔断按设计图示框外围尺寸以面积计算，扣除门窗洞及单个面积＞ $0.3m^2$ 的孔洞所占面积

（10）工程量计算实例

【例 3-2】某酒店淋浴间平面索引图如图 3-4 所示，淋浴间立面索引图如图 3-5 所示。

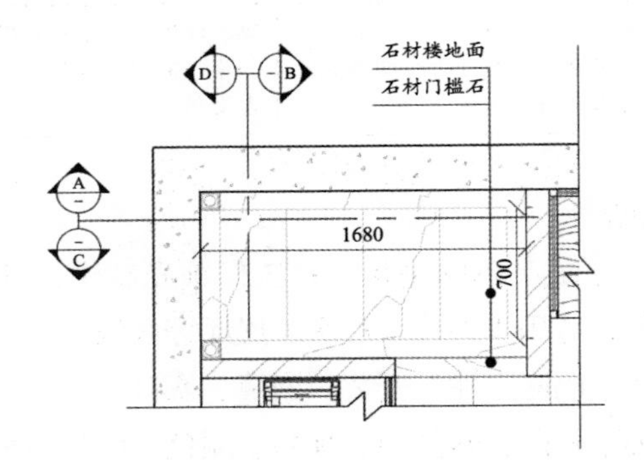

图 3-4　淋浴区平面索引图

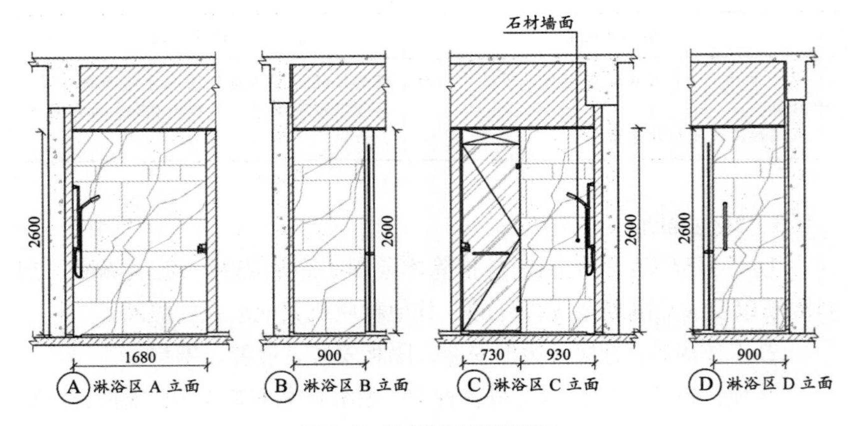

图 3-5　淋浴间立面索引图

【问题】试计算石材墙面工程量。

【解】

（1）清单工程量

石材墙面 =（0.93+1.68+0.9+0.9）× 2.6= 11.47（m^2）

（2）定额工程量

定额工程量计算方法同清单工程量。

★ **注释：**

如图 3-4、图 3-5 所示，淋浴间四面墙体扣除门洞外均为石材墙面。

卫生间扣除门洞的长度为（0.93+1.68+0.9+0.9）m，石材墙面铺贴高度为 2.6m。

★ **要点点评：**

1）在计算块料墙面工程量时，首先要明白其定额及清单工程量计算规则。其计算规则为实际镶贴面积，因此需特别注意墙面是否有尺寸不一的造型等。

2）计算块料面层工程量时，可以按房间内净周长乘以实际铺贴高度计算，也可根据各立面墙面长度乘以实际铺贴高度计算。

以上两种计算方法，均需注意扣除门、窗洞口的尺寸。同时，门窗洞口侧边增加的块料也需按实际计算，此处门洞口侧边为不锈钢门套，故无须计算。

3.5.3 天棚工程

1. 清单项目设置说明

天棚工程是建筑装饰工程的一个重要组成部分，主要涵盖对建筑物室内顶部的一系列处理和装饰工作，主要包括在顶板表面直接喷浆、抹灰，或粘贴装饰材料；在顶板下面吊挂装饰性扣板或石膏板造型吊顶；以及其他装饰处理。天棚工程可分为天棚抹灰、天棚吊顶、采光天棚工程、天棚其他装饰等。详见表 3-4。

表 3-4 天棚工程分类

项目	分类
天棚抹灰	天棚抹灰
天棚吊顶	吊顶天棚、格栅吊顶、吊筒吊顶、藤条造型悬挂、织物软雕吊顶、网架装饰吊顶
采光天棚工程	采光天棚
天棚其他装饰	灯带（槽）、送风口、回风口

（1）采光天棚和天棚设保温、隔热、吸声层时，应按建筑工程中防腐、隔热、保温工程相关项目编码列项。

（2）天棚的检查孔、天棚内的检修通道、灯槽若未单独列项，则需在特征描述中说明。

（3）天棚吊顶的平面、跌级、锯齿形、阶梯形、吊挂式、藻井式及矩形、弧形、拱形等，应在清单项目中进行描述。

（4）平面天棚和跌级天棚是指一般直线形天棚，不包括灯光槽的制作安装。灯光槽制作安装应按相应项目执行。

（5）吊顶天棚中的艺术造型天棚项目中包括灯光槽的制作安装。天棚面层不在同一标高，且高差在 400mm 以下、跌级三级以内的一般直线形平面天棚按跌级天棚相应项目执行；高差在 400mm 以上或跌级超过三级，以及圆弧形、拱形等造型天棚按吊顶天棚中的艺术造型天棚相应项目执行。

（6）格栅吊顶适用于木格栅、金属格栅、塑料格栅等。

（7）吊筒吊顶适用于木（竹）质吊筒、金属吊筒、塑料吊筒以及圆形、矩形、扁钟形吊筒等。

（8）送风口、回风口适用于金属、塑料、木质风口。

（9）龙骨、基层、面层的防火处理及天棚龙骨的刷防腐油，石膏板刮嵌缝膏、贴绷带参考油漆、涂料、裱糊工程列项。

2. 清单项目编码说明

一级编码为 01（房屋建筑与装饰工程）；二级编码为 13（《房屋建筑与装饰工程工程量计算规范》GB 50854—2013 附录 N 天棚工程）；三

级编码为 01 ~ 04（从天棚抹灰至天棚其他装饰）；四级编码从 001 开始，根据各项目所包含的清单项目不同依次递增；五级编码从 001 开始依次递增，如同一工程中天棚抹灰有混合砂浆，还有水泥砂浆，则其编码为 011301001001（天棚抹混合砂浆）、011301001002（天棚抹水泥砂浆）。

3. 清单特征描述说明

（1）“天棚抹灰”项目基层类型是指混凝土现浇板、预制混凝土板、木板条等。

（2）龙骨类型是指上人或不上人，以及平面、跌级、锯齿形、阶梯形、吊挂式、藻井式及矩形、圆弧形、拱形等类型。

（3）天棚面层在同一标高者为平面天棚，天棚面层不在同一标高者为跌级天棚。

（4）基层材料是指底板或面层背后的加强材料。

（5）龙骨中距是指相邻龙骨中线之间的距离。

（6）天棚面层适用于石膏板（包括装饰石膏板、纸面石膏板、吸声穿孔石膏板、嵌装式装饰石膏板等）、纤维水泥加压板（包括穿孔吸声石棉水泥板、轻质硅酸钙吊顶板等）、装饰吸声罩面板 [包括矿棉装饰吸声板、贴塑矿（岩）棉吸声板、膨胀珍珠岩石装饰吸声制品、玻璃棉装饰吸声板等]、塑料装饰罩面板（钙塑泡沫装饰吸声板、聚苯乙烯泡沫塑料装饰吸声板、聚氯乙烯塑料天花板等）、金属装饰板（包括铝合金罩面板、金属微孔吸声板、铝合金单体构件等）、木质饰板（胶合板、薄板、板条、水泥木丝板、刨花板等）、玻璃饰面（包括镜面玻璃、镭射玻璃等）。

4. 工程量计算规则

（1）天棚抹灰

① 子目释义：天棚抹灰是指在建筑物原始顶板表面进行抹灰的施工。天棚基层可分混凝土基层、板条基层和钢丝网基层。抹灰材料可分为石灰麻刀灰浆、水泥麻刀砂浆、涂刷涂料等。

② 工作内容：基层清理，底层抹灰，抹面层。

③ 特征描述：基层类型，抹灰厚度，材料种类，砂浆配合比。

④ 工程量计算规则：

清单计算规则	定额计算规则
按设计图示尺寸以水平投影面积计算。不扣除间壁墙、柱、附墙烟囱、检查口和管道所占的面积，带梁天棚的梁两侧抹灰面积并入天棚面积内，板式楼梯底面抹灰按斜面积计算，锯齿形楼梯底板抹灰按展开面积计算	按设计结构尺寸以展开面积计算天棚抹灰。不扣除间壁墙、柱、附墙烟囱、检查口和管道所占的面积，带梁天棚的梁两侧抹灰面积并入天棚面积内，板式楼梯底面抹灰面积（包括踏步休息平台以及≤ 500mm 宽的楼梯井）按水平投影面积乘以系数 1.15 计算，锯齿形楼梯底板抹灰面积（包括踏步、休息平台以及＜ 500mm 宽的楼梯井）按水平投影面积乘以系数 1.37 计算

（2）天棚吊顶

又称天棚、天花，是室内空间的顶界面，其对于整个室内视觉效果有举足轻重的影响，对于室内光环境、热工环境、声场环境、防火安全均起很大的作用。吊顶工程一般分为吊顶天棚、格栅吊顶、吊筒吊顶、藤条造型悬挂吊顶、织物软雕吊顶、网架（装饰）吊顶。

1）吊顶天棚

① 子目释义：吊顶天棚是指建筑物的原始楼板下方另外吊挂安装的一层天花顶棚装饰结构。可分为普通天棚与艺术造型天棚，按其结构形式，普通天棚又可分为平面天棚与跌级天棚，艺术造型天棚又可分为锯齿形、阶梯形、吊挂式和藻井式天棚。

② 工作内容：基层清理，吊杆安装，龙骨安装，基层板铺贴，面层铺贴，嵌缝，刷防护材料。

③ 项目特征：吊顶形式、吊杆规格、高度，龙骨材料种类、规格、中距，基层材料种类、规格，面层材料品种、规格，压条材料种类、规格，嵌缝材料种类，防护材料种类。

④ 工程量计算规则：

清单计算规则	定额计算规则
按设计图示尺寸以水平投影面积计算。天棚面中的灯槽及跌级、锯齿形、吊挂式、藻井式天棚面积不展开计算。不扣除间壁墙、检查口、附墙烟囱、柱垛和管道所占面积，扣除单个＞ 0.3m² 的孔洞、独立柱及与天棚相连的窗帘盒所占面积	天棚龙骨按主墙间水平投影面积计算，不扣除间壁墙、垛、附墙柱、附墙烟囱、检查口和管道所占面积，扣除单个面积＞ 0.3m² 的孔洞、独立柱及与天棚相连的窗帘盒所占面积。斜面龙骨按斜面计算。 天棚吊顶的基层和面层均按设计图示尺寸以展开面积计算。天棚面中的灯槽及跌级、阶梯式、锯齿形、吊挂式、藻井式天棚面积按展开计算。不扣除间壁墙、垛、柱、附墙烟囱、检查口和管道所占的面积，扣除单个面积＞ 0.3m² 的孔洞、独立柱及与天棚相连的窗帘盒所占面积

注：除烤漆龙骨天棚为龙骨、面层合并列项外，其余均为天棚龙骨、基层、面层分别列项编制。

2）格栅吊顶

① 子目释义：格栅吊顶是指由一组栅条的组成平行或井格的吊顶装饰结构。格栅吊顶广泛应用于商业、办公、公共场所等各类空间。

② 工作内容：基层清理，安装龙骨，基层板铺贴，面层铺贴，刷防护材料。

③ 项目特征：龙骨材料种类、规格、中距，基层材料种类、规格，面层材料品种、规格，防护材料种类。

④ 工程量计算规则：

清单计算规则	定额计算规则
按设计图示尺寸以水平投影面积计算	按设计图示尺寸以水平投影面积计算

3）吊筒吊顶

① 子目释义：指采用筒状的物体或吊顶材料圆材料做成筒状的装饰，悬吊于顶棚，形成某种特定装饰效果。常用于大空间、大跨度的公共区域，如图书馆、展厅、机场、车站等区域。

② 工作内容：基层清理，吊筒制作安装，刷防护材料。

③ 项目特征：吊筒形状、规格，吊筒材料种类，防护材料种类。

④ 工程量计算规则：

清单计算规则	定额计算规则
按设计图示尺寸以水平投影面积计算	吊筒吊顶以最大外围水平投影尺寸，以外接矩形面积计算

注：吊筒吊顶龙骨、面层合并列项编制。

4）藤条造型悬挂吊顶、织物软雕吊顶

① 子目释义：藤条造型悬挂吊顶、织物软雕吊顶均属于艺术造型吊顶，藤条造型悬挂吊顶中间悬浮或两边悬浮效果使整体空间增加立体感，削弱吊顶的笨重感。同时辅以绿植等装饰物，增加空间装饰性。织物软雕吊顶为吊顶上固定软包、硬包、布幔等装饰材料，使吊顶造型富有层次感及装饰性。

② 工作内容：基层清理，龙骨安装，铺贴面层，基层清理，龙骨安装，铺贴面层。

③ 项目特征：骨架材料种类、规格，面层材料品种、规格。

④ 工程量计算规则：

清单计算规则	定额计算规则
按设计图示尺寸以水平投影面积计算	按设计图示尺寸以水平投影面积计算

注：吊筒吊顶龙骨、面层合并列项编制。

5）网架（装饰）吊顶

① 子目释义：网架（装饰）吊顶是由多根杆件按照一定的网格形式，通过节点连接而成的空间结构。具有空间受力、重量轻、刚度大、抗震性能好等优点；可用作体育馆、影剧院、展览厅、候车厅、体育场看台雨篷、飞机库、双向大柱网架结构车间等建筑的屋盖。

② 工作内容：基层清理，网架制作安装。

③ 项目特征：网架材料品种、规格。

④ 工程量计算规则：

清单计算规则	定额计算规则
按设计图示尺寸以水平投影面积计算	按设计图示尺寸以水平投影面积计算

注：吊筒吊顶龙骨、面层合并列项编制。

（3）采光天棚

① 子目释义：采光天棚也称采光顶，是指建筑物的屋顶全部或部分材料采用玻璃、亚克力板等透光材料，形成具有装饰和采光功能的建筑物顶部结构构件。可用于宾馆、医院、大型商业中心、展览馆，以及建筑物的入口雨篷等。

② 工作内容：清理基层，面层制安，嵌缝、塞口，清洗。

③ 项目特征：骨架类型，固定类型、固定材料，品种、规格，面层材料品种、规格，嵌缝、塞口材料种类。

④ 工程量计算规则：

清单计算规则	定额计算规则
按框外围展开面积计算	按设计图示尺寸以水平投影面积计算

（4）天棚其他装饰

1）灯带（槽）

① 子目释义：灯带（槽）是天棚上用于安装线形灯具并产生灯带效果的附加的凹槽造型。通常有附加式与悬挑式两种。

② 工作内容：安装、固定。

③ 项目特征：灯带型式、尺寸，格栅片材料品种、规格，安装固定方式。

④ 工程量计算规则：

清单计算规则	定额计算规则
按设计图示尺寸以框外围面积计算	灯带（槽）按设计图示尺寸以框外围面积计算

2）送风口、回风口

① 子目释义：送风口、回风口是指空调或通风系统向室内运送与回收空气的管道管口。此处指天棚吊顶上方预留的空调送、回风管道口。

② 项目特征：风口材料品种、规格，安装固定方式，防护材料种类。

③ 工作内容：安装、固定，刷防护材料。

④ 工程量计算规则：

清单计算规则	定额计算规则
按设计图示数量计算	按设计图示数量计算

（5）工程量计算实例

【例 3-3】以天棚抹灰为例，某工程现浇混凝土井字梁天棚，板厚 120mm，如图 3-6、图 3-7 所示。

【问题】试计算天棚抹灰工程量。

【解】

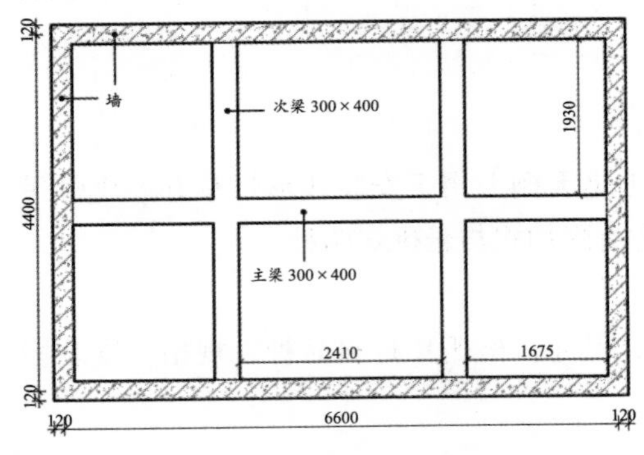

图 3-6　天花平面图

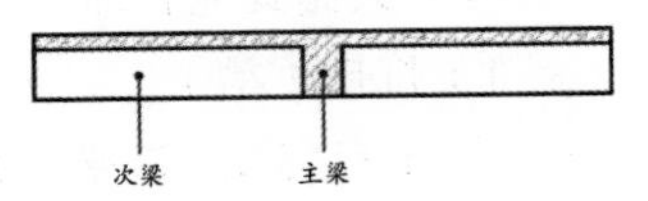

图 3-7　梁剖面图

（1）清单工程量

天棚抹灰 =（6.60–0.24）×（4.40–0.24）+（1.93+1.93）×2×2×（0.4–0.12）+（2.41+1.675×2）×2×（0.4–0.12）= 34.01（m^2）

（2）定额工程量计算方法同清单工程量。

★ **注释：**

天棚抹灰的工程量计算规则中要求带梁天棚、梁两侧抹灰面积应展开并入天棚的面积内，式中天棚水平投影面积为（6.60–0.24）×（4.40–0.24）m^2，其中墙中心线长为 6.60m，墙中心线宽为 4.40m，2 倍半墙厚为 0.24m。

次梁侧面面积为 [（1.93+1.93）×2×2×（0.4–0.12）]m^2，其中次梁长度为（1.93+1.93）m，一共 2 根次梁 4 个面，次梁净高为（0.4–0.12）m。

主梁侧面面积为 [（2.41+1.675×2）×2×（0.4–0.12）]m^2，其中主梁长度为（2.41+1.675×2）m，一共 2 根主梁 4 个面，次梁净高为（0.4–0.12）m。

★ **要点点评：**

1）在计算水泥砂浆面层工程量时，首先要明白其定额以及清单工程量的计算规则，然后结合图纸数据，要注意带梁天棚、梁两侧抹灰面积并入天棚面积内。

2）本题计算的是天棚抹灰工程量，在计算时可先计算主墙间的净长度乘以主墙间的净宽度，再加上梁的侧面面积，即可计算出题目中所求的工程量，即现浇混凝土井字梁天棚抹水泥砂浆的工程量。

【例 3-4】某酒店客房天棚平面图如图 3-8 所示，天棚剖面图如图 3-9 所示，其中卫生间区域天棚面层为 9.5mm 防潮石膏板 + 防潮乳胶漆，门厅、卧室及起居区天棚面层为 9.5mm 纸面石膏板 + 普通乳胶漆。试计算吊顶天棚工程量。

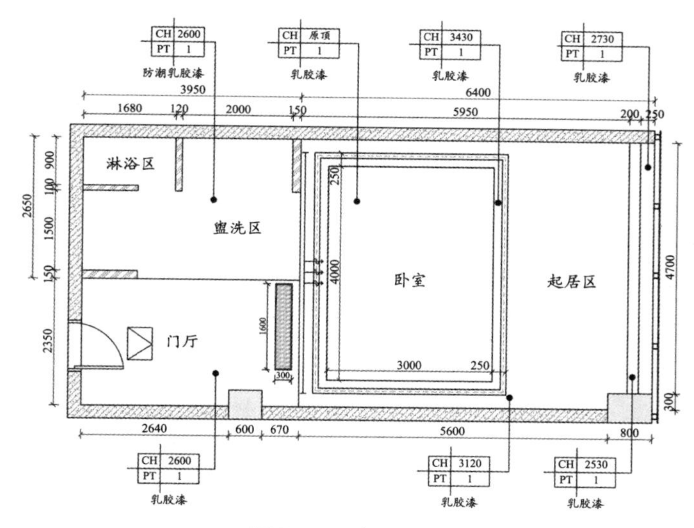

图 3-8　天棚平面图

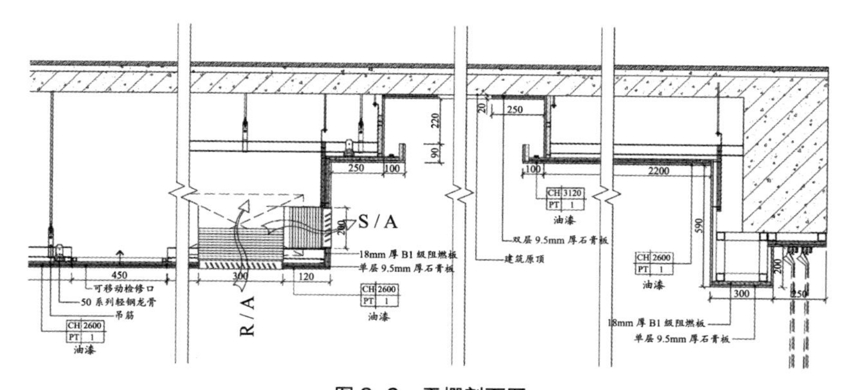

图 3-9　天棚剖面图

【问题 1】试计算吊顶天棚工程量。

【解】

（1）清单工程量

吊顶天棚 =（3.95+4+6.4）×（4.7+0.3）–（4+0.25×2）×（3+0.25×2）–0.25×（5–0.3）–0.15×1×2–0.3×1.6= 54.05（m^2）

（2）定额工程量

1）轻钢龙骨基层 =（3.95+4+1.6+0.8）×5–（3+0.25×2）×（4+0.25×2）–0.25×（5–0.3）–0.15×1×2-0.3×1.6= 34.05（m^2）

2）石膏板面层 =（3.95+4+1.6+0.8）×5–（3+0.25×2）×（4+0.25×2）–0.25×（5–0.3）–0.15×1×2–0.3×1.6+（3+0.25×2+4+0.25×2）×2×（0.09+0.22）+5×（3.12–2.6）+5×0.59–10.47= 34.09（m^2）

3）防潮石膏板面层 = 3.95×2.65= 10.47（m^2）

★ 注释：

如图 3-8、图 3-9 所示，卫生间区域为防潮石膏板面层，门厅、卧室及起居区为普通纸面石膏板。

以清单规则计算工程量，空间内水平投影面积为 [（3.95+4+6.4）×（4.7+0.3）]m^2。非吊顶区域所占面积为 [（4+0.25×2）×（3+0.25×2）]m^2，其中原顶区域面积为 3m^2 和 4m^2，顶面双层 9.5mm 石膏板宽度为 0.25m。窗帘盒所占面积为 [0.25×（5–0.3）]m^2。150mm 厚隔墙所占面积为（0.15×1×2）m^2，空调风口所占面积为（0.3×1.6）m^2。

以定额规则计算工程量，灯带（槽）侧立板面积为 [（3+0.25×2+4+0.25×2）×2×（0.09+0.22）]m^2，其中灯带（槽）周长为 [（3+0.25×2+4+0.25×2）×2]m，灯带（槽）高度为（0.09+0.22）m。门厅及卧室处吊顶侧板面积为 [5×（3.12–2.6）]m^2，侧板长度为 5m，侧板高度为（3.12–2.6）m。起居室处吊顶侧板面积为（5×0.59）m^2。

★ 要点点评：

1）在计算吊顶天棚工程量时，首先要明白其定额及清单工程量计算规则。根据工程量计算规则，按水平投影面积计算，要注意图中吊顶宽度、长度，若存在原顶区域，则需扣除，同时还需扣除单个面积＞0.3m^2 的孔洞、独立柱及与天棚相连的窗帘盒所占面积。灯槽及跌级、锯齿形、吊挂式、藻井式天棚面积不展开计算。不扣除间壁墙、检查口、附墙烟囱、柱垛和管道所占面积。

2）以定额计算规则计算工程量时，需要将龙骨基层及石膏板面层分别列项结算。

3）在计算石膏板面层工程量时，根据计算规则，一般情况下，在计算完吊顶的投影面积后，加上灯槽、造型区域等的展开面积，即为石膏板面积工程量。

4）本案例中，卫生间区域 120mm 以内的间壁墙、检修口，不大于 0.3m^2 附墙柱所占面积无须扣除。

5）卫生间区域吊顶为防潮石膏板，根据定额计算规则应单独列项。清单可合并计算，也可单独列项。

【问题 2】试计算灯带（槽），送风口、回风口工程量。

【解】

（1）清单工程量

1）灯带（槽）=[（4+0.25）+（3+0.25）]×2×（0.09+0.22+0.1）=6.15（m^2）

2）送风口、回风口 = 2 个

（2）定额工程量

定额工程量计算方法同清单工程量。

★ 注释：

[（4+0.25）+（3+0.25）]×2m 为灯带（槽）框外围周长，（0.09+0.22+0.1）m 为灯带（槽）侧面尺寸。

★ 要点点评：

在计算灯带（槽）工程量时，首先要明白其定额及清单工程量计算规则。根据工程量计算规则，以灯带（槽）框外围尺寸乘以展开尺寸计算展开面积。

3.5.4　油漆、涂料、裱糊工程

1. 清单项目设置说明

油漆、涂料工程泛指各种油类、漆类、涂料及树脂涂刷在建筑物、

木材、金属表面，以保护建筑物、木材、金属表面不受侵蚀的施工工艺。

裱糊工程是在建筑物内墙和顶棚表面粘贴纸张、塑料墙纸、玻璃纤维墙布、锦缎等制品的施工，以达到美化环境、满足使用功能，并对墙体、顶棚起一定保护作用。

一般分为门油漆、窗油漆、木扶手及其他板条、线条油漆，木材面油漆，金属面油漆，抹灰面油漆，喷刷涂料，裱糊等。详见表3-5。

表3-5　油漆、涂料、裱糊工程分类

项目	分类
门油漆	木门油漆，金属门油漆
窗油漆	木窗油漆，金属窗油漆
木扶手及其他板条、线条油漆	木扶手油漆，窗帘盒油漆，封檐板、顺水板油漆，挂衣板、黑板框油漆，挂镜线、窗帘棍、单独木线油漆
木材面油漆	木护墙、木墙裙油漆，窗台板、筒子板、盖板门窗套、踢脚线油漆，清水板条天棚、檐口油漆，木方格吊顶天棚油漆，吸声板墙面、天棚面油漆，暖气罩油漆，其他木材面，木间壁、木隔断油漆，玻璃间壁露明墙筋油漆，木栅栏、木栏杆（带扶手）油漆，衣柜、壁柜油漆，梁柱饰面油漆，零星木装修油漆，木地板油漆，木地板烫硬蜡面
金属面油漆	金属面油漆
抹灰面油漆	抹灰面油漆，抹灰线条油漆，满刮腻子
喷刷涂料	墙面喷刷涂料，天棚面喷刷涂料，空花格、栏杆刷涂料，线条刷涂料，金属构件刷防火涂料，木材构件喷刷防火涂料
裱糊	墙纸裱糊、织锦缎裱糊

（1）木门油漆应区分木大门、单层木门、双层（一玻一纱）木门、双层（单裁口）木门、全玻自由门、半玻自由门、装饰门及有框门或无框门等项目，分别编码列项。

（2）金属门油漆应区分平开门、推拉门、钢制防火门等项目，分别编码列项。

（3）门、窗油漆以平方米计量时，项目特征可不必描述洞口尺寸。

（4）木窗油漆应区分单层木门、双层（一玻一纱）木窗、双层框扇（单裁口）木窗、双层框三层（二玻一纱）木窗、单层组合窗、双层组合窗、木百叶窗、木推拉窗等项目，分别编码列项。金属窗油漆应区分平开窗、推拉窗、固定窗、组合窗、金属格栅窗等项目，分别编码列项。

（5）木扶手应区分带托板与不带托板，分别编码列项，若是木栏杆带扶手，木扶手不应单独列项，应包含在木栏杆油漆中。

（6）喷刷墙面涂料部位要注明是内墙或是外墙。

（7）多面涂刷按单面计算工程量。

2. 清单项目编码

一级编码为01（房屋建筑与装饰工程）；二级编码为13（《房屋建筑与装饰工程工程量计算规范》GB 50854—2013 附录N天棚工程）；三级编码为01～04（从天棚抹灰至天棚其他装饰）；四级编码从001开始，根据项目包含的清单项目不同依次递增；五级编码从001开始依次递增，如同一工程中天棚抹灰有混合砂浆，还有水泥砂浆，则其编码为011301001001（天棚抹混合砂浆）、011301001002（天棚抹水泥砂浆）。

3. 清单特征描述说明

（1）腻子种类分为石膏油腻子（熟桐油、石膏粉、适量水）、胶腻子（大白、色粉、羧甲基纤维素）、漆片腻子（漆片、乙醇、石膏粉、适量色粉）、油腻子（矾石粉、桐油、脂肪酸、松香）等。

（2）刮腻子要求，分为刮腻子遍数（道数）或满刮腻子或找补腻子等。

（3）以平方米计量，项目特征可不必描述洞口尺寸。

（4）喷刷墙面涂料部位要注明是内墙或是外墙。

4. 工程量计算规则

（1）门油漆

1）子目释义：门油漆包括木门油漆、金属门油漆。木门油漆是指将木器油漆涂刷在木门上，起到保护木门、增加美观度、提高耐久性等作用。木门油漆有多种类型，如油性漆、水性漆等。金属门油漆是指将金属油漆涂覆在金属门上，可防止金属门生锈腐蚀，同时能起到装饰作用，使其外观更符合需求。

2）工作内容：除锈（金属门油漆适用）、基层清理，刮腻子，刷防护材料、油漆。

3）项目特征：门类型，门代号及洞口尺寸，腻子种类，刮腻子遍数，防护材料种类，油漆品种、刷漆遍数。

4）工程量计算规则：

<table>
<tr><th rowspan="2">清单计算规则</th><th colspan="3">定额计算规则</th></tr>
<tr><th>计算规则</th><th>分项名称</th><th>系数</th></tr>
<tr><td rowspan="9">1. 以樘计量，按设计图示数量计量。
2. 以平方米计量，按设计图示洞口尺寸以面积计算</td><td rowspan="8">单面洞口面积 × 系数</td><td>单层木门</td><td>1.00</td></tr>
<tr><td>单层半玻门</td><td>0.85</td></tr>
<tr><td>单层全玻门</td><td>0.75</td></tr>
<tr><td>半截百叶门</td><td>1.50</td></tr>
<tr><td>全百叶门</td><td>1.70</td></tr>
<tr><td>厂库房大门</td><td>1.10</td></tr>
<tr><td>纱门扇</td><td>0.80</td></tr>
<tr><td>特种门（包括冷藏门）</td><td>1.00</td></tr>
<tr><td>扇外围尺寸面积 × 系数</td><td>装饰门扇</td><td>0.90</td></tr>
</table>

（2）窗油漆

1）子目释义：与门油漆相同，窗油漆包括木窗油漆、金属窗油漆。木窗油漆是指将木器油漆涂刷在木窗上，主要用于保护木材、增强美观性和耐久性。金属窗油漆是指将金属油漆涂覆在金属窗上，防止金属生锈和腐蚀、同时达到装饰效果。

2）工作内容：除锈（金属门油漆适用）、基层清理，刮腻子，刷防护材料、油漆。

3）项目特征：窗类型，窗代号及洞口尺寸，腻子种类，刮腻子遍数，防护材料种类，油漆品种、刷漆遍数。

4）工程量计算规则：

清单计算规则	定额计算规则		
	计算规则	分项名称	系数
1. 以樘计量，按设计图示数量计量。 2. 以平方米计量，按设计图示洞口尺寸以面积计算	单面洞口面积 × 系数	单层玻璃窗	1.00
		双层（一玻一纱）木窗	1.36
		双层框扇（单裁口）木窗	0.75
		双层框三层（二玻一纱）木窗	1.50
		单层组合窗	1.70
		双层组合窗	1.10
		木百叶窗	0.80

（3）木扶手及其他板条、线条油漆

1）子目释义：木扶手及其他板条、线条油漆包括木扶手油漆，窗帘盒油漆，封檐板、顺水板油漆，挂衣板、黑板框油漆等。

2）工作内容：基层清理，刮腻子，刷防护材料油漆。

3）项目特征：断面尺寸，腻子种类，刮腻子遍数，防护材料种类，油漆品种、刷漆遍数。

4）工程量计算规则：

清单计算规则	定额计算规则		
	计算规则	分项名称	系数
按设计图示尺寸以长度计算	延长米 × 系数	木扶手（不带托板）	1.00
		木扶手（带托板）	2.50
		封檐板、博风板	1.70
		黑板框、生活园地框	0.50

注：楼梯木扶手工程量按中心线斜长计算，弯头长度应计算在扶手长度内。

（4）木材面油漆

1）子目释义：木材油漆主要是指对各种木材门、窗，木材基层材料等进行涂料或油漆涂刷的工程。可分为木护墙、木墙裙油漆，窗台板、筒子板、盖板门窗套、踢脚线油漆，清水板条天棚、檐口油漆，木方格吊顶天棚油漆，吸声板墙面、天棚面油漆，暖气罩油漆，其他木材面，木间壁、木隔断油漆，玻璃间壁露明墙筋油漆，木栅栏、木栏杆（带扶手）油漆，衣柜、壁柜油漆，梁柱饰面油漆，零星木装修油漆，木地板油漆，木地板烫硬蜡面等。

2）工作内容：基层清理，刮腻子，刷防护材料油漆。

3）项目特征：腻子种类，刮腻子遍数，防护材料种类，油漆品种、刷漆遍数。

4）工程量计算规则：

<table>
<tr><th colspan="2" rowspan="2">清单计算规则</th><th colspan="3">定额计算规则</th></tr>
<tr><th>计算规则</th><th>分项名称</th><th>系数</th></tr>
<tr><td>木护墙、木墙裙油漆</td><td rowspan="10">按设计图示尺寸以面积计算</td><td>长 × 宽 × 系数</td><td>木护墙、木墙裙、木踢脚</td><td>0.83</td></tr>
<tr><td>窗台板、筒子板、盖板门窗套、踢脚线油漆</td><td>长 × 宽 × 系数</td><td>窗台板、窗帘盒</td><td>0.83</td></tr>
<tr><td rowspan="2">清水板条天棚、檐口油漆</td><td>长 × 宽 × 系数</td><td>清水板条檐口天棚</td><td>1.10</td></tr>
<tr><td>斜长 × 宽 × 系数</td><td>屋面板带檩条</td><td>1.10</td></tr>
<tr><td>木方格吊顶天棚油漆</td><td>跨度（长）× 中高 ×1/2× 系数</td><td>木屋架</td><td>1.77</td></tr>
<tr><td rowspan="2">吸声板墙面、天棚面油漆</td><td rowspan="2">长 × 宽 × 系数</td><td>吸声板（墙面或天棚）</td><td>0.87</td></tr>
<tr><td>木板、胶合板天棚</td><td>1.00</td></tr>
<tr><td>暖气罩油漆</td><td>展开面积 × 系数</td><td>暖气罩油漆</td><td>0.83</td></tr>
<tr><td>其他木材面</td><td>长 × 宽 × 系数</td><td>鱼鳞板墙</td><td>2.40</td></tr>
<tr><td>木间壁、木隔断油漆</td><td rowspan="3">单面外围面积 × 系数</td><td>间壁、隔断</td><td>1.00</td></tr>
<tr><td>玻璃间壁露明墙筋油漆</td><td rowspan="2">按设计图示尺寸以单面外围面积计算</td><td>玻璃间壁露明墙筋</td><td>0.80</td></tr>
<tr><td>木栅栏、木栏杆（带扶手）油漆</td><td>木格栅、木栏杆（带扶手）</td><td>0.90</td></tr>
<tr><td>衣柜、壁柜油漆</td><td rowspan="3">按设计图示尺寸以油漆部分展开面积计算</td><td rowspan="3">展开面积 × 系数</td><td>壁橱</td><td rowspan="3">0.83</td></tr>
<tr><td>梁柱饰面油漆</td><td>梁柱饰面油漆</td></tr>
<tr><td>零星木装修油漆</td><td>零星木装修油漆</td></tr>
</table>

续表

<table>
<tr><th colspan="2" rowspan="2">清单计算规则</th><th colspan="3">定额计算规则</th></tr>
<tr><th>计算规则</th><th>分项名称</th><th>系数</th></tr>
<tr><td>木地板油漆</td><td rowspan="2">按设计图示尺寸以面积计算。空洞、空圈、暖气包槽、壁龛的开口部分并入相应的工程量内</td><td rowspan="2">单面外围面积 × 系数</td><td>木地板油漆</td><td>1.00</td></tr>
<tr><td>木地板烫硬蜡面</td><td>木地板烫硬蜡面</td><td>1.00</td></tr>
</table>

注：1. 木护墙、木墙裙油漆按垂直投影面积计算。
2. 台板、筒子板、盖板、门窗套、踢脚线油漆按水平或垂直投影面积（门窗套的贴脸板和筒子板垂直投影面积合并）计算。
3. 清水板条天棚、檐口油漆、木方格吊顶天棚以水平投影面积计算，不扣除空洞面积。
4. 暖气罩油漆按垂直面垂直投影面积计算。凸出墙面的水平面按水平投影面积计算。不扣除空洞面积。
5. 工程量以面积计算的油漆、涂料项目，线角、线条、压条等不展开。

（5）金属面油漆

1）子目释义：金属面油漆主要是指对各种金属构件、金属基层材料等进行涂料或油漆涂装的施工。

2）工作内容：基层清理，刮腻子，刷防护材料、油漆。

3）项目特征：构件名称，腻子种类，刮腻子要求，防护材料种类，油漆品种、刷漆遍数。

4）工程量计算规则：

<table>
<tr><th rowspan="2">清单计算规则</th><th colspan="3">定额计算规则</th></tr>
<tr><th>计算规则</th><th>分项名称</th><th>系数</th></tr>
<tr><td rowspan="9">1. 以吨计量，按设计图示尺寸以质量计算。
2. 以平方米计量，按设计展开面积计算</td><td rowspan="4">按设计图示尺寸以展开面积计算。质量 ≤ 500kg 的单个金属构件，可按本表系数将质量（t）折算为面积</td><td>钢栅栏门、栏杆、窗栅</td><td>64.98</td></tr>
<tr><td>钢爬梯</td><td>44.84</td></tr>
<tr><td>踏步式钢扶梯</td><td>39.90</td></tr>
<tr><td>轻型屋架</td><td>53.20</td></tr>
<tr><td rowspan="2">斜长 × 宽</td><td>平板屋面</td><td>1.00</td></tr>
<tr><td>瓦垄板屋面</td><td>1.20</td></tr>
<tr><td>展开面积</td><td>排水、伸缩缝盖板</td><td>1.05</td></tr>
<tr><td>水平投影面积</td><td>吸气罩</td><td>2.20</td></tr>
<tr><td>门窗洞口面积</td><td>包镀锌薄钢板门</td><td>2.20</td></tr>
</table>

（6）抹灰面油漆

抹灰面油漆包括在抹灰面、抹灰线条上进行油漆涂装的施工。主要是对各类抹灰面起到保护、装饰和提升表面质感的作用。其可分为抹灰面油漆、抹灰线条油漆、满刮腻子。

1）抹灰面油漆

① 子目释义：指在已完成的抹灰面上进行油漆涂装的施工。

② 工作内容：基层清理，刮腻子，刷防护材料、油漆。

③ 项目特征：基层类型，腻子种类，刮腻子遍数，防护材料种类，油漆品种、刷漆遍数，部位。

④ 工程量计算规则：

清单计算规则	定额计算规则
按设计图示尺寸以面积计算	抹灰面油漆、涂料（另作说明的除外）按设计图示尺寸以面积计算

2）抹灰线条油漆

① 子目释义：指在已完成的抹灰线条上进行油漆涂装的施工。

② 工作内容：基层清理，刮腻子，刷防护材料、油漆。

③ 项目特征：线条宽度、道数，腻子种类，刮腻子遍数，防护材料种类，油漆品种、刷漆遍数。

④ 工程量计算规则：

清单计算规则	定额计算规则
按设计图示尺寸以长度计算	按设计图示尺寸以长度计算

3）满刮腻子

① 子目释义：满刮腻子单指在抹灰面或抹灰线条上整体满刮腻子的施工，以达到平整、光滑的效果。刮腻子的遍数由墙面平整程度及设计要求决定。

② 工作内容：基层清理，刮腻子。

③ 项目特征：基层类型，腻子种类，刮腻子遍数。

④ 工程量计算规则：

清单计算规则	定额计算规则
按设计图示尺寸以面积计算	按设计图示尺寸以面积计算

（7）喷刷涂料

喷刷涂料是指通过喷涂、滚涂或刷涂等工艺将涂料施加到物体表面的一种涂装工艺。喷刷涂料可以美化物体外观，通过不同的颜色和光泽度为物体赋予特定的视觉效果；具有保护物体表面，增强物体的耐久性和使用寿命等功能。涂料的种类包括乳胶漆、油性漆、木器漆、金属漆等，不同的涂料适用于不同的材质和使用场景。其可分为墙面喷刷涂料，天棚面喷刷涂料，空花格、栏杆刷涂料，线条刷涂料，金属构件刷防火涂料，木材构件喷刷防火涂料。

1）墙面喷刷涂料、天棚面喷刷涂料

① 子目释义：墙面、天棚面喷刷涂料主要是指通过喷涂或滚涂、刷涂等工艺，将涂料均匀地附着在墙面或天棚面上，形成具有装饰性和保护性的涂层。

② 工作内容：基层清理，刮腻子，刷、喷涂料。

③ 项目特征：基层类型，喷刷涂料部位，腻子种类，刮腻子要求，涂料品种、喷刷遍数。

④ 工程量计算规则：

清单计算规则	定额计算规则
按设计图示尺寸以面积计算	按设计图示尺寸以面积计算

2）空花格、栏杆刷涂料

① 子目释义：空花格、栏杆刷涂料主要是指通过刷涂工艺对空花格、栏杆等镂空构件进行涂装的施工。

② 工作内容：基层清理，刮腻子，刷、喷涂料。

③ 项目特征：腻子种类，刮腻子遍数，涂料品种、刷喷遍数。

④ 工程量计算规则：

清单计算规则	定额计算规则
按设计图示尺寸以单面外围面积计算	按设计图示尺寸以单面外围面积计算

注：空花格、栏杆刷涂料工程量按外框单面垂直投影面积计算，应注意其展开面积。

3）线条刷涂料

① 子目释义：线条刷涂料主要是指通过刷涂工艺对线条构件涂装的施工。

② 工作内容：基层清理，刮腻子，刷、喷涂料。

③ 项目特征：线条宽度，刮腻子遍数，刷防护材料、油漆。

④ 工程量计算规则：

清单计算规则	定额计算规则
按设计图示尺寸以长度计算	按设计图示尺寸以长度计算

4）金属构件刷防火涂料

① 子目释义：金属构件刷防火涂料主要是指为了提高金属构件的防火性能，通过喷涂或刷涂等工艺将防火涂料涂装于金属构件表面的施工。

② 工作内容：基层清理，刷、喷防火涂料。

③ 项目特征：喷刷防火涂料构件名称，防火等级要求，涂料品种、喷刷遍数。

④ 工程量计算规则：

清单计算规则	定额计算规则
以吨计量，按设计图示尺寸以质量计算	执行金属面油漆、涂料项目，其工程量按设计图示尺寸以展开面积计算

5）木材构件喷刷防火涂料

① 子目释义：木材构件喷刷防火涂料主要是指为了提高木材构件的防火性能，通过喷涂或刷涂等工艺将防火涂料涂装于木材构件表面的施工。

② 工作内容：基层清理，刷、喷防火涂料。

③ 项目特征：喷刷防火涂料构件名称，防火等级要求，涂料品种、喷刷遍数。

④ 工程量计算规则：

清单计算规则	定额计算规则
以平方米计量，按设计展开面积计算	木龙骨刷防火、防腐涂料按设计图示尺寸以龙骨架投影面积计算

注：龙骨刷防火涂料按四面涂刷考虑，木龙骨刷防腐涂料按一面（接触结构基层面）涂刷考虑。

（8）裱糊

1）子目释义：裱糊是指用胶粘材料将纸、织物等贴在墙面、顶棚、家具等表面，起到装饰和保护的作用。常见的裱糊材料有壁纸、墙布（织锦缎）等。

2）工作内容：基层清理，刮腻子，面层铺粘，刷防护材料。

3）项目特征：基层类型，裱糊部位，腻子种类，刮腻子遍数，粘结材料种类，防护材料种类，面层材料品种、规格、颜色。

4）工程量计算规则：

清单计算规则	定额计算规则
按设计图示尺寸以面积计算	按设计图示尺寸以面积计算

注：墙纸和织锦缎的裱糊，应注意要求对花还是不对花。

（9）工程量计算实例

【例 3-5】某酒店客房吊顶平面图如图 3-8 所示，剖面图如图 3-9 所示。试计算天棚面喷刷涂料工程量。

【问题】试计算天棚喷刷涂料工程量。

【解】

（1）清单工程量

天棚面喷刷涂料 = 34.05+（4+0.25 × 2）×（3+0.25 × 2）+（4+0.25+3+0.25）× 2 ×（0.09+0.22+0.1）–（4+0.25 × 2）× 0.2+5 ×（3.12–2.6）+5 × 0.59= 60.06（m^2）

（2）定额工程量

1）天棚面喷刷防潮涂料 = 3.95 × 2.65= 10.47（m^2）

2）天棚面喷刷涂料 =60.06–10.47= 49.59（m^2）

★ 注释：

如图 3-5、图 3-9 所示，卫生间区域为防潮涂料，门厅、卧室及起居区为普通涂料。

灯带（槽）侧立板面积为 [（4+0.25+3+0.25）× 2 ×（0.09+0.22+0.1）]m^2，其中灯带（槽）周长为 [（4+0.25+3+0.25）× 2]m，灯带（槽）展开宽度为（0.09+0.22+0.1）m。出风口面积为 [（4+0.25 × 2）× 0.2]m^2，其中（4+0.25 × 2）m 为出风口长度，0.2m 为出风口高度。门厅及卧室处吊顶侧板面积为 [5 ×（3.12–2.6）]m^2，侧板长度为 5m，侧板高度为（3.12–2.6）m。起居室处吊顶侧板面积为（5 × 0.59）m^2。

★ 要点点评：

1）在计算满刮腻子及天棚面喷刷涂料工程量时，首先要明白其定额及清单工程量计算规则。根据工程量计算规则，按设计图示尺寸以面积计算。一般情况下，在计算完天棚的投影面积后，加上灯槽、造型区域等的展开面积即为满刮腻子及天棚面喷刷油漆面积工程量。其中天棚工程量可直接引用【例 3-4】已计算的工程量数据。

2）本案例中，卫生间区域天棚油漆为防潮乳胶漆，在计算定额工程量时需与门厅、卧室及起居区天棚乳胶漆区分，分别列项。清单可根据情况决定是否拆分。

本案例中，出风口及回风口面积均＞ 0.3m^2，根据计算规则均需扣除。

3.5.5　其他装饰工程

1. 清单项目设置说明

其他装饰工程可分为柜类、货架，压条、装饰线，扶手、栏杆、栏板装饰，暖气罩，浴厕配件，雨篷、旗杆，招牌、灯箱，美术字等。详见表 3-6。

表 3-6　油漆、涂料、裱糊工程分类

项目	分类
柜类、货架	柜台，酒柜，衣柜，存包柜，鞋柜，书柜，厨房壁柜，木壁柜，厨房低柜，厨房吊柜，矮柜，吧台背柜，酒吧吊柜，酒吧台，展台，收银台，试衣间，货架，书架，服务台
压条、装饰线	金属装饰线，木质装饰线，石材装饰线，石膏装饰线，镜面玻璃线，铝塑装饰线，塑料装饰线
扶手、栏杆、栏板装饰	金属扶手、栏杆、栏板，硬木扶手、栏杆、栏板，塑料扶手、栏杆、栏板、扶手，金属靠墙扶手，硬木靠墙扶手，塑料靠墙扶手，玻璃栏板
暖气罩	饰面板暖气罩，塑料板暖气罩，金属暖气罩
浴厕配件	洗漱台，晒衣架，帘子杆，浴缸拉手，卫生间扶手，毛巾杆（架），毛巾环，卫生纸盒，肥皂盒，镜面玻璃，镜箱
雨篷、旗杆	雨篷吊挂饰面，金属旗杆，玻璃雨篷
招牌、灯箱	平面、箱式招牌，竖式标箱，灯箱，信报箱
美术字	泡沫塑料字，有机玻璃字，木质字，金属字，吸塑字

（1）橱柜以嵌入墙内为壁柜，以支架固定在墙上的为吊柜。

（2）洗漱台项目适用于石质（天然石材、人造石材等）、玻璃等。

（3）旗杆的砌砖或混凝土台座，台座的饰面可按《房屋建筑与装饰工程工程量计算规范》GB 50584—2013 相关附录的章节另行编码列项，也可纳入旗杆报价内。

（4）美术字不分字体，按大小规格分类。

2. 清单项目编码

一级编码为 01（房屋建筑与装饰工程）；二级编码为 13（《房屋建筑与装饰工程工程量计算规范》GB 50854—2013 附录 Q 其他装饰工程）；

三级编码为 01 ~ 08（从柜类、货架至美术字）；四级编码从 001 开始，根据各项目包含的清单项目不同依次递增；五级编码从 001 开始依次递增。

3. 清单特征描述说明

（1）台柜的规格以能分离的成品单体长、宽、高表示，如一个组合书柜分为上下两部分，下部为独立的矮柜，上部为敞开式的书柜，可以分为上、下两部分标注尺寸。

（2）镜面玻璃和灯箱等的基层材料是指玻璃背后的衬垫材料，如胶合板、油毡等。

（3）装饰线和美术字的基层类型是指装饰线、美术字依托体的材料，如砖墙、木墙、石墙、混凝土墙、墙面抹灰、钢支架等。

（4）旗杆高度是指旗杆台座上表面至杆顶的尺寸（包括球珠）。

（5）美术字的字体规格以字的外接矩形长、宽和字的厚度表示。固定方式是指粘贴、焊接以及铁钉、螺栓、铆钉固定等方式。

4. 工程量计算规则

（1）柜类、货架

1）子目释义：柜类、货架包括柜台、酒柜、衣柜、存包柜、鞋柜、书柜、厨房壁柜、木壁柜、厨房低柜、厨房吊柜、矮柜、吧台背柜、酒吧吊柜、酒吧台、展台、收银台、试衣间、货架、书架、服务台的制作安装。

2）工作内容：台柜制作、运输、安装（安放），刷防护材料、油漆，五金件安装。

3）特征描述：台柜规格，材料种类、规格，五金种类、规格，防护材料种类，油漆品种、刷漆遍数。

4）工程量计算规则：

清单计算规则	定额计算规则
1. 以个计量，按设计图示以数量计量。 2. 以米计量，按设计图示尺寸以延长米计算。 3. 以立方米计量，按设计图示尺寸以体积计算	柜类、货架工程量按各项目计量单位计算。其中以“m^2”为计量单位的项目，其工程量均按高度（包括脚的高度在内）乘以宽度计算

（2）压条、装饰线

1）子目释义：压条和装饰线是用于各种交接面、分界面、层次面的封边封口等的压顶线和装饰条，起封口、封边、压边、造型和连接的作用。压条和装饰线可分为金属装饰线、木质装饰线、石材装饰线、石膏装饰线、镜面玻璃线、铝塑装饰线、塑料装饰线等。

2）工作内容：线条制作、安装，刷防护材料。

3）特征描述：基层类型，线条材料品种规格、颜色，防护材料种类。

4）工程量计算规则：

清单计算规则	定额计算规则
按设计图示尺寸以长度计算	压条、装饰线按线条中心线长度计算

（3）扶手、栏杆、栏板装饰

扶手、栏杆和栏板三者在功能和结构上各有侧重，实际应用中相互结合或相互替代，共同起到安全防护和装饰等作用。扶手侧重于提供手握支撑，通常较为细长，以方便扶持。栏杆一般是由立柱和横杆等组成的一种防护结构，重点在于防止坠落或跨越。栏板更强调阻挡的功能，可以是实体板，或可以有一定的造型和镂空的板。

1）金属扶手、栏杆、栏板，硬木扶手、栏杆、栏板，塑料扶手、栏杆、栏板

① 子目释义：扶手、栏杆、栏板按材质可分为金属扶手、栏杆、栏板，硬木扶手、栏杆、栏板，塑料扶手、栏杆、栏板等。

② 工作内容：制作，运输，安装，刷防护材料。

③ 特征描述：扶手材料种类、规格，栏杆材料种类、规格，栏板材料种类、规格、颜色，固定配件种类，防护材料种类。

④ 工程量计算规则：

清单计算规则	定额计算规则
按设计图示以扶手中心线长度（包括弯头长度）计算	1. 扶手、栏杆、栏板、成品栏杆（带扶手）均按其中心线长度计算，不扣除弯头长度。 2. 如遇木扶手、大理石扶手为整体弯头时，扶手消耗量需扣除整体弯头的长度，设计不明确者，每只整体弯头按 400mm 扣除

注：单独弯头按设计图示数量计算。

2）金属靠墙扶手，硬木靠墙扶手，塑料靠墙扶手

① 子目释义：靠墙扶手是一种安装在墙壁旁边，供人抓握以保持身体平衡或提供支撑的扶手设施，按材质可以分为金属、木质、塑料等。

② 工作内容：制作，运输，安装，刷防护材料。

③ 特征描述：扶手材料种类、规格，固定配件种类，防护材料种类。

④ 工程量计算规则：

清单计算规则	定额计算规则
按设计图示以扶手中心线长度（包括弯头长度）计算	1. 扶手、栏杆、栏板、成品栏杆（带扶手）均按其中心线长度计算，不扣除弯头长度。 2. 如遇木扶手、大理石扶手为整体弯头时，扶手消耗量需扣除整体弯头的长度，设计不明确者，每只整体弯头按 400mm 扣除

注：单独弯头按设计图示数量计算。

3）玻璃栏板

① 子目释义：指由各类玻璃材质作为主要材料的栏杆挡板。

② 工作内容：制作，运输，安装，刷防护材料。

③ 特征描述：扶手材料种类、规格，固定配件种类，防护材料种类。

④ 工程量计算规则：

清单计算规则	定额计算规则
按设计图示以扶手中心线长度（包括弯头长度）计算	1. 扶手、栏杆、栏板、成品栏杆（带扶手）均按其中心线长度计算，不扣除弯头长度。 2. 如遇木扶手、大理石扶手为整体弯头时，扶手消耗量需扣除整体弯头的长度，设计不明确者，每只整体弯头按 400mm 扣除

注：单独弯头按设计图示数量计算。

（4）暖气罩

1）子目释义：暖气罩是遮挡室内暖气片或暖气管的一种装饰物。按安装方式不同，可分为挂板式、明式和平墙式。按材料可分为饰面板暖气罩、塑料板暖气罩、金属暖气罩。

2）工作内容：暖气罩制作、运输、安装，刷防护材料。

3）特征描述：暖气罩材质，防护材料种类。

4）工程量计算规则：

清单计算规则	定额计算规则
按设计图示尺寸以垂直投影面积（不展开）计算	暖气罩（包括脚的高度在内）按边框外围尺寸垂直投影面积计算，成品暖气罩安装按设计图示数量计算

（5）浴厕配件

浴厕配件包括洗漱台、晒衣架、帘子杆、浴缸拉手、卫生间扶手、毛巾杆（架）、毛巾环、卫生纸盒、肥皂盒、镜面玻璃、镜箱等。

1）洗漱台

① 子目释义：洗漱台是一种用于安装面盆及放置日常洗漱用品的设施，通常由台面、挡板、吊沿板等组成。

② 工作内容：台面及支架运输、安装，杆、环、盒、配件安装，刷油漆。

③ 特征描述：材料品种、规格、颜色，支架、配件品种规格。

④ 工程量计算规则：

清单计算规则	定额计算规则
按设计图示数量计算	大理石洗漱台按设计图示尺寸以展开面积计算，挡板、吊沿板面积并入其中，不扣除孔洞、挖弯削角所占面积

注：大理石台面面盆开孔按设计图示数量计算。

2）晒衣架、帘子杆、浴缸拉手、卫生间扶手、毛巾杆（架）、毛巾环、卫生纸盒、肥皂盒

① 子目释义：指晒衣架、帘子杆、浴缸拉手、卫生间扶手、毛巾

杆（架）、毛巾环、卫生纸盒、肥皂盒等浴厕配件。

② 工作内容：杆、环、盒、配件安装。

③ 特征描述：材料品种、规格、颜色，支架、配件品种规格。

④ 工程量计算规则：

清单计算规则	定额计算规则
按设计图示数量计算	毛巾杆、毛巾环、浴帘杆、浴缸拉手、肥皂盒、卫生纸盒、晒衣架、晾衣绳等按设计图示数量计算

3）镜面玻璃

① 子目释义：镜面玻璃通常是由平整光滑的玻璃上涂上反光材料制成，通过光的反射原理，能清晰呈现出物体影像的镜子。

② 工作内容：基层安装，玻璃及框制作、运输、安装。

③ 特征描述：镜面玻璃品种、规格，框材质、断面尺寸，基层材料种类，防护材料种类。

④ 工程量计算规则：

清单计算规则	定额计算规则
按设计图示尺寸以边框外围面积计算	盥洗室台镜（带框）、盥洗室木镜箱按边框外围面积计算

4）镜箱

① 子目释义：镜箱是指兼具储物箱功能的镜子，即将镜面玻璃安装在卫浴箱柜门上，既可实现镜子的功能，又可实现储物的功能。

② 工作内容：基层安装，箱体制作、运输、安装，玻璃安装，刷防护材料、油漆。

③ 特征描述：箱体材质、规格，玻璃品种、规格，基层材料种类，防护材料种类，油漆品种、刷漆遍数。

④ 工程量计算规则：

清单计算规则	定额计算规则
按设计图示数量计算	按设计图示数量计算

（6）雨篷、旗杆

1）雨篷吊挂饰面

① 子目释义：雨篷是指设置在建筑物进出口阳台或走廊上部的遮雨、遮阳篷，该设施吊挂式饰面是指使用龙骨与面层材料搭建，用于装饰雨篷的下挂部分。

② 工作内容：底层抹灰，龙骨基层安装，面层安装，刷防护材料油漆。

③ 特征描述：基层类型，龙骨材料种类、规格、中距，面层材料品种、规格，吊顶（天棚）材料，品种、规格，嵌缝材料种类，防护材料种类。

④ 工程量计算规则：

清单计算规则	定额计算规则
按设计图示尺寸以水平投影面积计算	按设计图示尺寸以水平投影面积计算

2）金属旗杆

① 子目释义：金属旗杆通常是由金属材料制成的用于悬挂旗帜的杆子。

② 工作内容：土石挖、填、运，基础混凝土浇筑，旗杆制作、安装，旗杆台座制作饰面。

③ 特征描述：旗杆材料、种类、规格，旗杆高度，基础材料种类，基座材料种类，基座面层材料、种类、规格。

④ 工程量计算规则：

清单计算规则	定额计算规则
按设计图示数量计算	按设计图示数量计算

3）玻璃雨篷

① 子目释义：玻璃雨篷是指以玻璃为主要材料制作，设置在建筑物的出入口、阳台、走廊等位置上部，用于遮雨的一种水平构件。

② 工作内容：龙骨基层安装，面层安装，刷防护材料油漆。

③ 特征描述：玻璃雨篷固定方式，龙骨材料种类、规格、中距，玻璃材料品种、规格，嵌缝材料种类，防护材料种类。

④ 工程量计算规则：

清单计算规则	定额计算规则
按设计图示尺寸以水平投影面积计算	按设计图示尺寸以水平投影面积计算

（7）招牌、灯箱

① 子目释义：招牌是指用于商业展示和标识的构件，灯箱则是带有照明装置的展示箱。招牌、灯箱包括平面、箱式招牌，竖式标箱，灯箱、信报箱。

② 工作内容：基层安装，箱体及支架制作、运输、安装，面层制作、安装，刷防护材料、油漆。

③ 特征描述：箱体规格，基层材料种类，面层材料种类，防护材料种类，户数（信报箱）。

④ 工程量计算规则：

清单计算规则	定额计算规则
平面、箱式招牌：按设计图示尺寸以正立面边框外围面积计算。复杂的凸凹造型部分不增加面积。 竖式标箱，灯箱、信报箱：按设计图示数量计算	1. 柱面、墙面灯箱基层，按设计图示尺寸以展开面积计算。 2. 一般平面广告牌基层，按设计图示尺寸以正立面边框外围面积计算。复杂平面广告牌基层，按设计图示尺寸以展开面积计算。 3. 箱（竖）式广告牌基层，按设计图示尺寸以基层外围体积计算。 4. 广告牌面层，按设计图示尺寸以展开面积计算

（8）美术字

① 子目释义：美术字是指应用于广告、店招、门头，具有一定创意性的艺术实体字。一般包括泡沫塑料字、有机玻璃字、木质字、金属字、吸塑字等。

② 工作内容：制作、运输安装，刷油漆。

③ 特征描述：基层类型，镌字材料品种、颜色，字体规格，固定方式，油漆品种、刷漆遍数。

④ 工程量计算规则：

清单计算规则	定额计算规则
按设计图示数量计算	按设计图示数量计算

3.5.6 拆除工程

1. 清单项目设置说明

拆除工程分为砖砌体拆除，混凝土及钢筋混凝土构件拆除，木构件拆除，抹灰层拆除，块料面层拆除，龙骨及饰面拆除，屋面拆除，铲除油漆涂料裱糊面，栏杆栏板、轻质隔断隔墙拆除，门窗拆除，金属构件拆除，管道及卫生洁具拆除，灯具、玻璃拆除，其他构件拆除，开孔（打洞）等，适用于房屋工程维修、加固、二次装修等的拆除，不适用于房屋的整体拆除。详见表 3-7。

表 3-7 拆除工程分类

项目	分类
砖砌体拆除	砖砌体拆除
混凝土及钢筋混凝土构件拆除	混凝土构件拆除，钢筋混凝土构件拆除
木构件拆除	木构件拆除
抹灰层拆除	平面抹灰层拆除，立面抹灰层拆除，天棚抹灰面拆除
块料面层拆除	平面块料拆除，立面块料拆除
龙骨及饰面拆除	楼地面龙骨及饰面拆除，墙柱面龙骨及饰面拆除，天棚面龙骨及饰面拆除

续表

项目	分类
屋面拆除	刚性层拆除，防水层拆除
铲除油漆涂料裱糊面	铲除油漆面，铲除涂料面，铲除裱糊面
栏杆栏板、轻质隔断隔墙拆除	栏杆、栏板拆除，隔断隔墙拆除
门窗拆除	木门窗拆除，金属门窗拆除
金属构件拆除	钢梁拆除，钢柱拆除，钢网架拆除，钢支撑、钢墙梁拆除，其他金属构件拆除
管道及卫生洁具拆除	管道拆除、卫生洁具拆除
灯具、玻璃拆除	灯具拆除、玻璃拆除
其他构件拆除	暖气罩拆除，柜体拆除，窗台板拆除，筒子板拆除，窗帘盒拆除，窗帘轨拆除
开孔（打洞）	开孔（打洞）

2. 清单项目编码

一级编码为 01（房屋建筑与装饰工程）；二级编码 16 为（《房屋建筑与装饰工程工程量计算规范》GB 50854—2013 附录 R 拆除工程）；三级编码 01 ~ 15[从砖砌体拆除至开孔（打洞）]；四级编码从 001 开始，根据各项目包含的清单项目不同依次递增；五级编码从 001 开始依次递增。

3. 清单特征描述说明

（1）砖砌体拆除有关问题说明

1）砌体名称是指墙、柱、水池等。

2）砌体表面的附着物种类是指抹灰层、块料层、龙骨及装饰面层等。

3）以米计量，如砖地沟、砖明沟等必须描述拆除部位的截面尺寸；以立方米计量，截面尺寸则不必描述。

（2）混凝土及钢筋混凝土构件拆除有关问题说明

1）以立方米计量时，可不描述构件的规格尺寸；以平方米计量时，则应描述构件的厚度；以米计量时，则必须描述构件的规格尺寸。

2）构件表面的附着物种类是指抹灰层、块料层、龙骨及装饰面层等。

（3）木构件拆除有关问题说明

1）拆除木构件应按木梁、木柱、木楼梯、木屋架、承重木楼板等分别在构件名称中描述。

2）以立方米计量时，可不描述构件的规格尺寸；以平方米计量时，则应描述构件的厚度，以米计量时，则必须描述构件的规格尺寸。

3）构件表面的附着物种类是指抹灰层、块料层、龙骨及装饰面层等。

（4）抹灰层拆除有关问题说明

1）单独拆除抹灰层应按本项中的项目编码列项。

2）抹灰层种类可描述为一般抹灰或装饰抹灰。

（5）块料面层拆除有关问题说明

1）如仅拆除块料层，拆除的基层类型不用描述。

2）拆除基层类型的描述是指砂浆层、防水层、干挂或挂贴所采用的钢骨架层等。

（6）龙骨及饰面拆除有关问题说明

1）基层类型的描述是指砂浆层、防水层等。

2）如仅拆除龙骨及饰面，拆除的基层类型不用描述。

3）如只拆除饰面，不用描述龙骨材料种类。

（7）铲除油漆涂料裱糊面有关问题说明

1）单独铲除油漆涂料裱糊面的工程按本项中的项目编码列项。

2）铲除部位名称的描述是指墙面、柱面、天棚、门窗等。

3）以米计量，必须描述铲除部位的截面尺寸；以平方米计量，则不用描述铲除部位的截面尺寸。

（8）栏杆栏板、轻质隔断隔墙拆除有关问题说明

以平方米计量，不用描述栏杆（板）的高度。

（9）门窗拆除有关问题说明

以平方米计量，不用描述门窗的洞口尺寸。室内高度是指室内楼地面至门窗的上边框。

（10）灯具、玻璃拆除有关问题说明

拆除部位的描述是指门窗玻璃、隔断玻璃、墙玻璃、家具玻璃等。

（11）其他构件拆除有关问题说明

双轨窗帘轨拆除按双轨长度分别计算工程量。

（12）开孔（打洞）有关问题说明

1）开孔（打洞）部位可描述为墙面或楼板。

2）打洞部位材质可描述为页岩砖或空心砖或钢筋混凝土等。

4. 工程量计算规则

（1）砖砌体拆除

1）子目释义：砖砌体拆除是指将由砖砌筑而成的墙、柱、水池等结构体进行拆除的操作，拆除过程中，避免对周围结构造成不必要的破坏。同时，做好扬尘控制等环境保护措施，以及其建渣的清理，场内、外运输处置等工作。

2）工作内容：拆除，控制扬尘，清理，建渣场内、外运输。

3）特征描述：砌体名称，砌体材质，拆除高度，拆除砌体的截面尺寸，砌体表面的附着物种类。

4）工程量计算规则：

清单计算规则	定额计算规则
1. 以立方米计量，按拆除的体积计算。 2. 以米计量，按拆除的延长米计算	各种墙体拆除按实拆墙体体积以“m^3”计算，不扣除 $0.30m^3$ 以内孔洞和构件所占体积

（2）混凝土及钢筋混凝土构件拆除

1）子目释义：采用机械（如破碎机、切割机等）、人工或爆破等方式对混凝土及钢筋混凝土构件拆除，并将拆除产生的混凝土碎块、钢筋等及时清理运走处置。对于可能影响结构稳定的部位，提前进行临时支撑。一般可分为混凝土构件拆除、钢筋混凝土构件拆除。

2）工作内容：拆除，控制扬尘，清理，建渣场内、外运输。

3）特征描述：构件名称，拆除构件的厚度或规格尺寸，构件表面的附着物种类。

4）工程量计算规则：

清单计算规则	定额计算规则
1. 以立方米计量，按拆除构件的混凝土体积计算。 2. 以平方米计量，按拆除部位的面积计算。 3. 以米计量，按拆除部位的延长米计算	各种墙体拆除按实拆墙体体积以“m^3”计算，不扣除 0.30m^3 以内孔洞和构件所占的体积，隔墙及隔断的拆除按实拆面积以“m^2”计算。 混凝土及钢筋混凝土的拆除按实拆体积以“m^3”计算，楼梯拆除按水平投影面积以“m^2”计算，无损切割按切割构件断面以“m^2”计算，钻芯按实钻孔数以“孔”计算

（3）木构件拆除

1）子目释义：指采用锯子、锤子、撬棍等工具对木制而成的各种建筑或结构部件（包括木柱、木梁、木屋架、木檩条等）的拆除及其建渣场内、外运输与处置。

2）工作内容：拆除，控制扬尘，清理，建渣场内、外运输。

3）特征描述：构件名称，拆除构件的厚度或规格尺寸，构件表面的附着物种类。

4）工程量计算规则：

清单计算规则	定额计算规则
1. 以立方米计量，按拆除构件的混凝土体积计算。 2. 以平方米计量，按拆除部位的面积计算。 3. 以米计量，按拆除部位的延长米计算	1. 各种屋架、半屋架拆除按跨度分类以榀计算。 2. 檩、椽拆除不分长短按实拆根数计算。 3. 望板、油毡、瓦条拆除按实拆屋面面积以“m^2”计算

（4）抹灰层拆除

1）子目释义：指使用铲刀、锤子等工具，从边缘逐步敲松抹灰层，将松动的抹灰层铲除，及时清理并处置拆除的废弃物。其可分为平面抹灰层拆除、立面抹灰层拆除、天棚抹灰面拆除。

2）工作内容：拆除，控制扬尘，清理，建渣场内、外运输。

3）特征描述：拆除部位，抹灰层种类。

4）工程量计算规则：

清单计算规则	定额计算规则
按拆除部位的面积以“m²”计算	1. 楼地面面层按水平投影面积以“m²”计算。 2. 踢脚线按实际铲除长度以“m”计算。 3. 各种墙、柱面面层的拆除或铲除均按实拆面积以“m²”计算。 4. 天棚面层拆除按水平投影面积以“m²”计算

（5）块料面层拆除

1）子目释义：指从边缘开始，用扁铲或撬棍插入块料面层与基层的缝隙处，小心撬动，使块料与基层分离，并及时将拆除的块料等废料清理，外运处置。其可分为平面块料拆除、立面块料拆除。

2）工作内容：拆除，控制扬尘，清理，建渣场内、外运输。

3）特征描述：拆除的基层类型，饰面材料种类。

4）工程量计算规则：

清单计算规则	定额计算规则
按拆除面积以“m²”计算	各种块料面层铲除均按实际铲除面积以“m²”计算

（6）龙骨及饰面拆除

1）子目释义：检查龙骨及饰面的固定方式和结构，确定合理的拆除顺序。使用螺丝刀、扳手、钳子等工具，先拆除固定龙骨和饰面的连接件，逐步拆除龙骨。对于饰面材料，根据其材质和安装方式，采用相应的方法进行拆除，如撬除、切割等。并及时清理拆除产生的废弃物，保持施工现场整洁。其可分为楼地面龙骨及饰面拆除、墙柱面龙骨及饰面拆除、天棚面龙骨及饰面拆除。

2）工作内容：拆除，控制扬尘，清理，建渣场内、外运输。

3）特征描述：拆除的基层类型，饰面材料种类。

4）工程量计算规则：

清单计算规则	定额计算规则
按拆除面积以“m²”计算	各种龙骨及饰面拆除均按实拆投影面积以“m²”计算

（7）屋面拆除

屋面拆除主要分为屋面刚性层拆除与屋面防水层拆除。

1）屋面刚性层拆除

① 子目释义：指使用风镐或电镐等工具，在刚性层上选择合适的点进行局部破拆，以打开缺口，从缺口处开始，用撬棍等工具逐步将刚性层撬起、分离并拆除，逐步扩大拆除范围，及时将拆除的刚性层碎块等清理并外运处置。

② 工作内容：铲除，控制扬尘，清理，建渣场内、外运输。

③ 特征描述：刚性层厚度。

④ 工程量计算规则：

清单计算规则	定额计算规则
按铲除部位的面积以“m^2”计算	各种龙骨及饰面拆除均按实拆投影面积以“m^2”计算

2）屋面防水层拆除

① 子目释义：指用铲刀或刮刀从屋面边缘处开始，小心地将防水层与基层剥离，从边缘逐步向中间推进，将防水层一块一块铲除，及时将铲除的防水层废料清理并外运处置。

② 工作内容：铲除，控制扬尘，清理，建渣场内、外运输。

③ 特征描述：防水层种类。

④ 工程量计算规则：

清单计算规则	定额计算规则
按铲除部位的面积以“m^2”计算	各种龙骨及饰面拆除均按实拆投影面积以“m^2”计算

（8）铲除油漆涂料裱糊面

1）子目释义：对于油漆涂料面层，用铲刀等工具从边缘处将油漆层撬起，顺着撬起的部分逐步用力铲除较大面积的油漆层。对于一些难以铲除部分，使用打磨机进行打磨去除。对于裱糊面层，先用美工刀等将裱糊面划开缝隙，从缝隙处开始撕除裱糊面，遇到较难撕除部分，湿润后使其更容易剥离。油漆涂料面与裱糊面的铲除，包括铲除油漆面、铲除涂料面、铲除裱糊面。

2）工作内容：铲除，控制扬尘，清理，建渣场内、外运输。

3）特征描述：铲除部位的名称，铲除部位的截面尺寸。

4）工程量计算规则：

清单计算规则	定额计算规则
1. 以平方米计量，按铲除部位的面积计算。 2. 以米计量，按铲除部位的延长米计算	油漆涂料裱糊面层铲除均按实际铲除面积以“m^2”计算

（9）栏杆栏板、轻质隔断隔墙拆除

栏杆栏板、轻质隔断隔墙拆除可分为栏杆、栏板拆除，隔断隔墙拆除。

1）栏杆、栏板拆除

① 子目释义：使用扳手、螺丝刀等工具，拆除栏杆、栏板与固定部位连接的螺栓、螺钉等紧固件，对于焊接固定的栏杆、栏板，使用气割等工具将焊点割除，将栏杆、栏板逐段取下，注意避免碰撞周边物体及自身坠落风险，拆除后及时清理废弃物。

② 工作内容：铲除，控制扬尘，清理，建渣场内、外运输。

③ 特征描述：栏杆（板）的高度，栏杆、栏板种类。

④ 工程量计算规则：

清单计算规则	定额计算规则
1. 以平方米计量，按铲除部位的面积计算。 2. 以米计量，按铲除部位的延长米计算	栏杆、扶手拆除均按实拆长度以“m”计算

2）隔断隔墙拆除

① 子目释义：使用工具将隔断隔墙与周边结构固定的连接件，如螺钉、铆钉等，用撬棍等工具从隔断隔墙的边缘或薄弱处开始撬动，使其与主体结构分离，再将整个隔断隔墙拆除，及时清理拆除产生的

废料和垃圾。

② 工作内容：铲除，控制扬尘，清理，建渣场内、外运输。

③ 特征描述：栏杆（板）的高度，栏杆、栏板种类。

④ 工程量计算规则：

清单计算规则	定额计算规则
按拆除部位的面积以“m^2”计算	按实拆面积以“m^2”计算

（10）门窗拆除

1）子目释义：使用螺丝刀、扳手等工具拆除门窗与墙体连接的固定螺钉、合页等。使用撬棍将与墙体结合紧密的门窗框撬松，再将其从墙体中取出，注意避免损坏门窗和墙体，清理拆除后留下的洞口和周边的垃圾。门窗拆除工程可分为木门窗拆除、金属门窗拆除。

2）工作内容：铲除，控制扬尘，清理，建渣场内、外运输。

3）特征描述：室内高度，门窗洞口尺寸。

4）工程量计算规则：

清单计算规则	定额计算规则
1. 以平方米计量，按拆除面积计算。 2. 以樘计量，按拆除樘数计算	1. 拆整樘门、窗均按樘计算。 2. 拆门、窗扇以“扇”计算

（11）金属构件拆除

1）子目释义：使用工具切断金属构件与其他结构的连接，如焊接点、螺栓连接等，通过千斤顶、撬棍等工具将金属构件与主体结构逐步分离。对于较大的金属构件，使用吊车等设备将其吊运至指定地点。金属构件拆除可分为钢梁拆除，钢柱拆除，钢网架拆除，钢支撑、钢墙架拆除，其他金属构件拆除。

2）工作内容：铲除，控制扬尘，清理，建渣场内、外运输。

3）特征描述：构件名称，拆除构件的规格、尺寸。

4）工程量计算规则：

清单计算规则	定额计算规则
1. 若以吨计量，钢梁拆除，钢柱拆除，钢网架拆除，钢支撑、钢墙架拆除及其他金属构件拆除工程量均按拆除构件的质量以“t”为计量单位。 2. 若以米计量，钢梁拆除、钢柱拆除，钢支撑、钢墙架拆除及其他金属构件拆除按拆除延长米计算。 3. 钢网架拆除只以“t”为计量单位	各种金属构件拆除均以“t”为计量单位

（12）管道及卫生洁具拆除

管道及卫生洁具拆除一般分为管道拆除与卫生洁具拆除。

1）管道拆除

① 子目释义：关闭管道阀门，切断流体介质，选择扳手、管钳、切割机等工具拆除与管道连接的附属设备、管件等。对于较长的管道，可分段拆除。将拆除下来的管道及配件妥善处理。

② 工作内容：铲除，控制扬尘，清理，建渣场内、外运输。

③ 特征描述：管道种类、材质，管道上的附着物种类。

④ 工程量计算规则：

清单计算规则	定额计算规则
按拆除管道的延长米计算	按实拆长度以“米”计算

2）卫生洁具拆除

① 子目释义：关闭对应的水阀，切断水源，拆除连接卫生洁具的水管。对于马桶，先拆除固定螺栓，然后抬起移除。对于洗手盆等，先拆除固定装置，然后将其从安装位置取出。

② 工作内容：铲除，控制扬尘，清理，建渣场内、外运输。

③ 特征描述：卫生洁具种类。

④ 工程量计算规则：

清单计算规则	定额计算规则
按拆除的数量以“套”或“个”计算	按实拆数量以“套”计算

(13)灯具、玻璃拆除

灯具、玻璃拆除可分为灯具拆除与玻璃拆除。

1)灯具拆除

① 子目释义：灯具拆除前，先关闭电源，确保电路处于断电状态，避免触电危险。对于吸顶灯，先拆除灯罩，拧下固定灯座的螺钉或卡扣，将灯座取下。对于吊灯，先拆除连接的吊杆或吊链与天花板的固定件，然后取下整个灯具。对于嵌入的灯具，撬开灯具周边的扣板或边框，再进行拆除。拆除完成后，妥善保管好灯具的各个部件。

② 工作内容：铲除，控制扬尘，清理，建渣场内、外运输。

③ 特征描述：拆除灯具高度，灯具种类。

④ 工程量计算规则：

清单计算规则	定额计算规则
按拆除的数量以“套”计算	各种灯具、插座拆除均按实拆数量以“套”“只”计算

2)玻璃拆除

① 子目释义：使用美工刀划开玻璃周边的密封胶或固定胶条，用玻璃吸盘固定玻璃表面，用撬棍等工具轻轻撬动玻璃，使其与安装框逐步分离。玻璃拆除后，及时进行建渣场内、外运输与处置。

② 工作内容：铲除，控制扬尘，清理，建渣场内、外运输。

③ 特征描述：玻璃厚度，拆除部位。

④ 工程量计算规则：

清单计算规则	定额计算规则
按拆除的面积以“m^2”计算	按实拆面积以“m^2”计算

(14)其他构件拆除

其他构件拆除可分为暖气罩拆除、柜体拆除、窗台板拆除、筒子板拆除、窗帘盒拆除、窗帘轨拆除。

1）暖气罩拆除

①子目释义：包括暖气罩的拆除及其建渣场内、外运输与处置。

②工作内容：铲除，控制扬尘，清理，建渣场内、外运输。

③特征描述：暖气罩材质。

④工程量计算规则：

清单计算规则	定额计算规则
1. 若以个计量，暖气罩拆除工程量按拆除个数计算。 2. 若以米计量，暖气罩拆除工程量按拆除延长米计算	暖气罩拆除按正立面边框外围尺寸垂直投影面积计算

2）柜体拆除

①子目释义：包括各类柜体的拆除及其建渣场内、外运输与处置。

②工作内容：铲除，控制扬尘，清理，建渣场内、外运输。

③特征描述：柜体材质，柜体尺寸长、宽、高。

④工程量计算规则：

清单计算规则	定额计算规则
1. 若以个计量，柜体拆除工程量按拆除个数计算。 2. 若以米计量，柜体拆除工程量按拆除延长米计算	嵌入式柜体拆除按正立面边框外围尺寸垂直投影面积计算

3）窗台板拆除

①子目释义：包括窗台板的拆除及其建渣场内、外运输与处置。

②工作内容：铲除，控制扬尘，清理，建渣场内、外运输。

③特征描述：窗台板平面尺寸。

④工程量计算规则：

清单计算规则	定额计算规则
1. 若以块计量，按拆除数量计算。 2. 若以米计量，按拆除的延长米计算	按实拆长度计算

4）筒子板拆除

① 子目释义：包括筒子板（门窗洞口侧边与顶面的饰面板）的拆除及其建渣场内、外运输与处置。

② 工作内容：铲除，控制扬尘，清理，建渣场内、外运输。

③ 特征描述：筒子板的平面尺寸。

④ 工程量计算规则：

清单计算规则	定额计算规则
1. 若以块计量，按拆除数量计算。 2. 若以米计量，按拆除的延长米计算	筒子板拆除按洞口内侧长度计算

5）窗帘盒拆除

① 子目释义：包括各类窗帘盒的拆除及其建渣场内、外运输与处置。

② 工作内容：铲除，控制扬尘，清理，建渣场内、外运输。

③ 特征描述：窗帘盒的平面尺寸。

④ 工程量计算规则：

清单计算规则	定额计算规则
按拆除的延长米计算	按实拆长度计算

6）窗帘轨拆除

① 子目释义：包括各类窗帘轨的拆除及其废料的外运处置。

② 工作内容：铲除，控制扬尘，清理，建渣场内、外运输。

③ 特征描述：窗帘轨的材质。

④ 工程量计算规则：

清单计算规则	定额计算规则
按拆除的延长米计算	按实拆长度计算

注：双轨窗帘轨道拆除按双轨长度分别计算工程量。

（15）开孔（打洞）

① 子目释义：指为解决安装给水、排水管道、各类线路管道或安装空调、新风等设备、设施的需求，而在建（构）筑物的设计部位进行开孔（打洞）工作，以及建渣场内、外运输与处置。

② 工作内容：拆除，控制扬尘，清理，建渣场内、外运输。

③ 特征描述：部位，打洞部位材质，洞尺寸。

④ 工程量计算规则：

清单计算规则	定额计算规则
按数量计算	按数量计算

第 4 章　建筑装饰装修工程计价

4.1　工程计价原理

4.1.1　工程计价的含义

工程计价是指按照法律法规及标准规范规定的程序、方法和依据，对工程项目实施建设各个阶段的工程建造费用进行预测和估算的行为，也就是工程造价的计算和确认的过程。

工程计价覆盖工程建设的整个过程，从项目筹建到项目竣工验收，在各个建设阶段都有相应的不同计价依据，包括对工程项目各个阶段的费用估算、预算编制、成本过程控制和结算等工作。比如，在初步设计阶段有设计概算，在施工图设计阶段有施工预算等。从项目筹备初期的项目建议书阶段所编制的工程估价，到工程建设后期的竣工验收阶段所编制的竣工结算，工程计价是一个逐渐细化、逐渐深入、不断走向精确的过程，只有到竣工验收后项目完成整体的结算、决算，才能最终确定工程的实际价格。在不同的阶段，由于计价主体的不同，其计价目的也有所差异，具体内容及计价依据也会有所不同。工程计价是一个完整表达工程造价计算及其过程的概念。

通过工程计价，可以合理确定工程项目的投资规模和造价水平，为项目的决策、实施和管理提供重要依据。

工程计价的作用表现在：

（1）投资控制：可有力地把控项目投资，防止出现超支情况。工程计价借助对各项费用的精准计算与剖析，能够助力投资者在项目前期对投资规模形成明确认知，进而拟定合理的投资规划，切实避免项目投资超支，保证资金得到合理运用。

（2）管理成本：有益于对工程成本展开精确的核算与管理。工程计价能够详尽地对工程建设过程中产生的各项成本，涵盖人工、材料、设备、利润、税金等费用进行核算，使得项目管理者可以实时了解成本状况，及时调整措施进行成本控制，提高经济效益。

（3）决策方案：为项目决策给予关键的数据支撑。工程计价所提供的详尽数据，可为项目的可行性研究、方案对比选择等提供重要凭据，辅助决策者做出科学、合理的决策，降低投资风险。

（4）履行合同：对合同双方的权益予以保障，保证工程依照合同推进。工程计价明确了各方的权利与义务，以及工程价款的支付方式与金额，保障了合同双方的合法权益，确保工程建设按照合同约定顺利施行。

（5）调节市场：工程计价对于工程建设市场具备一定的调节功效，其通过反映市场供求关系与价格水平，引导资源实现合理配置，推动市场健康发展。

（6）评估项目：为项目的评估和审计提供依据。工程计价所形成的资料和数据是对项目进行评估和审计的重要依据，能够客观地评判项目的经济效益和社会效益。

4.1.2 工程计价的基本原理

工程计价常用分部组合计价法，即将建设项目逐步分解为单项工程、单位工程、分部工程和分项工程，然后对每个分项工程进行计价，最后汇总得到整个项目造价的方法。

以单位工程为例，可依据结构部位、范围及施工特点或施工任务等，将其划分为分部工程。继而将分部工程按照不同的施工方法、材料、工序及路段长度等，更加细致地分解为分项工程。再将分项工程进一步分解或适当组合，形成基本构造单元。随后，采用适宜的计量单位对其工程量进行计算，并结合当时当地的工程单价，得出各基本构造单元的价格。最后，对这些费用按照类别进行组合汇总，进而计算出相应的工程造价。

工程计价的基本过程可以用公式示例如下：

分部分项工程费或单价措施项目费 = Σ［基本构造单元工程（定额项目或清单项目）× 对应单价］

工程计价可分为工程计量和工程组价两个环节。

1. 工程计量

工程计量工作包括工程项目的划分和工程量的计算。

（1）工程项目的划分，即单位工程基本构造单元的确定。编制工程概预算时，主要是按工程定额进行项目的划分；编制工程量清单时主要是按照清单工程量计算规范规定的清单项目进行划分。

（2）工程量的计算就是按照工程项目的划分和工程量计算规则，就不同的设计文件对工程实物量进行计算。工程实物量是计价的基础，不同的计价依据有不同的计算规则规定。目前，工程量计算规则包括两大类：

1）各类工程定额规定的计算规则；

2）各专业工程量计算规范附录中规定的计算规则。

2. 工程组价

工程组价包括工程单价的确定和总价的计算。

（1）工程单价是指完成单位工程基本构造单元的工程量所需要的基本费用。工程单价包括工料单价和综合单价。

1）工料单价仅包括人工、材料、机具使用费，是各种人工消耗量、各种材料消耗量、各类施工机具台班消耗量与其相应单价的乘积。用公式表示如下：

工料单价 = Σ（人材机消耗量 × 人材机单价）

2）综合单价根据国家、地区、行业定额或企业定额消耗量和相应生产要素的市场价格以及定额或市场的取费费率确定。

（2）工程总价是指按规定的程序或办法逐级汇总形成的相应工程造价。工程计价的编制方法有实物量法、定额单价法和工程量清单单价法。

1）实物量法。依据图纸和相应计价定额的项目划分及工程量计算规则，先计算出分部分项工程量，然后套用消耗量定额计算人材机等要素的消耗量，最后根据各要素实际价格及各项费率汇总形成相应工程造价的方法。

2）定额单价法。根据施工图设计文件和预算定额，按分部分项工程顺序先计算出分项工程量，然后乘以对应的定额单价，求出分项工程人工、材料、机具使用费；将分项工程人工、材料、机具使用费汇总为单位工程人工、材料、机具使用费；汇总后另加企业管理费、利润、规费和税金生成工程造价的方法。

3）工程量清单单价法。根据国家统一的工程量计算规则计算工程量，采用综合单价的形式计算工程造价的方法。综合单价是指分部分项工程单价综合了人、料、机费用及其以外的多项费用内容。按照单价综合内容的不同，综合单价可分为全费用综合单价和部分费用综合单价。全费用综合单价即单价中综合了人、料、机费用，管理费，利润和一定范围内的风险费用，以及规费和税金等全部费用。部分费用综合单价即单价中综合了人、料、机费用，管理费，利润，以及一定范围内的风险费用，但未包括规费和税金。

4.1.3 工程计价的依据

工程造价管理体系主要是由工程造价管理的相关法律法规体系、工程造价管理标准体系、工程定额体系和工程计价信息体系四个部分构成。其中，法律法规是实施工程造价管理的制度根基与重要前提；工程造价管理标准则是在法律法规的要求下，规范工程造价管理的核心技术要点；工程定额通过提供国家、行业、地方等不同层面的定额参考依据和数据，指导企业进行定额编制，发挥着规范管理和科学计价的重要作用；而工程计价信息则是在市场经济体制下，进行造价信息传递以及形成造价成果文件的关键支撑。工程造价管理体系中的工程造价管理标准体系、工程定额体系和工程计价信息体系是工程计价的主要依据。

（1）工程定额

工程定额包括工程消耗量定额、工程计价定额、工期定额等。工程消耗量定额是在正常施工条件下，完成规定计量单位的合格产品所必需消耗的人工、材料、机械台班的数量标准。工程计价定额是在正常施工条件下，完成规定计量单位的合格产品所需的人工、材料、机械等的数量和费用标准。当前，我国编制发布了与清单计价配套的建筑、装饰、市政等全国统一定额，各行业、各地区编制发布了专业计价定额和地方计价定额，工程计价定额体系基本满足各类建设工程计价的需要。

（2）清单规范

清单规范包括现行国家标准《建设工程工程量清单计价规范》GB 50500、《建设工程造价咨询规范》GB/T 51095、《建设工程造价鉴定规范》GB/T 51262、《建筑工程建筑面积计算规范》GB/T 50353 以及不同专业的建设工程工程量计算规范等。建设工程工程量计算规范包括现行国家标准《房屋建筑与装饰工程工程量计算规范》GB 50854、《通用安装工程工程量计算规范》GB 50856，同时也包括其他部委和省级建设行政主管部门发布的各类清单计价、工程量计算规范。

4.1.4 工程计价的基本程序

1. 工程定额计价的基本程序

工程定额计价是指应用计价定额或指标对建筑产品价格进行计价的活动。按概算定额或预算定额的定额子目，逐项计算工程量，套用概预算定额（或单位估价表）的单价计算直接费（包括人工费、材料费、施工机具使用费），然后按规定的取费标准计取间接费（包括企业管理费、规费），再计算利润、税金，经汇总后即为工程概预算价格。工程定额计价的基本程序如图 4-1 所示。

工程概预算价格的形成过程，就是依据概预算定额确定的消耗量乘以定额单价或市场价，经过不同层次的计算形成相应造价的过程。工程概预算编制公式如下：

（1）装饰工程基本单元的工料单价 = 人工费 + 材料费 + 施工机具使用费

式中，人工费 = Σ（人工工日数量 × 人工单价）

材料费 = Σ（材料消耗量 × 材料单价）

施工机具使用费 = Σ（施工机械台班消耗量 × 施工机械台班单价）+ Σ（仪器仪表台班消耗量 × 仪器仪表台班单价）

（2）单位装饰工程直接费 = Σ（装饰工程工程量 × 工料单价）

（3）单位装饰工程概预算造价 = 直接费 + 间接费 + 利润 + 人工、材料、机械价差 + 规费 + 税金

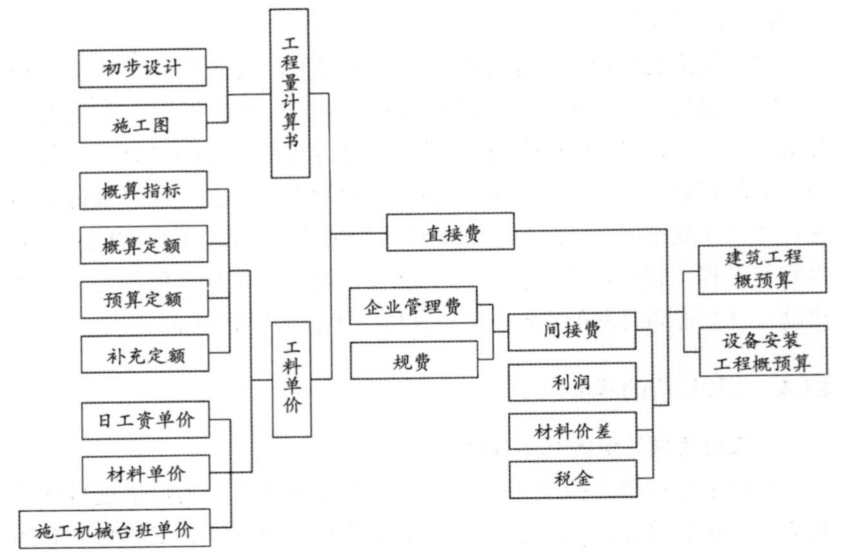

图 4-1 工程定额计价的基本程序

若采用全费用综合单价法进行概预算编制，单位工程概预算的编制程序将更加简单，只需将概算定额或预算定额子目对应项目的工程量乘以其全费用综合单价汇总而成即可。

定额计价计算简便、准确性高，有利于控制工程成本，但也存在一定的局限性，如定额的更新不及时可能导致计价结果与实际情况不符等。

2. 工程量清单计价的基本程序

工程量清单计价主要是在工程的发承包和实施阶段，工程量清单计价的过程可以分为两个环节，即工程量清单的编制和工程量清单的应用。工程量清单的编制程序如图 4-2 所示，工程量清单的应用过程如图 4-3 所示。

工程量清单计价，即按照工程量清单计价规范规定，在各相应专业工程工程量计算规范规定的清单项目设置和工程量计算规则的基础上，针对具体工程的设计图纸和施工组织设计计算出各个清单项目的工程量，根据规定的方法计算出综合单价，并汇总各清单合价得出工程总价。

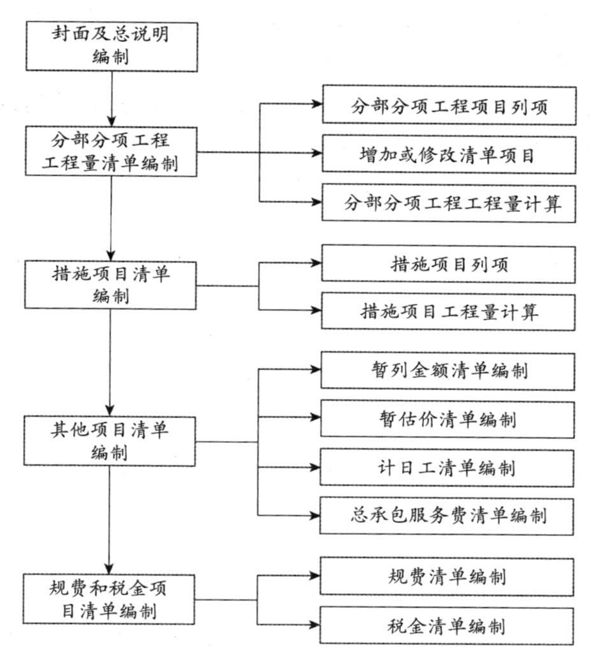

图 4-2 工程量清单的编制程序

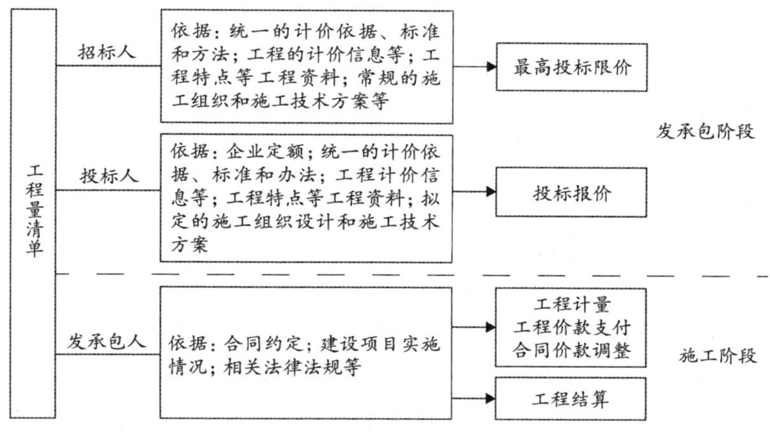

图 4-3 工程量清单的应用过程

（1）分部分项工程费 =Σ（分部分项工程量 × 相应分部分项工程综合单价）

（2）措施项目费 = Σ 各措施项目费

（3）其他项目费 = 暂列金额 + 暂估价 + 计日工 + 总承包服务费

（4）单位装饰工程造价 = 分部分项工程费 + 措施项目费 + 其他项目费 + 规费 + 税金

综合单价是指完成一个规定清单项目所需的人工费、材料和工程设备费、施工机具使用费和企业管理费、利润以及一定范围内的风险费用。风险费用是隐含于已标价工程量清单综合单价中，用于化解发承包双方在工程合同中约定的风险内容和范围的费用。

工程量清单计价活动涵盖施工招标、合同管理以及竣工交付全过程，主要包括：编制招标工程量清单、最高投标限价、投标报价，确定合同价，工程计量与价款支付、合同价款的调整、工程结算和工程计价纠纷处理等活动。

3. 定额计价与工程量清单计价的主要区别

虽然从计价原理上看，定额计价与工程量清单计价均为工程量与单价乘积后的汇总，但两者之间也存在明显的区别。

（1）造价形成机制不同

定额计价本质上是由生产要素投入和消耗决定工程造价的计价方式，属于生产决定价格的成本法计价机制。而工程量清单计价采用工程实体特征描述的方式，要求企业根据施工方案、内部定额与价格体系自主报价，通过市场竞争形成，属于交易决定价格的市场法计价机制。

（2）风险分担方式不同

定额计价中发承包双方在招标投标过程中均需要进行算量、套价、取费、调差的重复性工作，容易导致履约过程中出现风险双方分担方式不明确，并且常采用事后算总账的造价形成机制，容易引起发承包双方的工程价款纠纷。工程量清单计价方式下，工程量是由招标人根据全国统一的工程量计算规则计算并提供，并对工程量的偏差风险负责。投标人在同一工程量的基础上，竞争性报价，并对价格负责。

（3）计价的目的不同

定额计价方式更注重在建设项目前期合理设定投资控制目标，为建设单位制定投资及筹资方案提供依据，强调计价依据的统一性和平均水平。而工程量清单计价方式更注重在建设项目交易阶段进行合理定价，强调计价依据的个性化，由承包人根据施工现场情况和施工方案自行确定，体现出以施工组织设计为基础的价格竞争，凸显不同主体的不同价格水平。

4.2　装饰工程定额计价

4.2.1　装饰装修工程定额的概念

建设工程定额是工程造价计价和管理中各类定额的综合总称（图 4-4），装饰装修工程定额作为建设工程定额体系的一个组成部分，下面按定额用途、生产要素划分举例详解。

1. 按生产要素划分

（1）装饰劳动消耗定额

装饰劳动消耗定额简称装饰劳动定额（又称为装饰人工定额），是指在正常的施工技术和组织条件下，完成规定计量单位合格的装饰装修产品所消耗的人工工日的数量标准。劳动定额的表现形式有时间定额与产量定额两种，两者互为倒数。

工人在工作班内消耗的工作时间，按其消耗的性质，基本可以分为必需消耗时间和损失时间两大类，如图 4-5 所示。

1）必需消耗时间：是工人在正常施工条件下，为完成一定合格产品（工作任务）所消耗的时间，是制定定额的主要依据，包括有效工作时间、休息时间和不可避免的中断时间的消耗。

2）损失时间：是与产品生产无关，而与施工组织和技术上的缺点有关，与工人在施工过程中的个人过失或某些偶然因素有关的时间消耗，损失时间中包括多余和偶然工作、停工、违背劳动纪律所引起的工时损失。

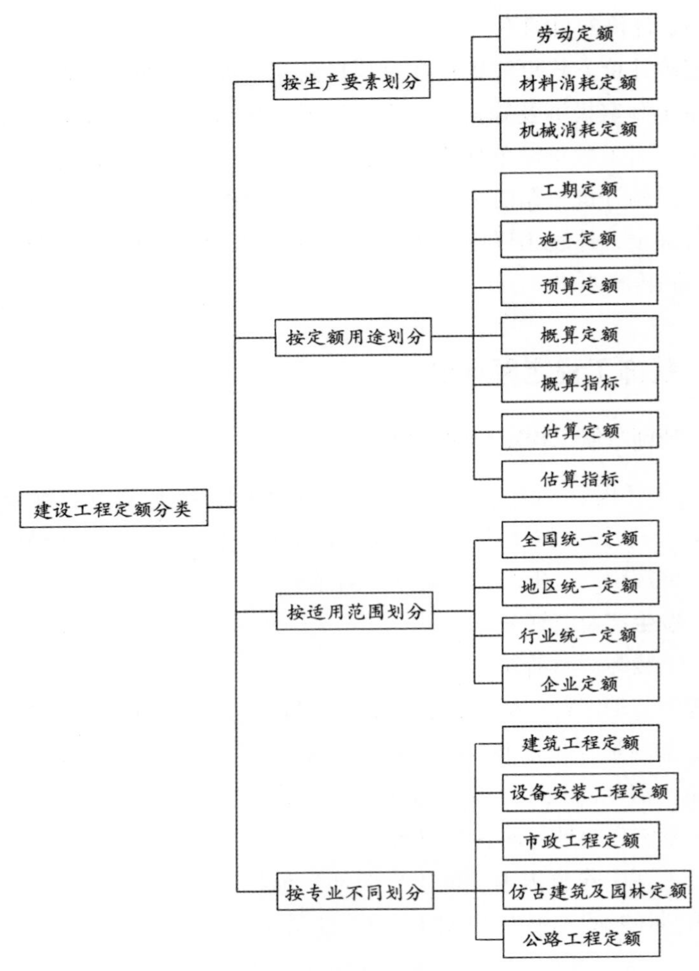

图 4-4　工程定额分类

（2）装饰材料消耗定额

装饰材料消耗定额简称装饰材料定额，是指在正常的施工技术和组织条件下，完成规定计量单位合格的装饰装修产品，所消耗的原材料、成品、半成品、构配件、燃料以及水、电等动力资源的数量标准。

施工中材料的消耗可分为必需消耗的材料和损失的材料。必须消耗的材料，是指在合理用料的条件下生产合格产品需要消耗的材料，

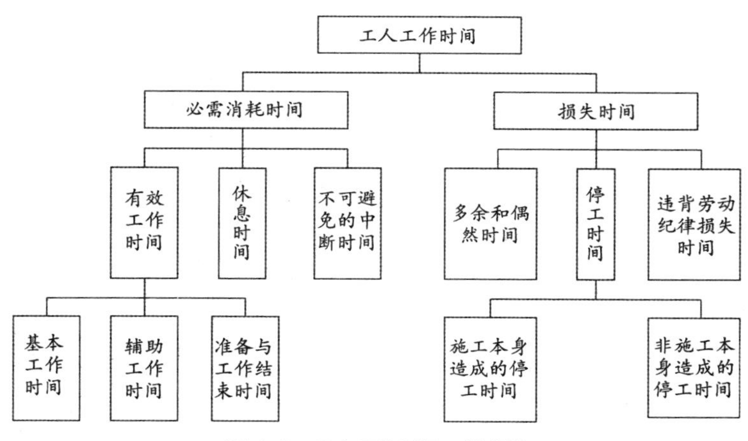

图 4-5　工人工作时间一般分类

包括直接用于建筑和安装工程的材料、不可避免的施工废料、不可避免的材料损耗。

必需消耗的材料属于施工正常消耗，是确定材料消耗定额的基本数据。材料消耗定额用材料消耗量表示，构成工程实体的消耗量称为材料净用量。不可避免的施工损耗和不可避免的场内堆放、运输损耗等不能直接构成工程实体的消耗量称为材料损耗量。材料消耗定额的组成如图 4-6 所示，其数学表达式为：

材料消耗量 = 材料净用量 + 材料损耗量

其中，材料损耗量与材料净用量之比称为材料损耗率，则上式改写为：

材料消耗量 = 材料净用量 ×（1+ 材料损耗率）

（3）装饰机械消耗定额

装饰机械消耗定额是以一台机械一个工作班为计量单位，故又称为机械台班使用定额。机械消耗定额是指在正常的施工技术和组织条件下，完成规定计量单位合格的装饰装修产品，所消耗的施工机械台班的数量标准。机械消耗定额的表现形式与人工消耗定额相似，有时

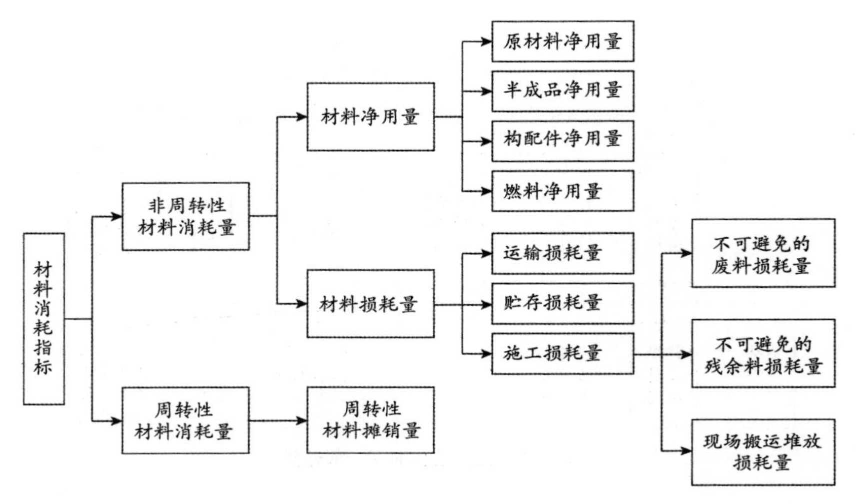

图 4-6 材料消耗定额的组成

间定额与产量定额两种，且两者互为倒数。

2. 按定额用途划分

（1）装饰施工定额

装饰施工定额是施工企业（建筑装饰企业）组织生产和加强管理，在企业内部使用的定额，属于企业定额的性质。装饰施工定额以装饰施工工艺和装饰分部分项工程的施工过程或工序为测定对象，确定在正常施工条件下，完成单位合格产品所需消耗的人工、材料和机械台班的数量标准。它是装饰施工企业编制装饰施工预算、考核装饰成本、组织装饰施工的依据，也是编制装饰工程概预算定额的基础。装饰施工定额由劳动消耗定额（即装饰人工定额）、材料消耗定额和机械台班消耗定额三部分组成。

（2）装饰预算定额

装饰预算定额是指在正常施工条件下，完成一定计量单位合格的装饰工程基本构造单元所需消耗的人工、材料和机械台班数量及其费用标准，属于计价性定额。装饰预算定额是以施工定额为基础综合扩大编制，既反映装饰人工及实物消耗量，也反映价值量，既是计算装饰工程定额直接费的主要依据，也是计算其他费用的基础，还是确定和控制造价的基础。

（3）装饰概算定额

装饰概算定额是指完成单位合格扩大分项装饰工程或扩大装饰结构构件所需消耗的人工、材料和施工机具台班的数量及其费用标准，是一种计价性定额。概算定额是在预算定额基础上综合、扩大或合并而成，每一扩大分项概算定额都包含数项预算定额。它是用于计算扩大初步设计概算、确定建设项目投资额的依据。

（4）装饰概算指标

装饰概算指标是以单位装饰工程为对象，反映完成一个规定计量单位建筑装饰产品的经济指标，包括人工、材料、机具台班三个基本部分，同时还列出分部工程量及单位工程的造价，是一种计价性定额。装饰概算指标是概算定额的扩大与合并，以更为扩大的计量单位编制的，也是在装饰工程初步设计阶段，为编制工程概算，计算和确定工程初步设计造价，计算人工、材料和机械台班需要量而采用的一种定额。

（5）装饰估价指标

装饰估价指标是以概算定额或概算指标为基础，综合各类装饰工程结构类型和各项费用所占投资比重，规定不同用途、不同结构、不同部位的建筑产品所含装饰工程投资费用的多少而编制的。它是在项目建议书和可行性研究阶段编制投资估算、计算投资需要量时使用的一种定额。它的概略程度与可行性研究阶段相适应。投资估算指标往往根据历史的预、决算资料和价格变动等资料编制，但其编制基础仍然离不开预算定额、概算定额。

4.2.2 装饰工程定额计价的含义

（1）装饰工程定额是指在一定生产力水平条件下，完成单位合格工程产品所必需消耗的人工、材料、机械及资金等所必需消耗资源的数量标准。它反映了一定的社会生产力水平条件下的产品生产和生产消费之间的数量关系。

（2）装饰工程定额计价是以设计图纸文件为依据，根据统一的装饰工程定额和规定的取费标准文件而做出的装饰工程造价，是用货币价值的形式所体现的某一合格装饰产品在其完成过程中所需消耗的活劳动与物化劳动的价值，以及活劳动为社会新创造价值的总价值量。

（3）装饰工程定额计价的成果文件称为装饰工程预算书，简称装饰工程预算。装饰工程预算既可以是工程招标投标前或招标投标时，基于施工图纸，按照预算定额取费标准、各类工程计价信息等计算得到的计划或预期价格，也可以是工程中标后施工企业根据自身的企业定额、资源市场价格以及市场供求及竞争状况计算得到的实际预算价格。

4.2.3 装饰工程定额计价的作用

（1）装饰工程定额计价文件是建设单位控制工程建设投资的重要依据，它是控制设计限额、控制工程造价及资金合理使用，以及确定工程最高投标限价与合同价款的依据。

（2）装饰工程定额计价文件是装饰施工企业投标报价的基础，以及与建设单位签订预算包干与施工合同的依据。它也是装饰施工企业安排调配施工力量、组织材料供应与控制工程成本的依据。

（3）装饰工程定额计价文件是建设单位与装饰施工企业双方确定合同价款、拨付工程进度款，以及办理工程结算及竣工决算的依据。

（4）装饰工程定额计价有利于工程造价管理部门编制工程造价指标指数、构建建设工程造价数据库的数据资源，为合理确定工程造价、审定工程最高投标限价提供依据。

（5）在履行合同过程中发生经济纠纷时，装饰工程定额计价文件还是有关仲裁、管理、司法机关按照法律程序处理、解决问题的依据。

4.2.4 装饰工程定额计价的要求

（1）装饰工程定额计价的编制应保证编制依据的适用性和时效性。

（2）完整、准确地反映设计内容的原则。编制预算时，要认真了解设计意图，根据设计文件、图纸准确计算工程量，避免重复和漏算。

（3）坚持结合拟建工程的实际，反映工程所在地当时价格水平的原则。实事求是地对工程所在地的建设条件、可能影响造价的各种因素进行认真调查研究。按照现行工程造价的构成，考虑建设期的价格变化因素，使定额计价文件尽可能地反映设计内容、实际施工条件和实际价格。

4.2.5　装饰工程定额计价的方法

装饰工程预算造价是由直接费、间接费、利润（计划利润）和税金四个部分组成。计算公式应为：

装饰工程预算造价 = 直接费 + 间接费 + 利润 + 税金

装饰工程预算造价常用计算方法有实物量法和定额单价法，其中定额单价法又分为工料单价法和全费用综合单价法。

1. 实物量法计价

（1）实物量法计价程序（图 4-7）

根据施工图计算出各分项工程的数量，分别乘以预算定额（或企业定额）中人工、材料、施工机械台班的定额消耗量并分类汇总，然后乘以当时当地人工工日、材料、施工机械台班单价，求出相应的直

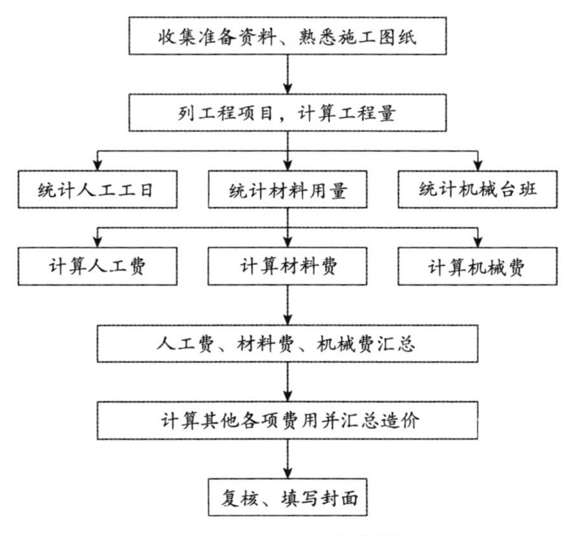

图 4-7　实物量法计价程序

接费。在此基础上，通过取费的方式计算企业管理费、利润、规费和税金等费用，最后汇总成工程预算造价。

（2）实物量法计算公式

1）装饰工程直接费 = 综合工日消耗量 × 综合工日单价 +Σ（各种材料消耗量 × 相应材料单价）+Σ（各种施工机械消耗量 × 相应施工机械台班单价）+Σ（各施工仪器仪表消耗量 × 相应施工仪器仪表台班单价）

2）装饰工程预算造价 = 装饰工程直接费 + 企业管理费 + 利润 + 规费 + 税金

2. 定额单价法计价

定额单价法是用事先编制好的分项工程的单位估价表来编制施工图预算的方法。全费用综合单价法是指由招标人按照国家统一的工程量计算规则提供的工程数量，采用全费用综合单价的形式计算工程造价的方法。在单价法中，使用较多的是工料单价法。

（1）定额单价法计价程序（图 4-8）

根据施工图设计文件和预算定额，按分部分项工程顺序先计算出

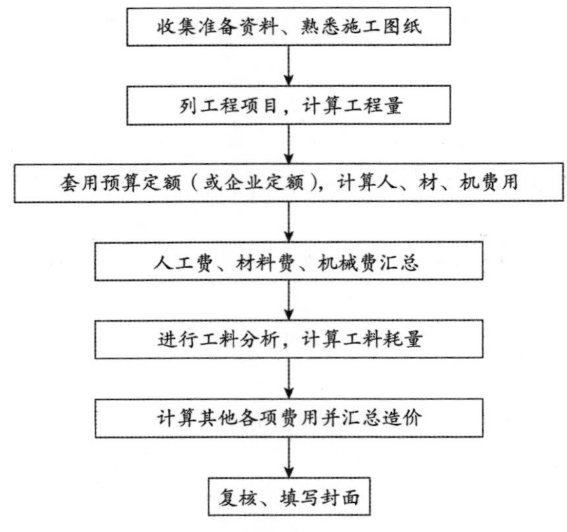

图 4-8 定额单价法计价程序

分项工程量，然后乘以对应的定额单价，求出分项工程人工、材料、机械费用；再汇总计算单位工程人工、材料、机械费用；另加企业管理费、利润、规费和税金生成工程预算造价。不可避免地涉及材料价差问题，应根据当地费用定额或信息价进行价差调整。

（2）定额单价法计算公式

装饰工程预算造价 = Σ（分项工程量 × 分项工程预算单价）+ 企业管理费 + 利润 + 规费 + 税金

4.2.6 装饰工程定额计价的编制

1. 收集准备资料、熟悉施工图纸

（1）收集编制施工图预算的编制依据。包括预算定额或企业定额，取费标准，人工、材料、施工机具的信息价格或市场价格等。

（2）熟悉施工图等基础资料。编制预算前，充分、全面地熟悉、审核施工图纸、有关的通用标准图、图纸会审记录、设计变更通知等资料，了解设计意图，掌握工程全貌，这是准确、迅速、正确地编制预算的关键。

（3）了解施工组织设计和施工现场情况。全面分析各分项工程，充分了解施工组织设计和施工方案，如工程进度、施工方法、人员使用、材料消耗、施工机械、技术措施等内容，注意影响费用的关键因素；核实施工现场情况，包括工程所在地的地质、地形、地貌等情况，工程实地情况，当地气象资料、当地材料供应地点及运距等情况。

（4）熟悉预算定额。深入熟悉预算定额和单位估价表，确保预算的精准性与合理性；可以实现对成本的有效控制，合理地调配资源，把控工程成本；在投标报价中提升竞争力，占据优势，同时也为成本核算提供有力的依据。

2. 列工程项目，计算工程量

（1）按照预算定额（或企业定额）子目将单位工程划分为若干分项工程，列出全部所需编制的预算工程项目，并根据预算定额或单位估价表，将设计中有而定额中没有的项目单独列出来，以便编制补充定额或采用实物量法进行计算。

（2）按照施工图纸尺寸和定额规定的工程量计算规则进行工程量计算。工程量是以规定的计量单位（自然计量单位或法定计量单位）所表示的各分项工程或结构构件的数量，是编制预算的原始数据。将所算工程量的计算单位转化为定额规定的计量单位，以便准确套用定额。工程量计算表如表4-1所示。

表4-1 工程量计算表

项目名称： 日期：

定额编号	分部分项工程名称	轴线位置	工程量计算式	单位	数量

（3）各分项工程工程量计算完毕并复核无误后，按预算定额手册或单位估价表的内容和计量单位的要求，按分部分项工程的顺序逐项汇总、整理，为套用预算定额或单位估价表提供方便条件。

3. 根据定额计价，套用预算定额（或企业定额）

（1）实物量法，套用预算定额（或企业定额）人工工日、材料、施工机具台班消耗量，分别乘以各分项工程的工程量，统计汇总出完成各分项工程所需消耗的各类人工工日、各类材料和各类施工机具台班数量。

（2）定额单价法，套用单位估价表工料单价或定额基价。

工程预算表如表4-2所示。

1）直接套用定额。当设计要求和施工内容与消耗量定额项目的内容一致时，直接套用定额的工料机消耗量，并根据消耗量定额及参考价目表或当时当地人材机的市场价格，计算该分项工程的直接工程费以及工料机所需工程量。

表 4-2　工程预算表

项目名称：　　　　　　　　　　　　　　　日期：

编号	分部分项名称	单位	工程量	计价直接费		其中					
						人工费		材料费		机械费	
				基价	合价	单价	合价	单价	合价	单价	合价

【例 4-1】某工程瓷砖楼地面，瓷砖尺寸 600mm × 600mm，工程量为 1200m^2，试求该分项工程人工、材料、机械台班消耗量。

分析：以《全国统一建筑装饰装修工程消耗量定额》GYD-901-2002 为例，从定额目录中，查得陶瓷地砖楼地面定额编号为 1-066。

1200m^2 陶瓷地砖楼地面，分项定额人、材、机消耗量如下表所示。

计量单位：100m^2

定额编号				1-066
项目				楼地面
				周长（mm 以内）
				2400
名称		单位	代码	数量
人工	综合工日	工日	000001	0.2791
材料	白水泥	kg	AH0050	0.1030
	陶瓷地面砖	m^2	AH0994	1.0250
	石料切割锯片	片	AN5900	0.0032
	棉纱头	kg	AQ1180	0.0100

续表

名称		单位	代码	数量
材料	水	m^3	AV0280	0.0260
	锯木屑	m^3	AV0470	0.0060
	1：3 水泥砂浆	m^3	AX0684	0.0202
	素水泥浆	m^3	AX0720	0.0010
机械	灰浆搅拌机 200L	台班	TM0200	0.0035
	石料切割机	台班	TM0640	0.0151

【解】综合人工：0.2791 人工工日 $/m^2 \times 1200m^2=334.92$（人工工日）

白水泥：$0.1030kg/m^2 \times 1200m^2=123.6$（kg）

陶瓷地面砖：$1.0250m^2/m^2 \times 1200m^2=1230$（$m^2$）

石料切割锯片：0.0032 片 $/m^2 \times 1200m^2=3.84$（片）

棉纱头：$0.0100kg/m^2 \times 1200m^2=12$（kg）

水：$0.0260m^3/m^2 \times 1200m^2=31.2$（$m^3$）

锯木屑：$0.0060m^3/m^2 \times 1200m^2=7.2$（$m^3$）

1：3 水泥砂浆：$0.0202m^3/m^2 \times 1200m^2=24.24$（$m^3$）

素水泥浆：$0.0010m^3/m^2 \times 1200m^2=1.2$（$m^3$）

灰浆搅拌机：0.0035 台班 $/m^2 \times 1200m^2=4.2$（台班）

石料切割机：0.0151 台班 $/m^2 \times 1200m^2=18.12$（台班）

2）套用换算定额。当设计要求和施工内容与消耗量定额中的工程内容、材料规格、施工方法等条件不完全相符时，则不可以直接套用，应按照消耗量定额规定的换算方法对定额进行调整换算后，再按上述步骤进行定额套用。

例如砂浆换算，当设计图纸要求的水泥砂浆配合比与预算定额的水泥砂浆配合比不同时，就需要进行结合层砂浆换算。

换算后定额基价 = 原定额基价 + 定额砂浆用量 ×（换入砂浆基价 − 换出砂浆基价）

【例 4-2】1200m^2 平面砂浆找平层 40mm 厚，求其消耗量。

分析：以《房屋建筑与装饰工程消耗量定额》TY 01-31-2015 为例，从定额目录中，查得对应定额如下表所示。

计量单位：100m^2

<table>
<tr><td colspan="4">定额编号</td><td>11-1</td><td>11-3</td></tr>
<tr><td colspan="4" rowspan="3">项目</td><td colspan="2">平面砂浆找平层</td></tr>
<tr><td>混凝土或硬基层面上</td><td rowspan="2">每增减 1mm</td></tr>
<tr><td>20mm</td></tr>
<tr><td colspan="3">名称</td><td>单位</td><td colspan="2">消耗量</td></tr>
<tr><td rowspan="4">人工</td><td colspan="2">合计</td><td>工日</td><td>7.140</td><td>0.195</td></tr>
<tr><td rowspan="3">其中</td><td>普工</td><td>工日</td><td>1.428</td><td>0.039</td></tr>
<tr><td>一般技工</td><td>工日</td><td>2.499</td><td>0.068</td></tr>
<tr><td>高级技工</td><td>工日</td><td>3.213</td><td>0.088</td></tr>
<tr><td rowspan="2">材料</td><td colspan="2">干混地面砂浆 DS M20</td><td>m^3</td><td>2.040</td><td>0.102</td></tr>
<tr><td colspan="2">水</td><td>m^3</td><td>0.400</td><td>—</td></tr>
<tr><td>机械</td><td colspan="2">干混砂浆罐式搅拌机</td><td>台班</td><td>0.340</td><td>0.017</td></tr>
</table>

【解】水泥砂浆楼地面定额中只列有 20mm 厚子目，需按“每增减 1mm”子目进行换算，则 40mm 厚水泥砂浆楼地面换算如下：

定额（11-1）+ 定额（11-3）×20：

人工：（7.140+0.195×20）工日 /100m^2×1200m^2=132.48（工日）

干混地面砂浆 DS M20：（2.040+0.102×20）m^3/100m^3×1200m^2=48.96（m^3）

水：0.400m^3/100m^2×1200m^2=4.8（m^3）

干混砂浆罐式搅拌机：（0.340+0.017×20）台班 /100m^2×1200m^2=8.16（台班）

3）套用补充定额。当施工图纸中的某些工程项目，由于采用新结构、新材料和新工艺等原因，没有类似定额项目可供套用，就必须编制补充定额项目。编制补充定额的方法通常按照消耗量定额的编制方法，计算人工、材料、机械台班消耗数量；或参照同类工序、同类型产品消耗定额计算人工、机械台班指标，而材料消耗量则按施工图纸进行计算或实际测定。

编制补充定额或单位估价表应报当地主管部门批准，详见表4-3。

表4-3 补充单位估价表

<table>
<tr><td colspan="2">定额编号</td><td colspan="3"></td></tr>
<tr><td colspan="2" rowspan="2">项目</td><td colspan="3"></td></tr>
<tr><td colspan="3"></td></tr>
<tr><td colspan="2">基价（元）</td><td colspan="3"></td></tr>
<tr><td rowspan="4">其中</td><td>人工费（元）</td><td colspan="3"></td></tr>
<tr><td>材料费（元）</td><td colspan="3"></td></tr>
<tr><td>机械费（元）</td><td colspan="3"></td></tr>
<tr><td>管理费、利润（元）</td><td colspan="3"></td></tr>
<tr><td colspan="2">名称</td><td>单位</td><td>单价（元）</td><td>数量</td></tr>
<tr><td>人工</td><td>综合工日</td><td>工日</td><td></td><td></td></tr>
<tr><td rowspan="3">材料</td><td></td><td></td><td></td><td></td></tr>
<tr><td></td><td></td><td></td><td></td></tr>
<tr><td></td><td></td><td></td><td></td></tr>
<tr><td rowspan="2">机械</td><td></td><td></td><td></td><td></td></tr>
<tr><td></td><td></td><td></td><td></td></tr>
<tr><td rowspan="2">其他</td><td>管理费</td><td>%</td><td></td><td></td></tr>
<tr><td>利润</td><td>%</td><td></td><td></td></tr>
</table>

4. 套用单价，计算直接费

根据选用的定额计价方法，套用人工、材料、机械的单价，分别乘以人工、材料、机具台班消耗量，汇总得到单位工程直接费。

（1）实物量法。调用当时当地人工工资单价、材料预算单价、施工机械台班单价、施工仪器仪表台班单价，分别乘以人工、材料、机具台班消耗量，汇总得到工程直接费。

（2）定额单价法。套用定额单价，乘以工程量得出合价，汇总合价得到工程直接费。套用定额单价时，若分项工程的主要材料品种与预算定额中所列材料不一致，需要按实际使用材料价格换算材料单价后再套用（换算方式可参考表4-4）。分项工程施工工艺条件与定额不一致而造成人工、机具的数量增减时，需要调整用量后再套用。

表4-4　单项材料价差调整表

材料名称及规格	单位	数量	基价（元）	调整价（元）	单价差（元）	复价差（元）	备注
		1	2	3	4=3-2	5=1×4	

5. 工料分析，计算工料耗量

如采用定额单价法，还应进行工料分析（实物量法之前步骤有对工料进行汇总）。将各分项工程对应的定额项目表中每项材料和人工的定额消耗量分别乘以该分项工程工程量，得到该分项工程工料消耗量。将各分项工程工料消耗量按类别加以汇总，得出单位工程人工、材料的消耗数量。工料分析表如表4-5所示。

表4-5　工料分析表

定额编号	分部分项工程名称	单位	工程量	人工（工日）	主要材料			其他材料费（元）
					材料1	材料2	……	

6. 计算其他费用，汇总造价

根据规定的费率、税率标准，以及相应的计取基础，分别计算企业管理费、利润、规费和税金。将上述所有费用汇总即可得到装饰工程预算造价。建筑工程取费表如表 4-6 所示。

表 4-6　建筑工程取费表

单项工程预算编号：　　　　单位工程名称：

序号	工程项目或费用名称	表达式	费率（%）	合价（元）
1	定额人、材、机费			
2	其中：人工费			
3	其中：材料费			
4	其中：机械费			
5	企业管理费			
6	利润			
7	规费			
8	税金			
9	单位建筑工程费			

编制人：　　　　审核人：

4.2.7 装饰工程定额计价实例

【例 4-3】某酒店装饰装修工程，该工程预算采用该地区当时建筑工程预算定额及单位估价表进行编制，以某套客房区装饰装修工程为例，用实物量法编制的施工图预算结果见附件 4-1。

附件 4-1：

×× 酒店客房区装饰装修工程

预算书

投 标 人：×× 装饰工程有限公司

（单位盖章）

工程预算书

建设单位：××开发有限公司

工程名称：××酒店客房区装饰装修工程

工程编号：

建筑面积：326.50m^2

工程造价：729591.00元

经济指标：2234.58元

编 制 人：×××

审 核 人：×××

编制单位：××装饰有限公司

编制时间：2024年6月12日

编制说明

编制依据：

一、施工图号：×× 酒店客房区装饰装修施工图。

二、使用定额：《房屋建筑与装饰工程消耗量定额》TY 01-31-2015、《房屋建筑与装饰工程工程量计算规范》GB 50854—2013、《×× 省房屋建筑与装饰工程预算定额》。

三、价格依据：×× 地区 2023 年 11 月材料综合价格。

四、其他：工程类别，四类，企业取费级别为三级，其中劳动保险费按二级取费中间值、计划利润按三级取费 1 级标准计算。

说明：

一、本工程预算造价为 729591.00 元，装饰室内面积为 326.50m^2，平均每平方米室内面积装饰造价为 2234.58 元。

二、本工程内容为：顶棚、墙柱面、地面装饰制作安装等，具体内容详见装饰预算表。

编制时间：2024 年 6 月 12 日

工程量计算表

第　页　共　页

序号	定额编号	分部分项名称	单位	数量
		一、地面工程		
1.1	10111002T	水泥砂浆找平层（在混凝土或硬基层面上 20mm 厚）	m^2	326.500
2.1	10111085T	木地板［条形复合地板（成品安装）铺在水泥地面上］	m^2	175.650
3.1	10111044T	石板门槛石	m^2	3.000
4.1	10111101T	多层板基底、面饰不锈钢板踢脚板（150mm 高）	m	53.400
5.1	10111036T	石板材楼地面 水泥砂浆结合层 单色 周长 3200mm 以内	m^2	147.850
		二、天棚工程		
6.1	10113017	天棚龙骨［装配式 U 形轻钢（不上人型）面层规格 450mm×450mm 平面］	m^2	326.500
6.2	10113071	纸面石膏板天棚基层	m^2	326.500
6.3	10113074	胶合板（天棚面层）	m^2	326.500
7.1	10114174	腻子及其他（刮腻子 天棚面 满刮二遍）	m^2	326.500
7.2	10114149	内墙涂料（天棚面 二遍）	m^2	326.500
		三、墙面工程		
8.1	10108098T	窗帘盒（不带轨 木龙骨胶合板窗帘盒 现场制作）	m	31.500
9.1	10112238T	墙面饰面［墙面丝绒面料软包（木龙骨五夹板衬底）装饰线条分格］	m^2	349.190
9.2	10112220	墙面饰面（轻钢龙骨 中距竖 603mm 以内、横 1500mm 以内）	m^2	349.190
10.1	10112216T	墙面饰面（胶合板基层）	m^2	190.160
10.2	10112225T	墙面饰面（木质饰面板 墙面、墙裙）	m^2	190.160
11.1	10112216	墙面饰面（胶合板基层）	m^2	17.000
11.2	10112220	墙面饰面（轻钢龙骨 中距竖 603mm 以内、横 1500mm 以内）	m^2	17.000

续表

序号	定额编号	分部分项名称	单位	数量
11.3	10112223	墙面饰面（镜面玻璃 在胶合板上粘贴）	m^2	17.000
12.1	10112223	墙面饰面（镜面玻璃 在胶合板上粘贴）	m^2	114.290
12.2	10112220	墙面饰面（轻钢龙骨 中距竖 603mm 以内、横 1500mm 以内）	m^2	114.290
12.3	10112216	墙面饰面（胶合板基层）	m^2	114.290
13.1	10112083	内墙面面砖（每块面积＞0.64m^2 粉状型建筑胶粘剂粘贴）	m^2	206.100
13.2	10112189	面砖勾缝（面砖 勾缝剂勾缝 5mm 以内）	m^2	206.100
14.1	10108096T	窗台板（石板材面层）	m^2	31.500
15.1	10115044	金属装饰线（不锈钢装饰线 角线 宽度≤ 50mm）	m	347.000
16.1	10115027T	木装饰线（平面线 宽度≤ 50mm）	m	583.400
		四、其他工程		
17.1	10108005	成品木门安装（带门套成品装饰平开复合木门 单开）	樘	10.000
17.2	10108091T	门窗套（木工板 直接安在墙面上）	m^2	12.400
18.1	10108067	其他门 [无框玻璃门扇（厚度 10mm）]	m^2	19.500
19.1	10115013T	柜类、货架（附墙衣柜）	m	15.400

人工实物量法汇总表

第　页　共　页

项目编号	工程或费用名称	计量单位	工程量	人工实物量	
				单位用量	合计用量
1	水泥砂浆找平层（在混凝土或硬基层面上 20mm 厚）	m^2	326.50	0.04	13.06
2	木地板[条形复合地板（成品安装）铺在水泥地面上]	m^2	175.65	0.07	12.30
3	石板门槛石	m^2	3.00	26.75	80.25
4	多层板基底、面饰不锈钢板踢脚板（150mm 高）	m	53.40	0.31	16.55
5	石板材楼地面 水泥砂浆结合层 单色 周长 3200mm 以内	m^2	147.85	0.35	51.14
6	天棚龙骨[装配式 U 形轻钢（不上人型）面层规格 450mm×450mm 平面]	m^2	326.50	0.08	26.12
7	纸面石膏板天棚基层	m^2	326.50	0.04	13.06
8	胶合板（天棚面层）	m^2	326.50	0.06	19.59
9	腻子及其他（刮腻子 天棚面 满刮二遍）	m^2	326.50	0.05	16.33
10	内墙涂料（天棚面 二遍）	m^2	326.50	0.07	22.86
11	窗帘盒（不带轨 木龙骨胶合板窗帘盒 现场制作）	m	31.50	0.91	28.67
12	墙面饰面[墙面丝绒面料软包（木龙骨五夹板衬底）装饰线条分格]	m^2	349.19	0.25	87.30
13	墙面饰面（轻钢龙骨 中距竖 603mm 以内、横 1500mm 以内）	m^2	349.19	0.07	24.44
14	墙面饰面（胶合板基层）	m^2	321.45	0.07	22.50
15	墙面饰面（木质饰面板 墙面、墙裙）	m^2	190.16	0.13	24.72
16	墙面饰面（轻钢龙骨 中距竖 603mm 以内、横 1500mm 以内）	m^2	17.00	1.38	23.46
16	墙面饰面（轻钢龙骨 中距竖 603mm 以内、横 1500mm 以内）	m^2	17.00	1.38	23.46

续表

项目编号	工程或费用名称	计量单位	工程量	人工实物量	
				单位用量	合计用量
17	墙面饰面（镜面玻璃 在胶合板上粘贴）	m^2	131.29	0.16	21.01
18	墙面饰面（轻钢龙骨 中距竖 603mm 以内、横 1500mm 以内）	m^2	114.29	0.20	22.86
19	内墙面面砖（每块面积＞0.64m^2 粉状型建筑胶粘剂粘贴）	m^2	206.10	0.26	53.59
20	面砖勾缝（面砖 勾缝剂勾缝 5mm 以内）	m^2	206.10	0.07	14.43
21	窗台板（石板材面层）	m^2	31.50	2.12	66.78
22	金属装饰线（不锈钢装饰线 角线 宽度≤ 50mm）	m	347.00	0.02	6.94
23	木装饰线（平面线 宽度≤ 50mm）	m	583.40	0.01	5.83
24	成品木门安装（带门套成品装饰平开复合木门 单开）	樘	10.00	15.63	156.30
25	门窗套（木工板 直接安在墙面上）	m^2	12.40	1.52	18.85
26	其他门 [无框玻璃门扇（厚度 10mm）]	m^2	19.50	4.31	84.05
27	柜类、货架（附墙衣柜）	m	15.40	24.83	382.38
28	装修脚手架（装修满堂脚手架 基本层 3.6 ~ 5.2m）	m^2	326.50	0.02	6.53
	合计				1321.98

机械实物量法汇总表

第　页　共　页

项目编号	工程或费用名称	计量单位	工程量	电动空气压缩机（排气 0.6m³/min）（台班）		其他机械费（元）	
				单位用量	合计用量	单位用量	合计用量
1	水泥砂浆找平层（混凝土或硬基层上 20m 厚）	m^2	326.50			0.62	202.43
2	石材门槛石	m^2	3.00			0.62	1.86
3	多层板基底、面饰不锈钢板踢脚板（150mm 高）	m	53.40				
4	石板材楼地面 水泥砂浆结合层 单色 周长 3200mm 以内	m^2	147.85			0.62	91.67
5	窗帘盒（不带轨 木龙骨胶合板窗帘盒）	m	31.50	0.01	0.44		
6	天棚龙骨 [装配式 U 形轻钢（不上人型）面层 450mm × 450mm 平面]	m^2	326.50			2.74	894.61
7	墙面饰面 [墙面丝绒面料硬包（木龙骨五夹板衬底）装饰线条分格]	m^2	349.19	0.16	56.25		
8	墙面饰面（胶合板基层）	m^2	207.16	0.02	4.75		
9	墙面饰面（木质饰面板）	m^2	190.16	0.02	3.50		
10	玻璃隔断（镜面玻璃格网隔断 全镜面玻璃墙）	m^2	114.29				
11	内墙面面砖（每块面积 > 0.64m^2 粉状型建筑胶粘剂粘贴）	m^2	206.10				
12	木装饰线（宽度 ≤ 50mm）	m	583.40	0.0017	0.99		
13	柜类、货架（附墙衣柜）	m	15.40	0.19	2.93	4.96	76.43
14	装修脚手架（装修满堂脚手架 基本层 3.6 ~ 5.2m）	m^2	326.50			0.38	124.07
15	金属装饰线（不锈钢装饰线 宽度 ≤ 50mm）	m	347.00			0.21	72.87
	合计				68.86		1385.65

材料实物量法汇总表

第　页　共　页

项目编号	工程或费用名称	计量单位	工程量	材料实物量							
				镜面玻璃（m^2）		瓷质面砖（m^2）		复合木地板（m^2）		磨光大理石板(m^2)	
				单位量	合计量	单位量	合计量	单位量	合计量	单位量	合计量
1	木地板[条形复合地板（成品安装）铺在水泥地面上]	m^2	175.65					1.05	184.43		
2	石板门槛石	m^2	3.00							1.04	3.12
3	石板材楼地面 水泥砂浆结合层 单色 周长3200mm以内	m^2	147.85							1.02	150.81
4	墙面饰面（镜面玻璃 在胶合板上粘贴）	m^2	131.29	1.08	141.79						
5	内墙面面砖（每块面积>$0.64m^2$粉状型建筑胶粘剂粘贴）	m^2	206.10			1.05	216.41				
6	面砖勾缝（面砖 勾缝剂勾缝5mm以内）	m^2	206.10								
7	窗台板（石板材面层）	m^2	31.50							1.05	33.08
	合计				141.79		216.41		184.43		187.01

材料实物量法汇总表

第　页　共　页

项目编号	工程或费用名称	计量单位	工程量	材料实物量							
				9.5mm 石膏板（m^2）		木质饰面板 3mm（m^2）		丝绒面料（m^2）		轻钢龙骨（不上人型）（m^2）	
				单位量	合计量	单位量	合计量	单位量	合计量	单位量	合计量
8	天棚龙骨[装配式U形轻钢（不上人型）450mm×450mm平面]	m^2	326.50							1.05	342.83
9	纸面石膏板天棚基层	m^2	326.50	1.15	375.48						
10	墙面饰面[墙面丝绒面料软包（木龙骨五夹板衬底）装饰线条分格]	m^2	349.19					1.25	436.49		
11	墙面饰面（木质饰面板 墙面、墙裙）	m^2	190.16			1.05	199.67				
12	柜类、货架（附墙衣柜）	m	15.40			4.76	73.30				
	合计				375.48		272.97		436.49		342.83

材料实物量法汇总表

第 页 共 页

项目编号	工程或费用名称	计量单位	工程量	材料实物量							
				镀锌轻钢龙骨 75×40（m^2）		镀锌轻钢龙骨 75×50（m^2）		腻子粉（kg）		乳液型涂料（kg）	
				单位量	合计量	单位量	合计量	单位量	合计量	单位量	合计量
13	腻子及其他（刮腻子 天棚面 满刮二遍）	m^2	326.50					2.04	666.06		
14	内墙涂料（天棚面 二遍）	m^2	326.50					2.04	666.06	0.38	124.07
15	墙面饰面（轻钢龙骨 中距竖603mm 以内、横 1500mm 以内）	m^2	349.19	1.46	509.82	2.73	953.29				
	合计				509.82		953.29		1332.12		124.07

人工、材料、设备及机具费用汇总表

第　页　共　页

序号	工料机名称	计量单位	实物工程数量	价值（元）	
				当时当地单价	合价
1	人工	工日	1321.98	104.41	138027.93
2	电动空气压缩机	台班	68.86	34.59	2381.87
3	其他机械费	元	1464.44	1.00	1464.44
4	水泥 32.5	kg	6132.61	0.40	2471.44
5	白水泥 42.5	kg	268.35	0.94	251.71
6	12mm 胶合板	m^2	538.26	24.03	12932.77
7	9mm 胶合板	m^2	680.35	18.56	12625.90
8	镜面玻璃	m^2	137.86	88.50	12199.62
9	瓷质面砖	m^2	216.41	107.96	23363.08
10	复合木地板	m^2	184.43	66.37	12241.19
11	磨光大理石板	m^2	187.00	500.00	93501.00
12	9.5mm 石膏板	m^2	375.48	11.50	4317.96
13	木质饰面板 3mm	m^2	273.02	350.00	95556.30
14	丝绒面料	m^2	438.02	44.25	19381.69
15	轻钢龙骨（不上人型）	m^2	342.83	28.32	9708.80
16	镀锌轻钢龙骨 75×40	m^2	509.31	11.17	5688.98
17	镀锌轻钢龙骨 75×50	m^2	954.95	13.75	13132.53
18	成品装饰单开木门及门套	樘	10.00	1858.00	18580.00
19	腻子粉	kg	1332.90	3.52	4691.82
20	乳液型涂料	kg	124.43	9.58	1192.03
21	其他材料费	元	88748.14	1.00	88748.14
	人材机费合计	元			572344.10

定额人、材、机费用为取费基数的费用计算表

第　页　共　页

序号	名称	费率（%）	计算基数	计算式	金额（元）
1	定额人、材、机费用				567994.00
1.1	人工费				138034.00
1.2	材料费				426234.00
1.3	施工机具使用费				3726.00
2	企业管理费合计	6.9	（人工费＋材料费＋施工机具使用费）×费率	（138034.00+426234.00+3726.00）×6.9%	39191.59
3	利润合计	6.0	（人工费＋材料费＋施工机具使用费＋企业管理费）×费率	（138034.00+426234.00+3726.00+39187.00）×6.0%	36427.00
4	规费合计	4.0	（人工费＋材料费＋施工机具使用费＋企业管理费＋利润）×费率	（138034.00+426234.00+3726.00+39187.00+36427.00）×4.0%	25743.00
5	税金合计	9.0	（人工费＋材料费＋施工机具使用费＋企业管理费＋利润＋税金）×费率	（138034.00+426234.00+3726.00+39187.00+36427.00+25743.00）×9.0%	60240.00
	合计				729591.00

4.3 装饰工程清单计价

4.3.1 工程量清单计价的含义

（1）工程量清单是建设工程招标投标中，招标人按照计价规范与工程量计算规则，编制的包含招标标的要求和利益期望，以及拟建工程实物工程量，用来约束发包和承包双方计价行为的一套工程明细表。

（2）工程量清单计价是一种工程造价计价模式，招标人提供拟建工程实物清单，投标人根据清单中列明的项目名称、项目特征、计量单位和工程数量进行自主报价，招标人对各投标人的报价进行比较选择，最终择优选定中标人完成工程交易合同签订，并在后续的合同履约过程中根据约定进行价款调整、支付和结算。

（3）根据《建设工程工程量清单计价规范》GB 50500—2013 的规定，工程量清单的项目设置分为分部分项工程项目、措施项目、其他项目以及规费和税金项目。工程量清单又可分为招标工程量清单和已标价工程量清单，由招标人根据国家标准、招标文件、设计文件以及施工现场实际情况编制的称为招标工程量清单，作为投标文件组成部分的已标明价格并经承包人确认的称为已标价工程量清单。招标工程量清单应由具有编制能力的招标人或受其委托的工程造价咨询人或招标代理人编制。采用工程量清单方式招标，招标工程量清单必须作为招标文件的组成部分，其准确性和完整性由招标人负责。

4.3.2 装饰工程清单计价的作用

（1）工程量清单报价为投标者提供了一个平等竞争的条件。招标人提供相同的工程量，由投标人根据自身的成本竞争优势填报不同的单价。价格水平成为市场竞争的决定性因素，从而避免各投标人由于对图纸的不同理解、对工程量的计算偏差而造成报价偏差。

（2）有利于提高工程各环节计价的效率。招标人提供统一的工程量，投标人能实现快速报价。采用工程量清单计价，避免招标人与各投标人重复计算工程量，以及可能在工程量的认定上存在偏差。

（3）有利于工程款的拨付和工程的最终结算。投标人工程量清单报价作为合同订立的基础性文件，清单上的单价是拨付工程款的依据。业主根据施工企业完成的工程量，很容易确定进度款的拨付额。工程竣工后，根据设计变更、工程量增减等，业主也很容易确定工程的最终造价。

（4）有利于工程量风险的合理分担。与定额计价（量价合一）相比，工程量清单计价（量价分离）有效降低了发承包双方的风险，符合风险合理分担的原则。工程量清单计价明确了招标人对工程量计算的责任，也符合以工程量的实际为基础的计价原则。

4.3.3　装饰工程清单计价的流程

工程量清单计价过程可分为工程量清单编制阶段和工程量清单报价阶段。

（1）工程量清单编制阶段。招标人在统一的工程量计算规则的基础上制定工程量清单项目，并根据具体工程的施工图纸统一计算各个清单项目的工程量。

（2）工程量清单报价阶段。投标人根据各种渠道获得的工程造价信息和经验数据，结合工程量清单计算得到工程造价。

工程量清单计价是多方共同参与完成的，不像施工图预算书可由一个单位编报。工程量清单计价编制流程如图 4-9 所示。

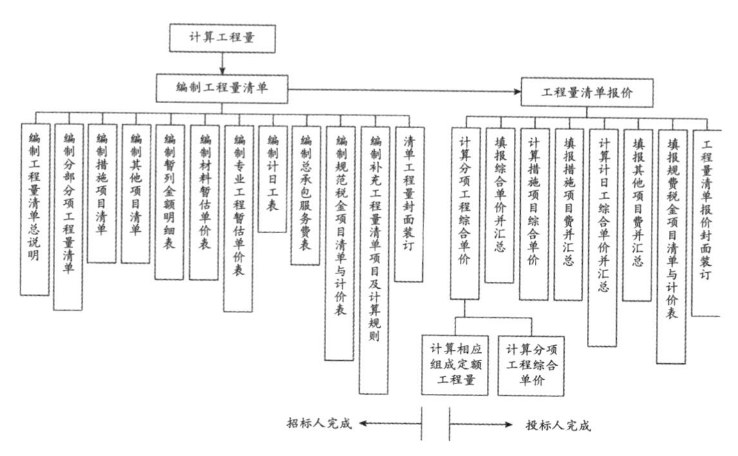

图 4-9　工程量清单计价编制流程

4.3.4 装饰工程清单计价的要求

（1）招标工程量清单应由具有编制能力的招标人或受其委托，由具有相应资质的工程造价咨询人或招标代理人编制。

（2）招标工程量清单必须作为招标文件的组成部分，其准确性和完整性应由招标人负责。

（3）招标工程量清单是工程量清单计价的基础，应作为编制最高投标限价、招标报价、计算或调整工程量、施工索赔等的依据之一。

（4）招标工程量清单应以单位（项）工程为单位编制，由分部分项工程项目清单、措施项目清单、其他项目清单、规费和税金项目清单组成。

4.3.5 装饰工程清单计价的编制

1. 熟悉施工图纸、招标文件

（1）熟悉施工设计图纸，详细分析设计图纸，了解装饰工程的具体内容，掌握工程的具体构造工艺，更加准确地确定各项材料和工艺的单价。

（2）仔细研读招标文件中的各项要求，深入理解招标文件中对工程的描述，包括工程的范围规模、质量标准、工期等。关注招标人提出的各项要求对工程造价的影响。

2. 了解施工现场、施工组织设计

核实现场的施工条件，确认通路、通水、通电、通信与场地平整情况，了解现场水平运输与垂直运输条件。根据施工组织设计文件，充分考虑工程计划、施工工艺、人员组织、材料消耗、施工机械、技术措施对工程造价的影响。

3. 分部分项工程项目清单列项

分部分项工程项目清单必须载明项目编码、项目名称、项目特征、计量单位和工程量。分部分项工程项目清单必须根据各专业工程工程量计算规范规定的项目编码、项目名称、项目特征、计量单位和工程量计算规则进行编制，详见表 4-7。在分部分项工程项目清单编制过程中，由招标人负责前五列内容填列，后三列金额部分的内容可分别填列最高投标限价或由投标人填列投标报价。

表 4-7 分部分项工程计价表

工程名称： 标段： 第 页 共 页

项目编码	项目名称	项目特征描述	计量单位	工程量	金额（元）		
					综合单价	合价	其中：暂估价
本页小计							
合计							

注：为计取规费等的使用，可在表中增设“其中：定额人工费”。

（1）项目编码

项目编码是分部分项工程和措施项目清单名称的数字标识。国家现行清单计价规范项目编码由五级编码十二位数字表示。前四级编码，即一至九位数字统一按国家现行工程量计价规范附录的规定设置；第五级编码，即十至十二位数字为清单项目，应根据拟建工程的工程量清单名称和项目特征设置，这三位清单项目编码由招标人针对招标工程项目具体编制，并应自 001 起顺序编制，同一个招标工程的项目编码不得有重号。如图 4-10 所示。

在图 4-10 十二位数字中，一位、二位为专业工程码（例如建筑与装饰工程为 01）；三位、四位为附录分类顺序码 [例如天棚工程为 13]；五位、六位为分部工程顺序码 [例如天棚（吊顶）工程为 02]；七至九位为分项工程项目名称顺序码 [例如天棚（吊顶）工程为 001]；十至十二位为清单项目名称顺序码（起始 001 开始编排）。

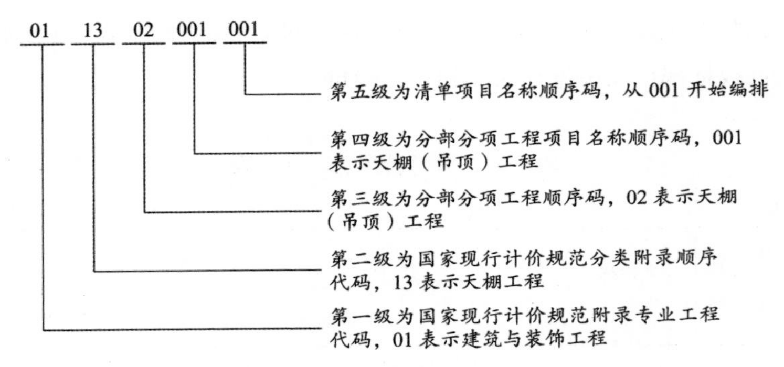

图 4-10　项目名称编码

（2）项目名称

分部分项工程项目清单的项目名称应以各专业工程工程量计算规范附录的“项目名称”为基础，结合拟建工程的实际内容确定。即在编制分部分项工程项目清单时，在附录中“分项工程项目名称”的基础上，综合考虑该项目的规格、型号、材质等特征要求，使分部分项工程清单的项目名称表达详细，准确反映影响工程造价的主要因素。

（3）项目特征描述

项目特征描述是指对分部分项工程项目的具体描述和说明，用于准确描述工程项目的特点、属性和要求，是确定一个清单项目综合单价不可缺少的重要依据，是区分清单项目的依据，是履行合同义务的基础。

分部分项工程项目清单的项目特征应以各专业工程工程量计算规范附录的“项目特征”为基础，结合技术规范、标准图集、施工图纸，按照工程结构、使用材质及规格或安装位置等，予以详细而准确的表述和说明。凡规范附录中“项目特征”未描述的其他独有特征，应视项目具体情况准确补充描述。

各专业工程工程量计算规范附录中“工程内容”是指完成清单项目可能发生的具体工作和操作程序。因工程量计算规范中，工作内容与项目编码、项目名称、项目特征等相互对应，所以在编制分部分项工程项目清单时，通常无须专门描述工程内容。

（4）计量单位

计量单位应采用基本单位，除各专业另有特殊规定外，均按以下单位计量：

1）以重量计算的项目——吨或千克（t或kg）；

2）以体积计算的项目——立方米（m^3）；

3）以面积计算的项目——平方米（m^2）；

4）以长度计算的项目——米（m）；

5）以自然计量单位计算的项目——个、套、块、樘、组、台……

6）没有具体数量的项目——宗、项……

各专业有特殊计量单位的，再另外加以说明，当计量单位有两个或两个以上时，应根据所编工程量清单项目的特征要求，选择最适宜表现该项目特征并方便计量的单位。

（5）工程量

工程量按各专业工程工程量计算规范附录中“计算规则”计算。工程量计算规则是指对清单项目工程量计算的规定。除另有说明外，所有清单项目的工程量应以实体工程量为准，并以完成后的净值计算；投标人投标报价时，应在单价中考虑施工中的各种损耗和需要增加的工程量。

以房屋建筑与装饰工程为例，工程量计算规范中规定的分类项目包括土石方工程，地基处理与边坡支护工程，桩基工程，砌筑工程，混凝土及钢筋混凝土工程，金属结构工程，木结构工程，门窗工程，屋面及防水工程，保温、隔热、防腐工程，楼地面装饰工程，墙、柱面装饰与隔断、幕墙工程，天棚工程，油漆、涂料、裱糊工程，其他装饰工程，拆除工程、措施项目等，分别制定了它们的项目设置和工程量计算规则。

4. 措施项目清单列项

措施项目是指为完成工程项目施工，发生于该工程施工准备和施工过程中的技术、生活、安全、环境保护等方面的项目。措施项目清单应根据相关专业现行工程量计算规范的规定编制，并应根据拟建工程的实际情况列项。

措施项目费按可计量与不可计量，可分为单价措施费与总价措施费两大类。

（1）单价措施费（可计量措施项目）。措施项目中可以计算工程量的项目（例如脚手架工程、垂直运输、超高施工增加等）可参照分部分项工程项目清单的格式，列出项目编码、项目名称、项目特征、计量单位和工程量（参见表 4-8）。采用综合单价计价，有利于措施费的确定和调整。

（2）总价措施费（不可计量措施项目）。措施项目中不可单独计算工程量的项目（例如安全文明施工、夜间施工、非夜间施工照明、二次搬运、已完工程及设备保护等）以“项”为计量单位进行编制（参见表 4-8）。

表 4-8　单价措施项目清单与计价表

工程名称：　　　　　　　　　　标段：　　　　　　　　　　第　页　共　页

项目编码	项目名称	计算基础	费率（%）	金额（元）	调整费率（%）	调整后金额（元）	备注
	安全文明施工费						
	夜间施工增加费						
	二次搬运费						
	冬雨期施工增加费						
	已完工程及设备保护费						
	……						
合计							

编制人（造价人员）：　　　　　　　　复核人（造价工程师）：

注：1. “计算基础”中安全文明施工费可为“定额基价”“定额人工费”或“定额人工费＋定额施工机具使用费”，其他项目可为“定额人工费”或“定额人工费＋定额施工机具使用费”。

2. 按施工方案计算的措施项目费，若无“计算基础”和“费率”的数值，也可只填“金额”数值，但应在备注栏说明施工方案出处或计算方法。

5. 其他项目清单列项

其他项目清单是指除分部分项工程项目清单、措施项目清单包含的内容以外，因招标人的特殊要求而发生的与拟建工程有关的其他费用项目和相应数量的清单。工程建设标准、建设工程计价的高低、工程的复杂程度、工程的工期长短、工程的组成内容、发包人对工程管理的要求等都直接影响其他项目清单的具体内容。其他项目清单包括暂列金额、暂估价（包括材料暂估单价、工程设备暂估单价、专业工程暂估价）、计日工、总承包服务费。其他项目清单宜按照表4-9的格式编制，出现未包含在表格中内容的项目，可根据工程实际情况补充。

表4-9 其他项目清单与计价汇总表

工程名称： 标段： 第 页 共 页

序号	项目名称	金额（元）	结算金额（元）	备注
1	暂列金额			
2	暂估价			
2.1	材料（工程设备）暂估价/结算价			
2.2	专业工程暂估价/结算价			
3	计日工			
4	总承包服务费			
	……			
合计				

注：材料（工程设备）暂估单价进入清单项目综合单价，此处不汇总。

（1）暂列金额

暂列金额是招标人在工程量清单中暂定并包括在合同价款中的一笔款项。用于工程合同签订时尚未确定或者不可预见的所需材料、工程设备、服务的采购，施工中可能发生的工程变更、合同约定调整因素出现时的合同价款调整以及发生的索赔、现场签证确认等的费用。

为保证工程施工建设的顺利实施，暂列金额应根据工程复杂程度、设计深度、环境条件进行估算，一般可按分部分项工程费的10%～15%估算。

暂列金额可按照表 4-10 的格式列示。

表 4-10 暂列金额明细表

工程名称： 标段： 第 页 共 页

序号	项目名称	计量单位	暂定金额（元）	备注
1				
2				
3				
……				
合计				

注：此表由招标人填写，如不能详列，也可只列暂定金额总额，投标人应将上述暂列金额计入投标总价中。

（2）暂估价

暂估价是指招标人在工程量清单中提供的用于支付必然发生但暂时不能确定价格的材料、工程设备的单价以及专业工程的金额，包括材料暂估单价、工程设备暂估单价和专业工程暂估价。暂估价是在招标阶段预见肯定要发生，只是因为标准不明确或者需要由专业承包人完成，暂时无法确定价格。暂估价数量和拟用项目应当结合工程量清单中的“暂估价表”予以补充说明。

暂估价中的材料、工程设备暂估单价应根据工程造价信息或参照市场价格估算，列出明细表；专业工程暂估价应分不同专业，按有关计价规定估算，列出明细表。暂估价可按照表 4-11、表 4-12 的格式列示。

（3）计日工

计日工是为了解决现场发生的零星工作的计价而设立的，为承包人完成发包人提出的工程合同范围以外的零星项目或工作提供一种按约定单价计价的方式。计日工对完成零星工作所消耗的人工工日、材料数量、施工机具台班进行计量，并按照计日工表中填报的适用项目的单价进行计价支付。

表 4-11　材料（工程设备）暂估价及调整表

工程名称：　　　　　　　　　标段：　　　　　　　　　第　页　共　页

材料（工程设备）名称、规格、型号	计量单位	数量		暂估（元）		确认（元）		差额±（元）		备注
		暂估	确认	单价	合价	单价	合价	单价	合价	
合计										

注：此表由招标人填写“暂估单价”，并在备注栏说明暂估价的材料、工程设备拟用在哪些清单项目上，投标人应将上述材料、工程设备暂估价计入工程量清单综合单价报价中。

表 4-12　专业工程暂估价及结算价表

工程名称：　　　　　　　　　标段：　　　　　　　　　第　页　共　页

工程名称	工程内容	暂估金额（元）	结算金额（元）	差额±（元）
合计				

注：此表“暂估金额”由招标人填写，投标人应将“暂估金额”计入投标总价中。结算时按合同约定结算金额填写。

计日工应列出项目名称、计量单位和暂估数量。计日工可按照表4-13的格式列示。

（4）总承包服务费

总承包服务费是指总承包人为配合协调发包人进行的专业工程发包，对发包人自行采购的材料、工程设备等进行保管以及施工现场管理、竣工资料汇总整理等服务所需的费用。招标人应预计该项费用并按投标人的投标报价向投标人支付该项费用。

总承包服务费应列出服务项目及其内容等。总承包服务费按照表4-14的格式列示。

表 4-13 计日工表

工程名称： 标段： 第 页 共 页

编号	项目名称	单位	暂定数量	实际数量	综合单价（元）	合价（元）	
						暂定	实际
一	人工						
1							
2							
……							
人工小计							
二	材料						
1							
2							
……							
材料小计							
三	施工机具						
1							
2							
……							
施工机具小计							
四	企业管理费和利润						
总计							

注：此表项目名称、暂定数量由招标人填写，编制最高投标限价时，综合单价由招标人按有关计价规定确定；投标时，综合单价由投标人自主报价，按暂定数量计算合价计入投标总价中。结算时，按发承包双方确认的实际数量计算合价。

表 4-14 总承包服务费计价表

工程名称： 标段： 第 页 共 页

项目名称	项目价值（元）	服务内容	计算基数	费率（%）	金额（元）
合计					

注：此表项目名称、服务内容由招标人填写，编制最高投标限价时，费率及金额由招标人按有关计价规定确定；投标时，费率及金额由投标人自主报价，计入投标总价中。

6. 编制规费、税金项目清单

（1）规费项目清单。规费是根据省级政府或省级有关行政主管部门规定必须缴纳的，应计入建筑安装工程造价的费用。规费项目清单应按照下列内容列项：社会保险费，包括养老保险费、失业保险费、医疗保险费、工伤保险费、生育保险费；住房公积金；出现计价规范中未列的项目，应根据省级政府或省级有关行政主管部门的规定列项。

（2）税金项目清单。我国税法规定应计入建筑安装工程造价的税种主要是增值税。出现计价规范未列的项目，应根据税务部门的规定列项。规费、税金项目计价表如表4-15所示。

表 4-15 规费、税金项目计价表

工程名称： 标段： 第 页 共 页

序号	项目名称	计算基础	计算基数	费率（%）	金额（元）
1	规费	人工费			
1.1	社会保险费	人工费			
（1）	养老保险费	人工费			
（2）	失业保险费	人工费			
（3）	医疗保险费	人工费			
（4）	工伤保险费	人工费			
（5）	生育保险费	人工费			
1.2	住房公积金	人工费			
……					
2	税金（增值税）	人工费＋材料费＋施工机具使用费＋企业管理费＋利润＋规费			
合计					

编制人（造价人员）： 复核人（造价工程师）：

7. 汇总各级工程造价

各工程量清单编制完成后，将其合计进行汇总，即可形成相应单位工程的造价。根据所处计价阶段的不同，单位工程造价汇总表可分为单位工程最高投标限价汇总表、单位工程投标报价汇总表和单位工程竣工结算汇总表。单位工程最高投标限价 / 投标报价汇总表如表 4-16 所示，单位工程竣工结算汇总表如表 4-17 所示。各单位工程相应造价汇总后，形成单项工程及建设项目工程造价。

表 4-16 单位工程最高投标限价 / 投标报价汇总表

工程名称： 标段： 第 页 共 页

序号	汇总内容	金额 / 元	其中：暂估价（元）
1	分部分项工程		
1.1			
1.2			
……			
2	措施项目		
2.1	其中：安全文明施工费		
……			
3	其他项目		
3.1	其中：暂列金额		
	其中：专业工程暂估价		
	其中：计日工		
	其中：总承包服务费		
4	规费		
5	税金		
最高投标限价 / 投标报价合计 =1+2+3+4+5			

注：本表适用于单位工程最高投标限价或投标报价的汇总，如无单位工程划分，单项工程也使用本表汇总。

表 4-17 单位工程竣工结算汇总表

工程名称： 标段： 第 页 共 页

序号	汇总内容	金额（元）
1	分部分项工程	
1.1		
1.2		

续表

序号	汇总内容	金额（元）
……		
2	措施项目	
2.1	其中：安全文明施工费	
……		
3	其他项目	
3.1	其中：专业工程暂估价	
	其中：计日工	
	其中：总承包服务费	
	其中：索赔与现场签证	
4	规费	
5	税金	
竣工结算总价合计 =1+2+3+4+5		

注：如无单位工程划分，单项工程也使用本表汇总。

4.3.6 装饰工程清单计价实例

以 ×× 酒店客房区装饰装修工程为例。

×× 酒店客房区装饰装修 工程

投标总价

投 标 人：×× 装饰有限公司

（单位盖章）

2024 年 6 月 12 日

投标总价

招　标　人：××酒店开发集团

工程名称：××酒店客房区装饰装修工程

投标总价（小写）：966581.00

（大写）：玖拾陆万陆仟伍佰捌拾壹元零角零分

投　标　人：×××装饰有限公司

（单位盖章）

法定代表人
或其授权人：×××

（签字或盖章）

编　制　人：×××

（造价人员签字盖专用章）

编制时间：2024年6月10日

总说明

工程名称：××酒店客房区装饰装修工程　　　　第　页　共　页

1. 编制依据：
1.1 建设方提供的酒店客房区域装饰施工图、招标邀请书等一系列招标文件。
2. 编制说明：
2.1 经核算建设方招标书中发布的“工程量清单”中的工程数量基本无误。
2.2 经我公司进行实际市场调查后，建筑材料市场价格确定如下：
2.2.1 木饰面、不锈钢、石材根据当地市场行情询价调整。
2.2.2 其他所有材料均在×市建设工程造价主管部门发布的市场材料价格上下浮5%。
2.2.3 按我公司目前资金和技术能力，该工程各项施工费率值取定如下：(略)。
2.2.4 税金税率按9%计取。

建设项目投标报价汇总表

工程名称：××酒店客房区装饰装修工程　　　　第　页　共　页

序号	单项工程名称	金额（元）	其中：(元)		
			暂估价	安全文明施工费	规费
1	××酒店客房区装饰装修工程	966581.00	139875.00	34508.00	25743.00
合计					

注：本表适用于建设项目最高投标限价或投标报价的汇总。

单项工程投标报价汇总表

工程名称：××酒店客房区装饰装修工程　　　　第　页　共　页

序号	单项工程名称	金额（元）	其中：(元)		
			暂估价	安全文明施工费	规费
1	××酒店客房区装饰装修工程	966581.00	139875.00	34508.00	25743.00
合计					

注：本表适用于单项工程最高投标限价或投标报价的汇总。暂估价包括分部分项工程中的暂估价和专业工程暂估价。

单位工程投标报价汇总表

工程名称：×× 酒店客房区装饰装修工程　　　　标段：　　　　第　页　共　页

序号	汇总内容	金额（元）	其中：暂估价（元）
1	分部分项工程	725398.00	
0111	楼地面装饰工程	145333.00	75425.00
0112	墙、柱面装饰与隔断、幕墙工程	398531.00	14450.00
0113	天棚工程	55700.00	
0108	门窗工程	57600.00	
0114	油漆、涂料、裱糊工程	24017.00	
0115	其他装饰工程	44217.00	
2	措施项目	53336.00	
2.1	其中：单价措施费	4189.00	
2.2	其中：安全文明施工费	34508.00	
2.3	其中：其他总价措施费	483.00	
2.4	二次搬运费	2761.00	
2.5	夜间施工费	4141.00	
2.6	已完工程及设备保护费	7254.00	
3	其他项目	101864.00	
3.1	其中：暂列金额	46151.00	
3.2	其中：专业工程暂估价	50000.00	
3.3	其中：计日工	5202.00	
3.4	其中：总承包服务费	511.00	
4	规费	25743.00	
5	税金	60240.00	
合计		966581.00	

注：本表适用于单位工程最高投标限价或投标报价的汇总。如无单位工程划分，单项工程也使用本表汇总。

分部分项工程量清单与计价表

工程名称：××酒店客房区域装饰装修工程　　标段：　　第　页　共　页

序号	项目编码	项目名称	项目特征描述	计量单位	工程量	金额（元）		
						综合单价	合价	其中 暂估价
		楼地面装饰工程						
1	011101001001	水泥砂浆楼地面	20mm厚1:2.5水泥砂浆找平层	m^2	326.500	28.08	9168.12	
2	011104002001	竹、木（复合）地板	1. 18mm厚木地板楼地面 2. 自流平，厚度以满足完成面标高为准 3. 铺设塑料薄膜防潮垫	m^2	175.650	109.27	19193.28	
3	011108001001	石材零星项目	1. 20mm厚大理石（抛光面，表面晶面处理，底面及四边侧面防护剂保护），饰面密缝铺砌（用同色填缝剂填缝） 2. 轻集料混凝土填充 3. 素水泥浆一道 4. 30mm厚1:3干硬性水泥砂浆结合层，表面撒水泥粉	m^2	3.000	796.56	2389.68	1500.00

分部分项工程量清单与计价表

工程名称：××酒店客房区域装饰装修工程　　　　标段：　　　　第　页　共　页

序号	项目编码	项目名称	项目特征描述	计量单位	工程量	金额（元）		
						综合单价	合价	其中
4	011105006001	金属踢脚线	不锈钢踢脚线 40mm	m	53.400	105.17	5616.08	
5	011102001001	石材楼地面	1. 20mm 厚大理石（抛光面，表面晶面处理，底面及四边侧面防护剂保护），饰面密缝铺砌（用同色填缝剂填缝） 2. 轻集料混凝土填充 3. 素水泥浆一道 4. 30mm 厚 1∶3 干硬性水泥砂浆结合层，表面撒水泥粉	m^2	147.850	737.00	108965.45	73925.00
		分部小计					145332.61	75425.00
		天棚工程						
6	011302001001	天棚吊顶	1. 轻钢龙骨石膏板吊顶 2. ϕ8 吊杆、50 系列轻钢龙骨、12mm 厚双层防潮石膏板	m^2	326.500	164.46	53696.19	
7	011404004001	吊顶天棚油漆	乳胶漆天棚，两底两面	m^2	326.500	73.56	24017.34	

分部分项工程量清单与计价表

工程名称：×× 酒店客房区域装饰装修工程　　　　标段：　　　　第　页　共　页

序号	项目编码	项目名称	项目特征描述	计量单位	工程量	金额（元）		
						综合单价	合价	其中
8	010810002001	木窗帘盒	窗帘盒 250mm 宽 ×200mm 高，15mm 厚阻燃夹板衬板	m	31.500	63.61	2003.72	
		分部小计					79717.25	
		墙面工程						
9	011207001001	墙面硬包	1. 墙纸硬包墙面 2. 卡式龙骨，间距 600mm，膨胀螺钉固定，50 系列隔墙龙骨，间距 300mm，内衬木方调平 3. B_1 等级阻燃板基层，ϕ8 膨胀螺栓，防火涂料及分缝、挂件、收边收口、凹槽、凹缝、暗藏灯槽等满足合同及图纸规范要求	m^2	349.190	388.92	135806.97	
10	011502002001	木质装饰线	1. 木材装饰线条 40mm×50mm 宽 2. 线条材质、基层材料等满足招标及图纸规范要求	m	583.400	23.50	13709.90	

分部分项工程量清单与计价表

工程名称：××酒店客房区域装饰装修工程　　　　标段：　　　　第　页　共　页

序号	项目编码	项目名称	项目特征描述	计量单位	工程量	金额（元）		
						综合单价	合价	其中
11	011207001002	墙面装饰板	1. 木饰面墙面，厚度、花纹、油漆种类、遍数、龙骨间距 600mm，膨胀螺钉固定，50 系列隔墙龙骨，间距 300mm 2. B_1 等级 12mm 阻燃板基层，$\phi 8$ 膨胀螺栓，防火涂料及分缝、挂件、收边收口、凹槽、凹缝、暗藏灯槽等满足合同及图纸规范要求	m^2	190.160	561.39	106753.92	
12	011207001003	墙面装饰板	1. 镜面玻璃装饰墙面 2. 卡式龙骨，间距 600mm，膨胀螺钉固定，50 系列隔墙龙骨，间距 300mm，内衬木方调平 3. B_1 等级 12mm 阻燃板基层，$\phi 8$ 膨胀螺栓，防火涂料及分缝、挂件、收边收口、凹槽、凹缝、暗藏灯槽等满足合同及图纸规范要求	m^2	17.000	383.80	6524.60	

分部分项工程量清单与计价表

工程名称：×× 酒店客房区域装饰装修工程　　　　标段：　　　　第　页 共　页

序号	项目编码	项目名称	项目特征描述	计量单位	工程量	金额（元）		
						综合单价	合价	其中
13	011210003001	玻璃隔断	1. 玻璃装饰墙面 2. 卡式龙骨，间距 600mm，膨胀螺丝固定，50 系列隔墙龙骨，间距 300mm，内衬木方调平 3. B_1 等级 12mm 阻燃板基层，ϕ8 膨胀螺栓，防火涂料及分缝、挂件、收边收口、凹槽、凹缝、暗藏灯槽等满足合同及图纸规范要求	m^2	114.290	383.80	43864.50	
14	011204003001	块料墙面	1. 800mm×400mm 湿贴瓷砖墙面 2. 专用胶粘剂粘贴于墙面，专用同色勾缝剂擦缝	m^2	206.100	245.24	50543.96	
15	010809004001	石材窗台板	1. 大理石窗台板 2. 素水泥浆一道 3. 30mm 厚 1∶3 干硬性水泥砂浆结合层，表面撒水泥粉	m^2	31.500	773.86	24376.59	15750.00

分部分项工程量清单与计价表

工程名称：××酒店客房区域装饰装修工程　　　　标段：　　　　第　页共　页

序号	项目编码	项目名称	项目特征描述	计量单位	工程量	金额（元）		
						综合单价	合价	其中
16	011502001001	金属装饰线	1. 不锈钢线条 20mm+40mm+20mm 2. 金属面厚度、线条材质、基层材料等满足招标及图纸规范要求	m	347.000	48.85	16950.95	
		分部小计					398531.39	15750.00
		其他装饰工程						
17	010801002001	木质门带套	1. 1000mm×2600mm 木材饰面 客房单开入户门，木材饰面实心贴皮木门及门套 2. 门楣、猫眼、防盗扣、门五金、暗藏闭门器、门锁、配件等满足合同及图纸规范要求	樘	10.000	2834.96	28349.60	
18	010805005001	全玻自由门	1. 750mm×2600mm 超白渐层钢化玻璃（滑面）隔断及单开门 2. 不锈钢边框、门楣、门把手、门五金、配件等满足合同及图纸规范要求	樘	20.000	1462.50	29250.00	

分部分项工程量清单与计价表

工程名称：××酒店客房区域装饰装修工程　　标段：　　第　页　共　页

序号	项目编码	项目名称	项目特征描述	计量单位	工程量	金额（元）		
						综合单价	合价	其中
19	011501003001	衣柜	1. 衣柜 2600mm 高 ×（1000+540）mm 长 ×600mm 宽 2. 木材高柜，木材衣柜门和内、外饰面木材格栅饰面及一切所需的锚固件、拉手、五金附件及配件等满足合同及图纸规范要求	个	10.000	4421.68	44216.80	
		分部小计					101816.40	
		总计					725397.65	91175.00

注：本表适用于单位工程最高投标限价或投标报价的汇总。如无单位工程划分，单项工程也使用本表汇总。

综合单价分析表

工程名称：××酒店客房区装饰装修工程　　　　标段：　　　　第　页　共　页

项目编码	011302001001	项目名称	天棚吊顶	计量单位	m^2	工程量	326.52				
清单综合单价组成明细											
定额编号	定额项目名称	定额单位	数量	单价				人工费	材料费	机械费	管理费和利润
				人工费	材料费	机械费	管理费和利润				
10113017	天棚龙骨［装配式U形轻钢（不上人型）面层规格450mm×450mm平面］	m^2	1	24.68	35.34	2.51	8.32	24.68	35.34	2.51	8.32
10113071	纸面石膏板天棚基层	m^2	1	13.8	13.65	0.00	3.65	13.8	13.65	0.00	3.65
10113074	胶合板（天棚面层）	m^2	1	18.52	19.54	0.00	5.07	18.52	19.54	0.00	5.07
人工单价		小计						57.00	68.53	2.51	17.04
57.00元/工日		未计价材料费									
清单项目综合单价（元/m^2）								164.46			

材料费明细	主要材料名称、规格、型号	单位	数量	单价（元）	合价（元）	暂估单价（元）	暂估合价（元）
	轻钢龙骨（不上人型）平面450mm×450mm	m^2	1.05	28.32	29.74		
	纸面石膏板1220mm×2440mm×9mm	m^2	1.15	11.50	13.23		
	胶合板9mm厚	m^2	1.05	18.56	19.49		
	其他材料费			—	6.07	—	
	材料费小计			—	68.53	—	

注：1. 如不使用省级或行业建设主管部门发布的计价依据，可不填定额项目、编号等。
2. 招标文件提供了暂估单价的材料，按暂估的单价填入表内“暂估单价”栏及“暂估合价”栏。

总价措施项目清单与计价表

工程名称：×× 酒店客房区装饰装修工程　　　　标段：　　　　第　页　共　页

序号	项目编码	项目名称	计算基础	费率（%）	金额（元）	调整费率（%）	调整后金额（元）	备注
1	011701001001	安全文明施工	定额人工费	3.58	34508.00			
2		其他总价措施费	定额人工费	0.35	483.00			
3	011701001003	二次搬运费	定额人工费	2.00	2761.00			
4	011701001004	夜间施工费	定额人工费	3.00	4141.00			
5	011701001005	已完工程及设备保护费	分部分项工程费	1.00	7254.00			
合计					34991.00			

编制人（造价人员）：　　　　复核人（造价工程师）：

注：1. “计算基础”中安全文明施工费可为“定额基价”“定额人工费”或“定额人工费＋定额机械费”，其他项目可为“定额人工费”或“定额人工费＋定额机械费”。

2. 按施工方案计算的措施费，若无“计算基础”和“费率”的数值，也可只填“金额”数值，但应在备注栏说明施工方案出处或计算方法。

其他项目清单与计价汇总表

工程名称：×× 酒店客房区装饰装修工程　　标段：　　第　页　共　页

序号	项目名称	金额（元）	结算金额（元）	备注
1	暂列金额	46151.00		明细见表
2	暂估价	100000.00		
2.1	专业工程暂估价	50000.00		
3	计日工	5202.00		
4	总承包服务费	511.00		
合计		101864.00		

注：材料（工程设备）暂估单价计入清单项目综合单价，此处不汇总。

暂列金额明细表

工程名称：×× 酒店客房区装饰装修工程　　标段：　　第　页　共　页

序号	项目名称	计量单位	暂定金额（元）	备注
1	政策性调整和材料价格风险	项	14508.00	
2	工程量清单中工程量变更和设计变更	项	21888.00	
3	优质工程增加费	项	8755.00	
4	其他	项	1000.00	
合计			46151.00	

注：此表由招标人填写，如不能列项，也可只列暂定金额总额，投标人应将上述暂列金额计入投标总价中。

材料（工程设备）暂估单价表

工程名称：××酒店客房区装饰装修工程　　　　标段：　　　　第　页　共　页

序号	材料（工程设备）名称、规格、型号	计量单位	数量		暂估（元）		确认（元）		差额（±元）		备注
			暂估	确认	单价	合价	单价	合价	单价	合价	
1	石材门槛石	m^2	3		500	1500					
2	石材楼地面	m^2	3		500	1500					
3	石材窗台板	m^2	3		500	1500					
合计						4500					

注：此表由招标人填写“暂估单价”，并在备注栏说明暂估单价的材料、工程设备拟用在哪些项目清单上，投标人应将上述材料、工程设备暂估单价计入工程量清单综合单价报价中。

专业工程暂估价及结算价表

工程名称：××酒店客房区装饰装修工程　　　　标段：　　　　第　页　共　页

序号	项目名称	工程内容	暂估金额（元）	结算金额（元）	差额（±元）	备注
1	消防工程	安装	20000.00			
2	暖通工程	安装	30000.00			
合计			50000.00			

注：此表“暂估金额”由招标人填写，招标人应将“暂估金额”计入投标总价中。结算时按合同约定结算金额填写。

计日工表

工程名称：××酒店客房区装饰装修工程　　　　标段：　　　　第　页　共　页

序号	项目名称	单位	暂定数量	实际数量	综合单价	合价（元）	
						暂定	实际
一	人工						
1	技工	工日	15		68.50	1027.50	
人工小计						1027.50	
二	材料						
1	水泥 42.5	t	2.0		400.00	800.00	
2	中砂	m^3	6.0		80.00	480.00	
3	砾石（5～40mm）	m^3	5.0		42.00	210.00	
材料小计						1490.00	
三	施工机械						
1	灰浆搅拌机（400L）	台班	5		500	2500.00	
机械小计						2500.00	
四	企业管理费和利润按人工费 18% 计					184.50	
总计						5202.00	

注：此表“项目名称”“暂定数量”由招标人填写，编制最高投标限价时，综合单价由招标人按有关规定确定；投标时，综合单价由投标人自主确定，按暂定数量计算合价计入投标总价中；结算时，按发承包双方确定的实际数量计入合价。

总承包服务费计价表

工程名称：××酒店客房区装饰装修工程　　　　标段：　　　　第　页　共　页

序号	项目名称	项目价值（元）	服务内容	计算基础	费率（%）	金额
1	发包人专业工程	20000.00	1. 按专业工程承包人的要求提供施工并对施工现场统一管理，对竣工资料统一汇总整理 2. 为专业工程承包人提供垂直运输机械和焊接电源接入点，并承担运输费和电费 3. 为暖通及消防工程提供末端点位定位，完工后的成品保护	项目价值	2	400.00
2	发包人提供材料	13832.00	对发包人供应的材料进行验收及保管和使用发放	项目价值	0.8	111.00
合计						511.00

注：此表“项目名称”“服务内容”由招标人填写，编制最高投标限价时，费率及金额由招标人按有关计价规定确定；投标时，费率及金额由投标人自主报价，计入投标总价中。

规费、税金项目计价表

工程名称：×× 酒店客房区装饰装修工程　　　　标段：　　　　第 页 共 页

序号	项目名称	计算基础	计算基数	计算费率（%）	金额
1	规费				25743.00
1.1	社会保险费	人工费		4	25743.00
（1）	养老保险费				
（2）	失业保险费				
（3）	医疗保险费				
（4）	工伤保险费				
（5）	生育保险费				
1.2	住房公积金				
2	税金	分部分项工程费＋措施项目费＋其他项目费＋规费－工程设备费		9	60240.00
合计					85983.00

编制人（造价人员）：　　　　复核人（造价工程师）：

第 5 章　装饰装修工程合同价款调整与结算

5.1　装饰装修工程合同价款约定

5.1.1　合同价款约定相关规定

合同价款约定是建设工程施工合同的主要内容，发承包双方应该在规定时间内以书面形式约定。实行招标的工程合同价款，应由发承包双方依据中标通知书的中标价款在合同协议书中约定，合同约定不得违背招标文件中关于工期、造价、资质等方面的实质性内容。不实行招标的工程合同价款，应在发承包双方认可的工程价款基础上在合同协议书中约定。

5.1.2　合同价款约定相关内容

为保障发承包双方的权益，确保建设工程施工合同的顺利履行，在签订合同前，双方应就合同价款中的关键内容进行协商和约定：

（1）工程价款的计算方法是单价合同、总价合同还是成本加酬金合同。

（2）工程价款的支付方式、数额、时间、比例、条件等。

（3）预付工程款的数额、支付时间及抵扣方式。

（4）工程价款的调整因素、方法、程序、支付及时间。

（5）计价风险承担的内容、范围及超出约定的调整办法。

（6）施工索赔与现场签证的程序、金额确认与支付时间。

（7）质量保证金的数额、预留方式、返还条件和时间等。

（8）工程竣工价款结算编制、提交、核对、支付及时间。

（9）违约责任以及发生合同价款争议的解决方法及时间。

（10）与合同履行、支付价款有关的其他事项等。

5.2 装饰装修工程合同价款调整

针对项目执行过程中可能出现的主客观因素变化引起的合同价款变动，为了合理分担双方的合同价款变动风险，有效控制工程造价，发承包双方应在建设工程合同中明确规定合同价款的调整事项、调整方法及调整流程。

5.2.1 合同价款调整相关规定

发承包双方按照合同约定调整合同价款的若干事项，可以分为五类：一是法规变化类，主要包括法律法规变化事件；二是工程变更类，主要包括工程变更、项目特征不符、工程量清单缺项、工程量偏差、计日工等事件；三是物价变化类，主要包括物价波动、暂估价事件；四是工程索赔类，主要包括不可抗力、提前竣工（赶工补偿）、误期赔偿、索赔等事件；五是其他类，主要包括现场签证以及发承包双方约定的其他调整事项。现场签证根据签证内容，有的可归于工程变更类，有的可归于索赔类，有的可能不涉及合同价款调整。

发承包双方应当就以下若干合同价款调整事项（包括但不限于），依据合同约定调整合同价款：

（1）法规变化；

（2）工程变更；

（3）项目特征不符；

（4）工程量清单缺项；

（5）工程量偏差；

（6）计日工；

（7）物价变化；

（8）暂估价；

（9）不可抗力；

（10）提前竣工（赶工补偿）；

（11）误期赔偿；

（12）索赔；

（13）现场签证；

（14）暂列金额；

（15）双方约定的其他事项。

经发承包双方确认调整的合同价款，作为追加（减）合同价款，应与工程进度款或结算款同期支付。

5.2.2 法规变化

1. 法规变化的价款调整

在发承包双方履行合同的过程中，在合同工程基准日之后发生变化，且因国家法律、法规、规章及政策发生变化，国家或省级、行业建设主管部门或其授权的工程造价管理机构据此发布工程造价调整文件，工程价款应当根据造价调整文件的具体要求进行调整。

2. 基准日的确定

为了合理划分发承包双方的合同风险，施工合同中应当约定一个基准日，对于基准日之后发生的应当由发包人承担。对于实行招标的建设工程，一般应以施工招标文件中规定的提交投标文件的截止时间前的第 28 天作为基准日；对于不实行招标的建设工程，一般以建设工程施工合同签订前的第 28 天作为基准日。

3. 法规变化的价款调整方法

在建设工程施工合同履行过程中，若国家发布的法律、法规、规章以及有关政策在合同工程基准日之后有所变动，且因执行相应法规政策致使工程造价发生变化的，合同双方当事人应依照法律、法规、规章和有关政策的规定，对合同价款进行调整。

5.2.3 工程变更

1. 工程变更的价款调整

建设工程施工合同实施过程中，由于承包范围、设计标准、施工条件，以及工作内容、工程数量、质量要求、施工顺序与时间、施工条件、施工工艺或其他特征及合同条件等的改变，应由发包人提出或由承包人提出，经发包人批准并发出工程变更指令，承包人应当迅速落实指令，并在规定时间内要求相应合同价的调整。

2. 工程变更事项的范围

不同项目的合同文本、招标文件等对变更事项的约定范围不完全一致，详见表5-1。但同一个项目中不同文件须对工程变更的范围做统一的定义和描述。

表5-1 不同合同文本中工程变更范围

施工合同示范文本	标准施工招标文件
1. 增加或减少合同中任何工作，或追加额外的工作。 2. 取消合同中任何工作，但转由他人实施的工作除外。 3. 改变合同中任何工作的质量标准或其他特性。 4. 改变工程的基线、标高、位置和尺寸。 5. 改变工程时间安排或实施顺序	1. 取消合同中任何一项工作，但被取消的工作不能转由发包人或其他人实施。 2. 改变合同中任何一项工作的质量或其他特性。 3. 改变合同工程基线、标高、位置或尺寸。 4. 改变合同中任何一项工作施工时间或改变已批准施工工艺或顺序。 5. 为完成工程需要追加额外工作

3. 工程变更的价款调整方法

（1）分部分项工程费的调整

1）已标价工程量清单中有适用于变更工程项目的，应采用该项目单价。直接采用适用的项目单价的前提是其采用的材料、施工工艺和方法相同，也不因此增加关键线路上的工程的施工时间。当工程变更致使该清单项目的工程数量变化超过15%时，建议发承包双方可以约定相应的对合同价格进行调整的条款，避免各自承担的风险过大而产生索赔和争议。

2）已标价工程量清单中没有适用但有类似于变更工程项目的，可在合理范围内参照类似项目单价。采用类似项目单价调整的前提条件是其采用的材料、施工工艺和方法基本相似，不增加关键线路上的工程的施工时间，则可仅就其变更后的差异部分，参考类似的项目单价由发承包双方协商新的项目单价。

3）已标价工程量清单中没有适用也没有类似于变更工程项目的，由承包人根据变更工程资料、计量规则和计价办法、工程造价管理机构发布的信息价格和承包人报价浮动率，提出变更工程项目单价，并报发包人确认后调整。承包人报价浮动率可按下列公式计算：

招标工程：

承包人报价浮动率 L =（1－中标价 / 最高投标限价）×100%

非招标工程：

承包人报价浮动率 L =（1－报价 / 施工图预算）×100%

4）已标价工程量清单中没有适用也没有类似于变更工程项目，且工程造价管理机构发布的信息价格缺失的，应由承包人根据变更工程资料、计量规则、计价办法和通过市场调查等有合法依据的市场价格提出变更工程项目单价，报发包人确认后调整。

（2）措施项目费的调整

1）安全文明施工费，应按照实际发生变化的措施项目，依据国家或省级、行业建设主管部门的规定计算。

2）采用单价计算的措施项目费，应按照实际发生变化的措施项目，按上述分项工程费的方法调整单价。

3）按总价（或系数）计算的措施项目费，按照实际发生变化的措施项目调整，但应同时考虑承包人报价浮动因素。

4）如果承包人未事先将拟实施的方案提交给发包人确认，则应视为工程变更不引起措施项目费的调整或承包人放弃调整措施项目费的权利。

（3）删减工程或工作的补偿

为了维护合同的公平性，防止发包人在签约后擅自取消合同中的工作，致使承包人蒙受原有利益损失。当发包人提出的工程变更因非承包人原因删减合同中的某项原定工作或工程，致使承包人发生费用和（或）得到的收益不能被包括在其他已支付或应支付的项目中，也未被包含在任何替代的工作或工程中时，承包人有权提出并应得到合理的费用及利润补偿。

5.2.4　项目特征不符

1. 项目特征不符的价款调整

项目特征描述是确定综合单价的重要依据。工程量清单项目的特征描述应确定工程实体的实质内容，准确且全面反映实际施工要求，并作为承包人投标报价以及履行合同义务的基础。因此，如果工程量清单项目特征描述不清甚至漏项、错误，从而引起原投标报价与实际施工要求的偏差，工程价款应当进行调整。

2. 项目特征不符的价款调整方法

承包人应按照发包人提供的设计图纸实施合同工程，若在合同履行期间出现设计图纸（含设计变更）与招标工程量清单任一项目的特征描述不符，且该变化引起该项目工程造价增减变化的，发承包双方应当按照实际施工的项目特征，重新确定相应工程量清单项目的综合单价，调整合同价款。

5.2.5　工程量清单缺项

1. 工程量清单缺项的价款调整

招标工程量清单作为招标文件的重要组成部分，其准确性和完整性应由招标人负责。因招标工程量清单的缺项、漏项以及计算错误导致的工程价款的增加，不属于承包人应该承担的风险，应给予承包人调整合同价款。

2. 工程量清单缺项的价款调整方法

（1）分部分项工程费的调整

施工合同履行期间，由于招标工程量清单中分部分项工程出现缺项、漏项，造成新增工程清单项目的，应按照“工程变更”的价款调整方法调整。

（2）措施项目费的调整

新增分部分项工程项目清单项目后，引起措施项目发生变化的，应当按照“工程变更”事项中关于措施项目费的调整方法，在承包人提交的实施方案被发包人批准后，调整合同价款；由于招标工程量清单中措施项目缺项的，承包人应将新增措施项目实施方案提交发包人批准后，按照“工程变更”的有关规定调整合同价款。

5.2.6 工程量偏差

1. 工程量偏差的价款调整

工程量偏差是指按国家现行工程量计算规则计算得到的完成合同工程项目应予计量的工程量与相应的招标工程量清单项目列出的工程量之间出现量差，或者因工程变更等非承包人原因导致工程量偏差。当出现工程量偏差时，应调整合同价款。

2. 工程量偏差的价款调整方法

施工合同履行期间出现工程量偏差时，是否调整综合单价以及如何调整，应当按发承包双方在施工合同中的约定执行。如果合同中没有约定或约定不明的，可以按以下原则办理：

（1）分部分项工程费的调整

对于任一招标工程量清单项目，若工程量偏差和工程变更等原因导致工程量偏差超过 15%，调整的原则为：当工程量增加 15% 以上时，其增加部分的工程量的综合单价应予调低；当工程量减少 15% 以上时，其减少后剩余部分的工程量的综合单价应予调高。可按下列公式调整：

1）当 $Q_1 > 1.15Q_0$ 时：

$$S=1.15Q_0 \times P_0+(Q_1-1.15Q_0) \times P_1$$

2）当 $Q_1 < 0.85Q_0$ 时：

$$S=Q_1 \times P_1$$

式中，S——调整后的某一分部分项工程费结算价；

Q_0——招标工程量清单中列出的工程量；

Q_1——最终完成的工程量；

P_1——按照最终完成工程量重新调整的综合单价。

采用上述公式的关键是确定新的综合单价，即 P_1 确定的方法，一是发承包双方协商确定，二是与最高投标限价相联系，当工程量偏差项目出现承包人在工程量清单中填报的综合单价与发包人最高投标限价相应清单项目的综合单价偏差超过 15% 时，工程量偏差项目综合单价的调整可参考以下公式：

1）若 $P_0 < P_2 \times (1-L) \times (1-15\%)$，该类项目的综合单价：$P_1$ 按照 $P_2 \times (1-L) \times (1-15\%)$ 调整。

2）若 $P_0 > P_2 \times (1+15\%)$，该类项目的综合单价：$P_1$ 按照 $P_2 \times (1+15\%)$ 调整。

式中，P_0——承包人在工程量清单中填报的综合单价；

P_2——发包人在最高投标限价相应项目中的综合单价；

L——承包人报价浮动率。

（2）措施项目费的调整

当应予计算的实际工程量与招标工程量清单出现偏差（包括因工程变更等原因导致的工程量偏差）超过 15%，且该变化引起措施项目相应发生变化，措施项目费按系数或单一总价方式计价的，工程量增加的措施项目费调增，工程量减少的措施项目费调减。反之，如未引起相关措施项目发生变化，则不予调整。

5.2.7　计日工

计日工是指合同履行过程中，承包人完成发包人提出的零星工作或需要采用计日工计价的变更工作时，按合同中约定的单价计价的一种方式。

1. 计日工费用的确认

需要采用计日工方式的，经发包人同意后，承包人以计日工计价方式实施相应的工作，其价款按列入价格清单或预算书中的计日工计价项目及其单价进行计算；价格清单或预算书中无相应的计日工单价的，按照合理的成本与利润构成的原则，由发承包双方协商确定计日工的单价。采用计日工计价的任何一项工作，承包人应在该项工作实施过程中，每天将以下报表和有关凭证报发包人工程师审查：

（1）工作名称、内容和数量；

（2）投入该工作的所有人员的姓名、专业、工种、级别和耗用工时；

（3）投入该工作的材料类别和数量；

（4）投入该工作的施工设备型号、台数和耗用台时；

（5）发包人要求提交的其他有关资料和凭证。

2. 计日工费用的支付

任一计日工项目持续进行时，承包人应在该项工作实施结束后 24h 内向发包人提交有计日工记录汇总的现场签证报告，发包人在收到承包人提交现场签证报告后 2d 内予以确认，作为计日工计价和支付的依据。发包人逾期未确认也未提出修改意见的，应视为承包人提交的现场签证报告已被发包人认可。

每个支付期末，承包人应与进度款同期向发包人提交本期间所有计日工记录的签证汇总表，以说明本期间自己认为有权得到的计日工金额，调整合同价款，列入进度款支付。

5.2.8 物价变化

1. 物价变化的价款调整

施工合同履行期间，因人工、材料、工程设备和施工机具台班等价格波动影响合同价款时，发承包双方可以根据合同约定的调整方法，对合同价款进行调整。

2. 物价变化的价款调整方法

承包人采购材料和工程设备的，应在合同中约定主要材料、工程设备价格变化的范围或幅度，如没有约定，则材料、工程设备单价变化超过 5%，超过部分的合同价款按“价格指数”或“造价信息”调整价格差额。

（1）采用价格指数调整价格差额

价格指数调价法，主要适用于施工中所用的材料品种较少，但每种材料使用量较大的工程。

1）价格调整公式。因人工、材料、工程设备和施工机具台班等价格波动影响合同价款时，根据投标函附录中的价格指数和权重表约定的数据，按以下价格调整公式计算差额并调整合同价款：

$$\Delta P=P_0\left[A+\left(B_1\times\frac{F_{t1}}{F_{01}}+B_2\times\frac{F_{t2}}{F_{01}}+B_3\times\frac{F_{t3}}{F_{01}}+\cdots+B_n\times\frac{F_{tn}}{F_{0n}}\right)-1\right]$$

式中，　　ΔP——需调整的价格差额。

P_0——根据进度付款、竣工付款和最终结清等付款证书中，承包人应得到的已完工程量的金额。此项金额应不包括价格调整、不计质量保证金的扣留和支付、预付款的支付和扣回。变更及其他金额已按现行价格计价的，也不计在内。

A——定值权重（即不调部分的权重）。

B_1，B_2，B_3，…，B_n——各可调因子的变值权重（即可调部分的权重）。

F_{t1}，F_{t2}，F_{t3}，…，F_{tn}——各可调因子的现行价格指数，指根据进度付款、竣工付款和最终结清等约定的付款证书相关周期最后一天的前42d的各可调因子的价格指数。

F_{01}，F_{02}，F_{03}，…，F_{0n}——各可调因子的基本价格指数，指基准日的各可调因子的价格指数。

以上价格调整公式中的各可调因子、定值和变值权重，以及基本价格指数及其来源在投标函附录价格指数和权重表中约定。价格指数应首先采用工程造价管理机构提供的价格指数，缺乏上述价格指数时，可采用工程造价管理机构提供的价格代替。

在计算调整差额时得不到现行价格指数的，可暂用上一次价格指数计算，并在以后的付款中再按实际价格指数进行调整。

2）权重的调整。按变更范围和内容约定的变更，导致原定合同中的权重不合理时，由承包人和发包人协商后进行调整。

3）工期延误后的价格调整。在使用价格调整公式时，由于发包人原因导致工期延误的，对于计划进度日期后续施工的工程，应采用计划进度日期与实际进度日期的两个价格指数中较高者作为现行价格指数。由于承包人原因导致工期延误的，则对于计划进度日期后续施工的工程，应采用计划进度日期与实际进度日期的两个价格指数中较低者作为现行价格指数。

（2）采用造价信息调整价格差额

造价信息调价法，主要适用于使用的材料品种较多，每种材料使用量较小的房屋建筑与装饰工程。

1）人工单价的调整。人工单价发生变化时，发承包双方应按省级或行业建设主管部门或其授权的工程造价管理机构发布的人工成本文件调整合同价款。

2）材料和工程设备价格的调整。材料、工程设备价格发生变化的价款调整，按照承包人提供主要材料和工程设备一览表，根据发承包双方约定的风险范围，按以下规定进行调整：

工程施工期间实际材料单价相对于投标基准日的单价或招标文件及合同约定的基准单价的涨跌幅度超过合同约定的风险幅度值的，超出部分按实调整。

承包人应当在采购材料前将采购数量和新的材料单价报发包人核对，确认用于本合同工程时，发包人应当确认采购材料的数量和单价。发包人在收到承包人报送的确认资料后3个工作日不予答复的，视为已经认可，作为调整合同价款的依据。如果承包人未报经发包人核对即自行采购材料，再报发包人确认调整合同价款的，如发包人不同意，则不作调整。

详见以下公式：

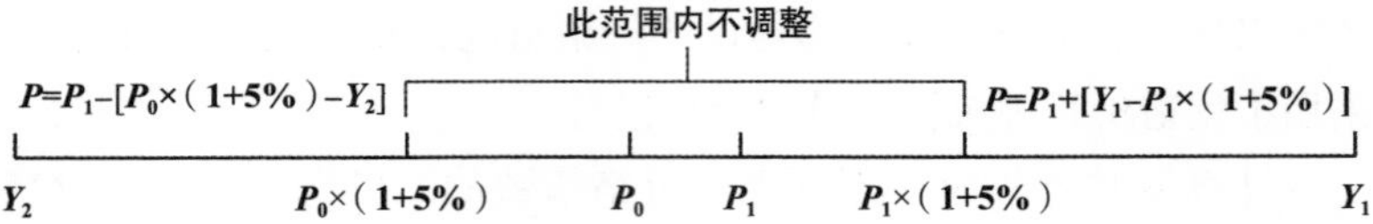

此范围内不调整

$P=P_1-[P_0\times(1+5\%)-Y_2]$　　$P=P_1+[Y_1-P_1\times(1+5\%)]$

Y_2　　$P_0\times(1+5\%)$　　P_0　　P_1　　$P_1\times(1+5\%)$　　Y_1

若 $Y_1>P_1\times(1+5\%)$，则 $P=P_1+[Y_1-P_1\times(1+5\%)]$；

若 $Y_2<P_0\times(1-5\%)$，则 $P=P_1-[P_0\times(1-5\%)-Y_2]$；

式中，P——调整后的综合单价；

P_0——基准价；

P_1——投标报价；

Y_1——某材料单价上涨后的信息价；

Y_2——某材料单价降低后的信息价。

【例5-1】某施工合同中约定，承包人承担的Q235 25#槽钢所用钢

材价格风险幅度为 ±5%，超出部分依据《建设工程工程量清单计价规范》GB 50500—2013 造价信息法调差。已知投标人投标价格、基准期发布价格分别为 5600 元 /t、5500 元 /t，2021 年 10 月、2022 年 5 月的造价信息发布价分别为 5950 元 /t、5297 元 /t。则该两个月钢筋的实际结算价格应分别为多少？

【解】

根据造价信息法调差，投标价（5600 元 /t）大于 5500 元 /t，则实际当期价格上浮的起调点为 5600×（1+5%）=5880（元 /t），当期价格下浮的起调点为 5500×（1-5%）=5225（元 /t）。

（1）2021 年 10 月价格 5950 元 /t，价格上涨，且高出上浮起调点 5880（元 /t）。

因此槽钢每吨应上浮价格 =5950-5880=70（元 /t）

2021 年 10 月实际结算价格 =5600+70=5670（元 /t）。

（2）2022 年 5 月价格 5297 元 /t，价格降低，且未低出下浮起调点 5225 元 /t，因此不调整。

5.2.9 暂估价

1. 暂估价的概念

暂估价是指招标人在工程量清单中提供的用于支付必然发生，但暂时不能确定价格的材料、工程设备的单价以及专业工程的金额。

2. 暂估价的价款调整方法

材料、工程设备暂估价：

（1）不属于依法必须招标的项目，应由承包人按照合同约定采购，经发包人确认后，以此为依据替换暂估价，调整合同价款。

（2）属于依法必须招标的项目，应由发承包双方以招标的方式选择供应商。依法确定中标价格后，以此为依据替换暂估价，调整合同价款。

3. 专业工程暂估价

（1）不属于依法必须招标的项目，应按照前述“工程变更”的合同价款调整方法，确定专业工程价款，并以此为依据替换专业工程暂估价，调整合同价款。

（2）属于依法必须招标的项目，应由发承包双方依法组织招标选择专业分包人，并以中标价为依据替换专业工程暂估价，调整合同价款。

5.2.10 不可抗力

1. 不可抗力的范围

不可抗力是指在施工合同履行中出现的不能预见、不能避免且不能克服的客观情况。不可抗力的范围一般包括自然灾害（如地震、洪水、台风等）、社会异常事件（如战争、罢工、骚乱等）、政府行为（如征收、征用等）。发承包双方应当在施工合同中明确约定不可抗力的范围以及具体的判断标准。

2. 不可抗力造成损失的承担

（1）费用损失的承担原则

因不可抗力事件导致的人员伤亡、财产损失及其费用增加，发承包双方应按施工合同的约定进行分担并调整合同价款和工期。施工合同没有约定或者约定不明的，应当根据《建设工程工程量清单计价规范》GB 50500—2013 规定的下列原则进行分担：

1）合同工程本身的损害、因工程损害导致第三方人员伤亡和财产损失以及运至施工场地用于施工的材料和待安装的设备的损害，由发包人承担。

2）发包人、承包人人员伤亡由其所在单位负责，并承担相应费用。

3）承包人的施工机械设备损坏及停工损失，由承包人承担。

4）停工期间，承包人应发包人要求留在施工场地的必要的管理人员及保卫人员的费用由发包人承担。

5）工程所需清理、修复费用，由发包人承担。

（2）工期的处理

因发生不可抗力事件导致工期延误的，工期相应顺延。发包人要求赶工的，承包人应采取赶工措施，赶工费用由发包人承担。

5.2.11 提前竣工（赶工补偿）

1. 提前竣工（赶工补偿）的概念

提前竣工（赶工补偿）是指在施工合同履行中，由于非承包人原因需要提前完成工程，而对承包人进行的一种补偿措施。通常情况下，提前竣工需要承包人增加人力、物力和财力等资源的投入，以加快工程进度，为此，发包人应给予一定的赶工补偿。

2. 提前竣工（赶工补偿）的价款调整方法

（1）提前竣工奖励

发承包双方可以在合同中约定提前竣工的奖励条款，明确每日历天应奖励额度。约定提前竣工奖励的，如果承包人的实际竣工日期早于计划竣工日期，承包人有权向发包人提出并得到提前竣工天数和合同约定的每日历天应奖励额度的乘积计算的提前竣工奖励。一般来说，双方还应在合同中约定提前竣工奖励的最高限额（如合同价款的5%）。提前竣工奖励列入竣工结算文件中，与结算款一并支付。

（2）赶工补偿费用

发包人要求合同工程提前竣工，应征得承包人同意后与承包人商定采取加快工程进度的措施，并修订合同工程进度计划。发包人应当依据相关工程的工期定额合理计算工期，压缩的工期天数不得超过定额工期的20%。超过的，应在招标文件中明示增加赶工费用。发承包双方应在合同中约定每日历天的赶工补偿额度，此项费用作为增加的合同价款列入竣工结算文件中，与结算款一并支付。

5.2.12 误期赔偿

1. 误期赔偿的概念

承包人未按照合同约定施工，导致实际进度迟于计划进度，合同工程发生误期，承包人应当按照合同约定向发包人支付误期赔偿费，一般来说，双方还应当在合同中约定误期赔偿费的最高限额（如合同价款的5%）。即使承包人支付误期赔偿费，也不能免除承包人按照合同约定应承担的任何责任和应履行的任何义务。

2. 误期赔偿的扣除

发承包双方应在合同中约定误期赔偿费，明确每日历天应赔偿额度。如果承包人的实际进度迟于计划进度，发包人有权向承包人索取并得到实际延误天数和合同约定的每日历天应赔偿额度的乘积计算的误期赔偿费。误期赔偿费列入竣工结算文件中，并应在结算款中扣除。

5.2.13 索赔

1. 索赔的概念

工程索赔是指在工程合同履行过程中，当事人一方因非己方的原因而遭受经济损失或工期延误，按照合同约定或法律规定，应由对方承担责任，而向对方提出工期和（或）费用补偿要求的行为。

《中华人民共和国标准施工招标文件》(以下简称《标准施工招标文件》) 中承包人的索赔事件及可补偿内容详见表 5-2。

表 5-2 《标准施工招标文件》中承包人的索赔事件及可补偿内容

序号	条款号	索赔事件	可补偿内容		
			工期	费用	利润
1	1.6.1	迟延提供图纸	√	√	√
2	1.10.1	施工中发现文物、古迹	√	√	
3	2.3	迟延提供施工场地	√	√	√
4	4.11	施工中遇到不利物质条件	√	√	
5	5.2.4	提前向承包人提供材料、工程设备		√	
6	5.2.6	发包人提供材料、工程设备不合格或迟延提供或变更交货地点	√	√	√
7	8.3	承包人依据发包人提供的错误资料导致测量放线错误	√	√	√
8	9.2.6	因发包人原因造成承包人人员工伤事故		√	
9	11.3	因发包人原因造成工期延误	√	√	√
10	11.4	异常恶劣的气候条件导致工期延误	√		
11	11.6	承包人提前竣工		√	
12	12.2	发包人暂停施工造成工期延误	√	√	√
13	12.4.2	工程暂停后因发包人原因无法按时复工	√	√	√
14	13.1.3	因发包人原因导致承包人工程返工	√	√	√

续表

序号	条款号	索赔事件	可补偿内容		
			工期	费用	利润
15	13.5.3	监理人对已经覆盖的隐蔽工程要求重新检查且检查结果合格	√	√	√
16	13.6.2	因发包人提供的材料、工程设备造成工程不合格	√	√	√
17	14.1.3	承包人应监理人要求对材料、工程设备和工程重新检验且检验结果合格	√	√	√
18	16.2	基准日后法律的变化		√	
19	18.4.2	发包人在工程竣工前提前占用工程	√	√	√
20	18.6.2	因发包人原因导致工程试运行失败		√	√
21	19.2.3	工程移交后因发包人原因出现新的缺陷或损坏的修复		√	√
22	19.4	工程移交后因发包人原因出现的缺陷修复后的试验和试运行		√	
23	21.3.1（4）	因不可抗力停工期间应监理人要求照管、清理、修复工程		√	
24		因不可抗力造成工期延误	√		
25	22.2.2	因发包人违约导致承包人暂停施工	√	√	√

2. 索赔成立的条件

承包人工程索赔成立的基本条件包括：

（1）索赔事件已造成承包人直接经济损失或工期延误。

（2）造成费用增加或工期延误的索赔事件是因非承包人的原因发生的。

（3）承包人已经按照工程施工合同规定的期限和程序提交了索赔意向通知、索赔报告及相关证明材料。

3. 费用索赔

费用索赔是指在工程施工过程中，因非承包人自身原因导致成本与费用增加，承包人向发包人提出经济补偿的要求。费用索赔归纳大致如下：

（1）人工费

人工费的索赔包括：由于完成合同之外的额外工作所花费的人工费用；超过法定工作时间加班劳动；法定人工费增长；因非承包人原因导致工效降低所增加的人工费用；因非承包人原因导致工程停工的人员窝工费和工资上涨费等。在计算停工损失中的人工费时，通常采取人工单价乘以折算系数计算。

（2）材料费

材料费的索赔包括：由于索赔事件的发生造成材料实际用量超过计划用量而增加的材料费；由于发包人原因导致工程延期期间的材料价格上涨和超期存储费用。材料费中应包括运输费、保管费以及合理的损耗费用。

（3）施工机具使用费

施工机具使用费的索赔包括：由于完成合同之外的额外工作所增加的机械使用费；非因承包人原因导致工效降低所增加的机具使用费；由于发包人或工程师指令错误或迟延导致机械停工的台班停滞费。如果机械设备是承包人自有设备，一般按台班折旧费、人工费与其他费之和计算；如果是承包人租赁的设备，一般按台班租金加上每台班分摊的施工机械进出场费计算。

（4）现场管理费

现场管理费的索赔主要是指承包人完成合同之外的额外工作以及由于发包人原因导致工期延期期间的现场管理费，包括管理人员工资、办公费、通信费、交通费等。现场管理费索赔金额的计算公式为：

现场管理费索赔金额＝索赔的直接成本费用 × 现场管理费费率

（5）总部（企业）管理费

总部（企业）管理费的索赔主要是指由于发包人原因导致工程延期期间所增加的承包人向公司总部提交的管理费，包括总部职工工资、办公场地折旧或租金、办公用品、财务管理、通信设施以及总部领导人员赴工地检查指导工作等的开支。总部管理费索赔金额的计算通常有以下几种方法：

1）按总部管理费的比率计算：

$$\text{总部管理费索赔金额}=(\text{直接费索赔金额}+\text{现场管理费索赔金额})\times\text{总部管理费比率}(\%)$$

2）按已获补偿的工程延期天数为基础计算：

① 计算被延期工程应当分摊的总部管理费：

$$\text{延期工程应分摊的总部管理费}=\text{同期公司计划总部管理费}\times\frac{\text{延期工程合同价格}}{\text{同期公司所有工程合同总价}}$$

② 计算被延期工程的日平均总部管理费：

$$\text{延期工程的日平均总部管理费}=\frac{\text{延期工程应分摊的总部管理费}}{\text{延期工程计划工期}}$$

③ 计算索赔的总部管理费：

$$\text{索赔的总部管理费}=\text{延期工程的日平均总部管理费}\times\text{工程延期的天数}$$

（6）保险费

承包人就因发包人原因导致工程延长而增加的，办理工程保险、施工人员意外伤害保险等各项保险的延期手续费用，承包人可以提出索赔。

（7）保函手续费

承包人就因发包人原因导致工程延长而增加的，办理相关履约保函的延期手续费用，承包人可以提出索赔。

（8）利息

利息的索赔包括：发包人拖延支付工程款利息；发包人迟延退还工程质量保证金的利息；发包人错误扣款的利息等。双方应在合同中明确约定利率标准，如没有约定或约定不明的，可以按照同期同类贷款利率或同期贷款市场报价利率计算。

（9）利润

如建设工程施工合同中明确规定可以给予利润补偿的索赔条款，承包人提出费用索赔时都可以主张利润补偿。索赔利润的计算通常是与原报价单中的利润百分率保持一致。

（10）分包费用

由于发包人的原因导致分包工程费用增加时，分包人应向总承包人提出索赔，索赔款项应当计入总承包人对发包人的索赔款项中。

4. 工期索赔

工期索赔是指在工程施工过程中，由于非承包人自身原因导致工期延误，承包人向发包人提出延长工期的要求。

（1）工期索赔成立的条件

非承包人原因或非承包人应该承担的责任造成的工期延误，且被延误的工作应是处于施工进度计划关键线路上的施工内容，承包人应按合同规定的时限与流程向发包人提交工期延期申请及相关证明材料。

（2）工期索赔的具体依据

在进行工期索赔时，承包人需要充分准备和提供真实、合法及关联性的依据：

1）合同约定或双方确认的施工总进度规划；

2）合同双方确认的详细施工进度计划；

3）合同双方确认的进度计划的调整文件；

4）施工日志、气象资料；

5）发包人、监理人的变更指令与会议纪要；

6）影响工期的干扰事件的文件或影像资料；

7）受干扰后的实际工程进度报告等。

（3）工期索赔的计算方法

1）直接法。如果某干扰事件直接发生在关键线路上，造成总工期延误，可以直接将该干扰事件的实际干扰延误时间作为工期索赔值。

2）网络图法。利用进度计划的网络图分析关键线路，如果延误的工作为关键工作，则延误的时间为索赔的工期；如果延误的工作为非关键工作，当该工作由于延误超过时差限制而成为关键工作时，可以索赔延误时间与时差的差值；若该工作延误后仍为非关键工作，则不存在工期索赔。

（4）共同延误的处理

在实际施工过程中，工期延误因多种原因同时发生或相互作用而发生的，称为共同延误。共同延误情况下，应具体分析触发工期延误的责任与索赔成立的条件，判断原则如下：

1）首先判断造成工期延误的最先发生原因，即确定触发工期延误的“初始延误”责任，“初始延误”责任人应对工程延期负责。在初始延误发生作用期间，其他并发的延误责任方不承担延期责任。

2）如果初始延误是发包人原因，则在发包人原因造成的延误期内，承包人既可得到工期补偿，又可得到经济补偿。

3）如果初始延误是承包人原因，则在承包人原因造成的延误期内，承包人既不能得到工期补偿，也不能得到经济补偿。

4）如果初始延误是客观原因，则在客观因素发生影响的延误期内，承包人可以得到工期补偿，但很难得到经济补偿。

5.2.14　现场签证

现场签证是指发包人或其授权现场代表（包括工程监理人员、工程造价咨询人员）与承包人或其授权现场代表就施工过程中涉及的责任事件共同签署的证明文件。

1. 现场签证的类型

（1）发包人向承包人发出书面指令文件，要求完成合同以外的零星项目、非承包人责任事件等工作，承包人在收到指令后，应及时向发包人提出现场签证要求。

（2）发包人口头指令要求完成合同以外的零星项目、非承包人责任事件等工作，承包人应及时向发包人申请补充书面指令文件，并在收到书面指令文件后及时完成签证确认。

（3）承包人在施工过程中，若发现合同工程内容因场地条件、地质水文、发包人要求等不一致时，应提供所需的相关资料，提交发包人签证认可，作为合同价款调整的依据。

2. 现场签证的价款计算

（1）现场签证的工作如果已有相应的计日工单价，现场签证报告中仅需列明完成该签证工作所需的人工、材料、工程设备和施工机具台班的数量。

（2）如果现场签证的工作没有相应的计日工单价，应当在现场签证报告中列明完成该签证工作所需的人工、材料、工程设备和施工机具台班的数量及其单价。

承包人应按照现场签证内容计算价款，报送发包人确认后，作为增加的合同价款，与进度款同期支付。

经承包人提出，发包人核实并确认后的现场签证表如表 5-3 所示。

表 5-3　现场签证表

工程名称：　　　　　　　　标段：　　　　　　　　编号：

<table>
<tr><td>施工部位</td><td></td><td>日期</td><td></td></tr>
<tr><td colspan="4">致：________（发包人全称）
根据______（指令人姓名）____年____月____日的口头指令或你方______（或监理人）____年____月____日的书面通知，我方要求完成此项工作应支付价款金额为（大写）______，（小写）______，请予核准。
附：1. 签证事由及原因：
2. 附图及计算式：

承包人（章）
承包人代表：__________
日　　期：__________</td></tr>
<tr><td colspan="2">复核意见：
你方提出此项签证申请经复核：
□不同意，具体意见见附件
□同意，签证金额的计算，由造价工程师复核

监理工程师：__________
日期：__________</td><td colspan="2">复核意见：
□按承包人中标计日工单价计算，金额为（大写）______元（小写______元）
□因无计日工单价，金额为（大写）______元（小写______元）

造价工程师：__________
日期：__________</td></tr>
<tr><td colspan="4">审核意见：
□不同意此项签证
□同意此项签证，价款与本期进度款同期支付

发包人（章）
发包人代表：__________
日　　期：__________</td></tr>
</table>

注：1. 在选择栏中的“□”内做标识“√”；

2. 本表一式四份，由承包人在收到发包人（监理人）口头或书面通知后填写，发包人、监理人、造价咨询人、承包人各存一份。

3. 现场签证的限制

合同工程发生现场签证事项，未经发包人签证确认，承包人便擅自实施相关工作的，除非征得发包人书面同意，否则发生的费用由承包人承担。

5.2.15 暂列金额

1. 暂列金额的概念

暂列金额是指招标人在工程量清单中暂定并包括在合同价款中的一笔暂列款项。用于工程合同签订时尚未确定或者不可预见的所需材料、工程设备、服务的采购，施工中可能发生的工程变更、合同约定调整因素出现时的合同价款调整以及发生的索赔、现场签证确认等的费用。暂列金额是可能发生也可能不发生的金额。暂列金额由发包人掌握使用，可以全部使用、部分使用或完全不用。

2. 暂列金额的计入

暂列金额虽然列入合同价款，但并不属于承包人所有，也并不必然发生。只有按照合同约定实际发生后，才能成为承包人的应得金额，计入工程合同结算价款中。发包人按照前述相关规定与要求进行支付后，暂列金额余额仍归发包人所有。每笔暂列金额，发包人可以指示用于下列支付：

（1）发包人指示变更，决定对合同价格和付款计划表进行调整的，由承包人实施的工作（包括要提供的工程设备、材料和服务）；

（2）承包人购买的工程设备、材料、工作或服务，应支付包括承包人已付（或应付）的实际金额以及相应的管理费等费用和利润（管理费和利润应以实际金额为基数，根据合同约定的费率或百分比计算）。

5.3 装饰装修工程验工计量

对承包人已经完成的合格工程进行验收并予以计量确认，是发包人向承包人支付合同价款的前提和依据。因此，工程验工计量不仅是发包人控制施工阶段工程造价的关键环节，也是约束承包人履行合同义务的重要手段。

5.3.1 工程验工计量的概念

工程验工计量是指发承包双方基于合同约定，对承包人完成合同工程的数量进行的计算和确认。即双方根据施工图纸、技术规范以及施工合同约定的计量方式和计算规则，对承包人已经完成的质量合格的工程实体数量进行测量与计算，并以物理计量单位或自然计量单位进行标识、确认的过程。

工程施工过程中，通常会存在由于客观原因导致承包人实际完成工程量与合同清单所列工程量不一致的情况。因此，在工程合同价款结算前，必须对承包人履行合同义务所完成的实际工程进行准确验工计量。

5.3.2 工程验工计量的原则

（1）按合同文件规定的方法、范围、内容和单位计量。

（2）质量不合格或不符合合同文件要求的工程不予计量。

（3）因承包人原因造成超出合同工程范围施工或返工的工程量不予计量。

5.3.3 工程验工计量的方法

不论采用何种计价方式，工程量必须按照相关国家现行工程量计算规范规定的工程量计算规则计算。工程计量建议选择按月或按工程形象进度分段计量，具体计量周期在合同中约定。工程计量方法通常区分单价合同和总价合同，成本加酬金合同参照单价合同的计量规定执行。

1. 单价合同计量

（1）单价合同工程的工程量应以承包人按照国家现行计量规范规定的工程量计算规则计算的实际完成应予计量的工程量确定，而非招标工程量清单所列的工程量。

（2）施工中进行工程计量，当发现招标工程量清单中出现缺项、工程量偏差，或因工程变更引起工程量增减时，应按承包人在履行合同义务中完成的工程量计算。

（3）承包人应当按照合同约定的计量周期和时间向发包人提交当期已完工程量报告。发包人应在收到报告后 7d 内核实，并将核实计量结果通知承包人。发包人未在约定时间内进行核实的，视为发包人认可承包人提交的计量报告中所列的工程量。

（4）发包人认为需要进行现场计量核实时，应在计量前 24h 通知承包人，承包人应为计量提供便利条件并派人参加。当双方均同意核实结果时，双方应在上述记录上签字确认。承包人收到通知后不派人参加计量，视为承包人认可发包人的现场计量核实结果。发包人不按约定时间通知承包人，致使承包人未能派人参加计量，计量核实结果无效。

（5）当承包人认为发包人核实后的计量结果有误时，应在收到计量结果通知后的 7d 内向发包人提出书面意见，并应附上其认为正确的计量结果和详细的计算资料。发包人收到书面意见后，应在 7d 内对承包人的计量结果进行复核后通知承包人。承包人对复核计量结果仍有异议的，按照合同约定的争议解决办法处理。

（6）承包人完成已标价工程量清单中每个项目的工程量并经发包人核实无误后，发承包双方应对每个项目的历次计量报表进行汇总，以核实最终结算工程量，并应在汇总表上签字确认。

2. 总价合同计量

（1）采用工程量清单方式招标形成的总价合同，由于清单工程量是招标人提供的，招标人必须对其准确性和完整性负责，因而对于采用工程量清单方式形成的总价合同，若招标工程量清单中工程量与合同实施过程中的工程量存在差异时，都应按上述“单价合同计量”中的相关规定进行调整。

（2）采用经审定批准的施工图纸及其预算方式发包形成的总价合同，由于承包人自行对施工图纸进行计量，因此除按照工程变更规定引起的工程量增减外，总价合同各项目的工程量是承包人用于结算的最终工程量。

（3）总价合同约定的项目计量，应以经审定批准的合同工程施工图纸为依据，发承包双方需在合同中约定以工程计量的形象目标或时间节点进行计量。

（4）承包人应在合同约定的每个计量周期内对已完成的工程进行计量，并向发包人提交达到工程形象目标完成的工程量和有关计量资料的报告。

（5）发包人应在收到报告后 7d 内对承包人提交的上述资料进行复核，以确定实际完成的工程量和工程形象目标。对其有异议的，应通知承包人进行共同复核。

5.4 装饰装修工程竣工结算

装饰装修工程竣工结算是指工程项目完工并经竣工验收合格后，发承包双方按照施工合同约定的合同价款与合同价款调整内容以及索赔事项，对所完成的装饰装修工程项目进行合同总价款的计算、调整和确认。

5.4.1 办理竣工结算的程序

（1）承包人应在合同约定时间内编制完成竣工结算书，并在提交竣工验收报告的同时递交给发包人。承包人未在合同约定时间内递交竣工结算书，经发包人催促后仍未提供或没有明确答复的，发包人可以根据已有资料办理结算。

对于承包人无正当理由在约定时间内未递交竣工结算书，造成工程结算价款延期支付的，其责任由承包人承担。

（2）发包人在收到承包人递交的竣工结算书后，应按合同约定时间核对。竣工结算的核对是工程造价计价中发承包双方应共同完成的重要工作。当工程竣工验收合格后，承包人将工程移交给发包人时，发承包双方应将工程价款结算清楚，即竣工结算办理完毕。

1）竣工结算的核对时间：按发承包双方合同约定的时间完成。合同中对核对竣工结算时间没有约定或约定不明的，可参照《建设工程价款结算暂行办法》规定时间执行（表 5-4）。

表 5-4 竣工结算核对的规定时间

序号	工程竣工结算书金额	核对时间
1	500 万元以下	从接到竣工结算书之日起 20d
2	500 万~2000 万元	从接到竣工结算书之日起 30d
3	2000 万~5000 万元	从接到竣工结算书之日起 45d
4	5000 万元以上	从接到竣工结算书之日起 60d

2）同一工程竣工结算核对完成，发承包双方签字确认后，禁止发包人又要求承包人与另一个或多个工程造价咨询人重复核对竣工结算。杜绝工程竣工结算中存在一审再审、以审代拖、久审不结的现象。

（3）发包人或受其委托的工程造价咨询人收到承包人递交的竣工结算书后，在合同约定时间内，不核对竣工结算或未提出核对意见的，视为承包人递交的竣工结算书已经认可，发包人应向承包人支付工程结算价款。

承包人在接到发包人提出的核对意见后，在合同约定时间内，不确认也未提出异议的，视为发包人提出的核对意见已经认可，竣工结算办理完毕。发包人按核对意见中的竣工结算金额向承包人支付结算价款。

承包人如未在规定时间内提供完整的工程竣工结算资料、经发包人催促后 14d 内仍未提供或没有明确答复，发包人有权根据已有资料进行审查，责任由承包人承担。

（4）发包人应对承包人递交的竣工结算书签收，拒不签收的，承包人可以不交付竣工工程。

承包人未在合同约定时间内递交竣工结算书的，发包人要求交付竣工工程，承包人应当交付。

（5）竣工结算书是反映工程造价计价规定执行情况的最终文件。工程竣工结算办理完毕，发包人应将竣工结算书报送工程所在地工程造价管理机构备案。竣工结算书是工程竣工验收备案、交付使用的必备文件。

5.4.2 工程竣工结算方式

工程竣工结算方式通常包括以下四种方式：

1. 施工图预算加签证结算方式

施工图预算加签证结算方式是把经过审定的施工图预算作为工程竣工结算的依据。凡原施工图预算或工程量清单中未包括的“新增工程”，在施工过程中历次发生的由于设计变更、进度变更、施工条件变更增减的费用等，经设计单位、建设单位和监理单位签证后，与原施工图预算一起构成竣工结算文件，交付建设单位经审计后办理竣工结算。这种结算方式难以预先估计工程总的费用变化幅度，常常会造成追加工程投资的现象。

2. 预算包干结算方式

预算包干结算（也称为施工图预算加系数包干结算）是在编制施工图预算的同时，另外计取预算外包干费。

预算外包干费 = 施工图预算造价 × 包干系数

结算工程价款 = 施工图预算造价 ×（1+ 包干系数）

其中，包干系数是由施工企业和建设单位双方商定，经有关部门审批确定。在签订合同条款时，预算外包干费要明确包干范围。这种结算方式可以减少签证方面的“扯皮”现象，预先估计总的工程造价。

3. 单位造价包干结算方式

单位造价包干结算方式是双方根据以往工程的概算指标等工程资料事先协商按单位造价指标包干，然后按各市政工程的基本单位指标汇总计算总造价，确定应付工程价款。此方式手续简便，但其适用范围有一定的局限性。

4. 招标、投标结算方式

招标的最高投标限价（或标底）、投标的报价均以施工图预算为基础核定，投标单位对报价进行合理浮动。中标后，招标人与投标人按照中标报价、承包方式、范围、工期、质量、付款及结算办法、奖惩规定等内容签订承包合同，合同确定的工程造价就是结算造价。工程造价结算时，奖惩费用、包干范围外增加的工程项目应另行计算。

5.4.3 工程竣工结算的编制

1. 竣工结算的编制依据

竣工结算的编制依据主要有以下内容：

（1）与工程结算有关的法律、法规和相关的司法解释。

（2）有关部门发布的工程造价计价标准、计价办法、有关规定等。

（3）施工发承包合同与补充协议、专业分包及采购合同等。

（4）招标投标文件，包括招标答疑文件、投标承诺、中标报价书等。

（5）竣工图、图审记录，以及设计变更、工程洽商和相关会议纪要。

（6）发承包双方已确认的过程结算资料。

（7）发承包双方未确认应调整款项的资料。

2. 竣工结算的内容

竣工结算采用工程量清单计价的应包括：

（1）工程项目所有分部分项工程量，以及实施工程项目采用的措施项目工程量；为完成所有工程量并按规定计算的人工费、材料费和设备费、机械费、间接费、利润和税金。

（2）分部分项和措施项目以外的其他项目所需计算的各项费用。

3. 竣工结算编制方法

（1）竣工结算的编制应区分施工发承包合同类型，采用相应的编制方法。具体见表5-5。

表5-5 竣工结算编制方法

序号	合同类型	编制方法
1	总价合同	在合同总价基础上，对合同约定能调整的内容及超过合同约定范围的风险因素（如设计变更、工程洽商及工程索赔）等进行调整
2	单价合同	计算或核定竣工图或施工图以内的各个分部分项工程量，依据合同约定风险范围内的综合单价，按合同约定进行实际完成工程量的计量，并对设计变更、工程洽商、施工措施以及工程索赔等内容进行调整
3	成本加酬金合同	依据合同约定的方法计算各个分部分项工程以及设计变更、工程洽商、施工措施等内容的工程成本，并计算酬金及有关税金

（2）竣工结算中涉及工程单价调整时，应当遵循以下原则：

1）合同中已有适用于变更工程、新增工程单价的，按已有的单价结算。

2）合同中有类似变更工程、新增工程单价的，可以参照类似单价作为结算依据。

3）合同中没有适用或类似变更工程、新增工程单价的，结算编制受托人可商洽承包人或发包人提出适当的价格，经对方确认后作为结算依据。

（3）竣工结算编制中涉及的工程单价应按合同要求分别采用综合单价或工料单价。工程量清单计价的工程项目应采用综合单价，即把分部分项工程单价综合成全费用单价。其内容包括直接费（直接工程费和措施费）、间接费、利润和税金，经综合计算后生成各分项工程量乘以综合单价的合价汇总后，生成工程结算价。

4. 竣工结算编制程序

竣工结算编制应按准备、编制和定稿三个工作阶段进行，并实行编制人、校对人和审核人分别署名盖章确认的审核制度（表 5-6）。

表 5-6 竣工结算编制程序

序号	阶段	具体内容
1	准备阶段	1. 收集与工程结算编制相关的原始资料。 2. 熟悉工程结算资料内容，进行分类、归纳、整理。 3. 召集相关部门的有关人员参加工程结算预备会议，对结算内容和结算资料进行核对并补充完整。 4. 收集合约过程中影响合同价格的法律和政策性文件
2	编制阶段	1. 根据竣工图、施工图，以及施工组织设计进行现场踏勘，对需要调整的工程项目进行观察、比对，以及必要的现场测量与计算，做好书面或影像记录。 2. 按既定的工程量计算规则计算需调整的分部分项工程、施工措施或其他项目工程量。 3. 按招标投标文件、施工合同规定的计价原则和计价办法对分部分项工程、施工措施或其他项目进行计价。 4. 对于工程量清单或定额缺项以及采用新材料、新设备、新工艺的，根据施工过程中的合理消耗和市场价格，编制综合单价或单位估价分析表。 5. 工程索赔应按合同约定的索赔程序和计算方法，提出费用索赔并经发包人确认后作为结算依据。

续表

序号	阶段	具体内容
2	编制阶段	6. 汇总计算工程费用，包括编制分部分项工程费、措施项目费、其他项目费、规费或直接费、间接费、利润，再加上税金后，初步确定工程结算价格。 7. 编写编制说明。 8. 计算主要技术经济指标。 9. 提交结算编制的初步成果文件，待校对、审核
3	定稿阶段	1. 施工单位合约部门相关责任人对结算编制初步成果文件进行检查、校对，并提交结算预测分析。 2. 施工单位合约负责人对结算预测分析审核批准。 3. 在合同约定的期限内，提交经编制人、校对人、审核人和承包人盖章确认的正式的结算编制文件

5.4.4　工程竣工结算的审核

1. 竣工结算审核规定

国有资金投资建设工程的发包人，应当委托工程造价咨询人对竣工结算文件进行审核，并在收到竣工结算文件后的约定期限内向承包人提出由工程造价咨询人出具的竣工结算文件审核意见；逾期未答复的，按照合同约定处理，合同没有约定的，竣工结算文件视为已被认可。

非国有资金投资的建筑工程发包人，应当在收到竣工结算文件后的约定期限内予以答复，逾期未答复的，按照合同约定处理，合同没有约定的，竣工结算文件视为已经认可。发包人对竣工结算文件有异议的，应当在答复期内向承包人提出，并可以在提出异议之日起的约定期限内与承包人协商；发包人在协商期内未与承包人协商或者经协商未能与承包人达成协议的，应当委托工程造价咨询人进行竣工结算审核，并在协商期满后的约定期限内向承包人提出由工程造价咨询人出具的竣工结算文件审核意见。

2. 竣工结算审核方法

（1）竣工结算审核方法与前文所述竣工结算的编制方法相对应，也应依据施工合同约定的结算方法进行，根据施工合同类型采用不同的审查方法（表5-7）。

表 5-7　竣工结算审核方法

序号	合同类型	编制方法
1	总价合同	在审核合同价基础上，重点审核设计变更、工程洽商及工程索赔等合同约定可以调整的内容
2	单价合同	审核施工图以内的各个分部分项工程量，核对合同约定的分部分项工程单价，并对设计变更、工程洽商、工程索赔等调整内容进行审核
3	成本加酬金合同	依据合同约定的方法审查各个分部分项工程以及设计变更、工程洽商等内容的工程成本，并审核酬金及有关税费的计取标准

（2）除合同另有约定外，竣工结算审核应采用全面审核法，不得采用重点审核法、抽样审核法或类比审核法等其他方法。

（3）对法院、仲裁或发承包双方合意共同委托的未确定计价方法的工程结算审查或鉴定，结算审查受托人可根据事实和国家法律、法规及建设行政主管部门的有关规定，独立选择鉴定或审查适用的计价方法。

3. 竣工结算审核程序

竣工结算审核应按准备、审查和审定三个工作阶段进行，并实行编制人、校对人和审核人分别署名盖章确认的审核制度（表 5-8）。

表 5-8　竣工结算审核程序

序号	阶段	具体内容
1	准备阶段	1. 收集、整理竣工结算审核项目的审核依据，做好送审资料的交验、核实、签收工作，并应对资料等缺陷提出书面意见及要求。 2. 审核竣工结算手续完备性、资料内容完整性、报价依据及资料与工程结算相关性、有效性，对不符合要求的应退回限时补正
2	审查阶段	1. 审核竣工结算的项目范围、内容与合同约定的一致性。 2. 审核工程量计算的准确性、计算规则采用的符合性。 3. 审核结算单价应严格执行合同约定的计价原则。 4. 审核变更凭据及变更费用的真实性、合规性、有效性。 5. 审核索赔费用的处理原则及真实性、合规性、有效性。 6. 审核取费标准应严格执行合同约定的费用计取标准。 7. 编制与结算相对应的结算审查对比表

续表

序号	阶段	具体内容
3	审定阶段	1. 工程结算审查初稿编制完成后，应召集发承包双方就竣工结算审核意见进行沟通，并进行合理的调整。 2. 经对结算审查的初步成果文件进行检查校对、审核批准后，应由发承包双方代表人和审查人分别在“结算审定签署表”上签字并加盖公章。 3. 对结算审查结论有分歧的，应在出具结算审查报告前，至少组织两次协调会；凡不能共同签认的，可适时结束审核工作，并作出必要说明。 4. 合同约定的期限内，提交经结算审查编制人、校对人、审核人和受托人单位盖章确认的正式的结算审查报告

4. 竣工结算异议的处理

发包人委托工程造价咨询人核对审核竣工结算文件的，工程造价咨询人应在规定期限内核对完毕，审核意见与承包人提交的竣工结算文件不一致的，应提交给承包人复核，承包人应在规定期限内将同意审核意见或不同意见的说明提交工程造价咨询人。工程造价咨询人收到承包人提出的异议后，应再次复核；复核后仍有异议的，对于无异议部分办理不完全竣工结算；有异议部分由发承包双方协商解决，协商不成的，按照合同约定的争议解决方式处理。承包人逾期未提出书面异议的，视为工程造价咨询人核对的竣工结算文件已经承包人认可。

5. 竣工结算文件的组成

竣工结算审核的成果文件应包括竣工结算审核书封面、签署页、竣工结算审核报告、竣工结算审定签署表、竣工结算审核汇总对比表、单项工程竣工结算审核汇总对比表、单位工程竣工结算审核汇总对比表等。

5.5 装饰装修合同价款支付

5.5.1 预付款

预付款是发包人为帮助承包人解决在施工准备阶段，用以购买材料、设备、购买或租赁施工机械以及组织施工人员进场的工程价款。

1. 预付款的支付

工程预付款一般用于保证施工所需材料和构件的正常储备。所以工程预付款额度应根据施工工期、建筑安装工作量、主要材料和构件费用占建筑安装工程费用的比例以及材料储备周期等因素经测算确定。

（1）百分比法

由发承包双方在合同条件中约定工程预付款的百分比。通常包工包料工程的预付款支付比例不宜低于签约合同价（扣除暂列金额）的10%，不宜高于签约合同价（扣除暂列金额）的30%。

（2）公式计算法

根据主要材料（含结构件等）占年度承包工程总价的比重、材料储备定额天数和年度施工天数等因素，通过公式计算预付款额度的一种方法。

其计算公式为：

$$\text{工程预付款数额}=\frac{\text{年度工程总价}\times\text{材料比例（\%）}}{\text{年度施工天数}}\times\text{材料储备定额天数}$$

式中，年度施工天数按365日历天计算；材料储备定额天数由当地材料供应的在途天数、加工天数、整理天数、供应间隔天数、保险天数等因素确定。

2. 预付款的扣回

发包人支付给承包人的工程预付款属于预支性质，随着工程的逐步实施，原已支付的预付款应以冲抵工程价款的方式陆续扣回，抵扣方式应当由双方当事人在合同中明确约定。

（1）按合同约定扣款

预付款的扣回方法由发承包双方在合同中约定。一般是在承包人完成工程收款金额累计达到合同总价的一定比例后，由发包人从每次应付给承包人的工程款金额中扣回一定比例的预付款，在合同规定的完工期前将预付款的总金额逐次扣回。

（2）起扣点计算法

从未施工工程尚需的主要材料及构件的价值相当于工程预付款数额时起扣，此后每次结算工程价款时，按材料所占比重扣减工程价款，至工程竣工前全部扣清。

起扣点的计算公式如下：

$$T = P - \frac{M}{N}$$

式中，T——起扣点（即工程预付款开始扣回时）的累计完成工程金额；

P——承包工程合同总额；

M——工程预付款总额；

N——主要材料及构件所占比重。

3. 预付款担保

（1）预付款担保的概念

预付款担保是指承包人与发包人签订合同后领取预付款前，承包人正确、合理使用发包人支付的预付款而提供的担保。其主要作用是保证承包人能够按合同规定的目的使用并及时全部偿还预付金额。

（2）预付款担保的形式

预付款担保的主要形式为银行保函。预付款担保的担保金额通常与发包人的预付款是等值的。预付款一般逐月从工程进度款中扣除，预付款担保的担保金额也相应逐月减少。承包人的预付款保函的担保金额根据预付款扣回的数额相应扣减，但在预付款全部扣回之前一直保持有效。预付款担保也可以采用发承包双方约定的其他形式，如由担保公司提供担保，或采取抵押等担保形式。

5.5.2　安全文明施工费

安全文明施工费是指按照国家现行的建筑施工安全、施工现场环境与卫生标准和有关规定，购置和更新施工安全防护用具及设施、改善安全生产条件和作业环境所需要的费用。

1. 安全文明施工费使用范围

现行国家标准《建设工程工程量清单计价规范》GB 50500 针对不同的专业工程特点，规定了安全文明施工的内容和包含的范围。在实际执行过程中，安全文明施工费包括的内容及使用范围，既应符合清单计价规范的规定，也应符合国家现行有关文件的规定。

根据《企业安全生产费用提取和使用管理办法》规定，建设工程施工企业安全费用应当按照以下范围使用：

（1）完善、改造和维护安全防护设施设备支出（不含“三同时”要求初期投入的安全设施），包括施工现场临时用电系统，洞口或临边防护，高处作业或交叉作业防护，临时安全防护，支护及防治边坡滑坡，工程有害气体监测和通风，保障安全的机械设备，防火、防爆、防触电、防尘、防毒、防雷、防台风、防地质灾害等设施设备支出。

（2）应急救援技术装备、设施配置及维护保养支出，事故逃生和紧急避难设施设备的配置和应急救援队伍建设、应急预案制修订与应急演练支出。

（3）开展施工现场重大危险源监测、评估、监控支出，安全风险分级管控和事故隐患排查整改支出，工程项目安全生产信息化建设、运维和网络安全支出。

（4）安全生产检查、评估评价（不含新建、改建、扩建项目安全评价）、咨询和标准化建设支出。

（5）配备和更新现场作业人员安全防护用品支出。

（6）安全生产宣传、教育、培训和从业人员发现并报告事故隐患的奖励支出。

（7）安全生产适用的新技术、新标准、新工艺、新装备的推广应用支出。

（8）安全设施及特种设备检测检验、检定校准支出。

（9）安全生产责任保险支出。

（10）与安全生产直接相关的其他支出。

2. 安全文明施工费的支付

（1）发包人应在工程开工后的28d内预付不低于当年施工进度计划的安全文明施工费总额的60%，其余部分按照提前安排的原则进行分解，与进度款同期支付。

（2）发包人没有按时支付安全文明施工费的，承包人可催告发包人支付；发包人在付款期满后的7d内仍未支付的，若发生安全事故，发包人应承担连带责任。

（3）承包人对安全文明施工费应专款专用，在财务账目中应单独列项备查，不得挪作他用，否则发包人有权要求其限期改正；逾期未改正的，造成的安全事故应由承包人承担。

5.5.3 进度款

进度款是指在工程施工过程中，承包人按照施工合同约定，以当月（期）工程量及各项价款调整事项为依据完成的进度结算金额，向发包人申请的工程价款。

1. 工程进度款支付申请

承包人应在每个计量周期到期后向发包人提交已完工程进度款支付申请，详细说明此周期应得到的工程进度款金额，包括已完分包工程价款。支付申请的内容包括：

（1）累计已完成的合同价款。

（2）累计已实际支付的合同价款。

（3）本周期合计完成的合同价款，其中包括：①本周期已完成单价项目的金额；②本周期应支付的总价项目的金额；③本周期已完成的计日工价款；④本周期应支付的安全文明施工费；⑤本周期应增加的金额。

（4）本周期合计应扣减的金额，其中包括：①本周期应扣回的预付款；②本周期应扣减的金额。

（5）本周期实际应支付的合同价款。

2. 工程进度款支付证书

（1）发包人应在收到承包人工程进度款支付申请后，根据计量结果和合同约定对申请内容予以核实，确认后向承包人出具进度款支付证书。

（2）若发承包双方对有的清单项目的计量结果出现争议，发包人应先对无争议部分的工程计量结果向承包人出具工程进度款支付证书。

3. 工程进度款支付证书的修正

发现已签发的任意支付证书存在错漏、重复数额，发包人具备修正权利，承包人亦有权提出修正申请。经发承包双方复核同意修正后，应于本次到期的工程进度款中支付或扣除。

5.5.4 竣工结算款

工程项目竣工，发承包双方确认项目竣工结算后，按照合同约定、项目竣工结算书，以及累计实际支付的合同价款情况，由发包人向承包人支付的最终结算款项。

1. 竣工结算款支付申请

承包人应根据办理的竣工结算文件，向发包人提交竣工结算款支付申请。该申请应包括下列内容：

（1）竣工结算合同价款总额。

（2）累计已实际支付的合同价款。

（3）应扣留的质量保证金（已缴纳履约保证金的或者提供其他工程质量担保方式的除外）。

（4）实际应支付的竣工结算款金额。

2. 竣工结算支付证书

（1）发包人应在收到承包人提交竣工结算款支付申请后规定时间内予以核实，向承包人签发竣工结算支付证书。

（2）承包人对发包人签认的竣工付款证书有异议的，对于有异议部分应在收到发包人签认的竣工付款证书后规定期限内提出异议，并由合同当事人按照合同约定的方式和程序进行复核，或按照合同争议解决条款的约定处理。对于无异议部分，发包人应签发临时竣工付款证书，并完成竣工付款。承包人逾期未提出异议的，视为认可发包人的审批结果。

3. 竣工结算款的支付

（1）发包人签发竣工结算支付证书后的规定时间内，按照竣工结算支付证书列明的金额向承包人支付结算款。

（2）发包人在收到承包人提交的竣工结算款支付申请后规定时间内不予核实，不向承包人签发竣工结算支付证书的，视为承包人的竣工结算款支付申请已被发包人认可；发包人应在收到承包人提交的竣工结算款支付申请规定时间内，按照承包人提交的竣工结算款支付申请列明的金额向承包人支付结算款。

（3）发包人未按照规定的程序支付竣工结算款的，承包人可催告发包人支付，并有权获得延迟支付的利息。发包人在竣工结算支付证书签发后或者在收到承包人提交的竣工结算款支付申请规定时间内仍未支付的，除法律另有规定外，承包人可与发包人协商将该工程折价，也可直接向人民法院申请将该工程依法拍卖。承包人就该工程折价或拍卖的价款优先受偿。

5.5.5 质量保证金

质量保证金是指承包人用于保证其在缺陷责任期内履行缺陷修复义务的担保。在工程项目竣工前，承包人已经提供履约担保的，发包人不得同时要求承包人提供质量保证金。

1. 质量保修期与缺陷责任期

（1）质量保修期

质量保修期是指从工程竣工验收合格之日起计算，承包方对建设工程出现的质量问题，协助解决相关问题并承担维修责任及维修费用的期限。

1）地基基础工程和主体结构工程为设计文件规定的该工程的合理使用年限；

2）屋面防水工程、有防水要求的卫生间、房间和外墙面的防渗漏为5年；

3）供热与供冷系统，为2个采暖期、供冷期；

4）电气管线、给水排水管道、设备安装为2年；

5）装修工程为2年；

6）其他项目的保修期限由建设单位和施工单位约定。

（2）缺陷责任期

缺陷责任期是指承包人按照合同约定承担缺陷修复义务，且发包人预留质量保证金（已缴纳履约保证金的除外）的期限。

从工程通过竣工验收之日起计，缺陷责任期一般为1年，最长不超过2年，由发承包双方在合同中约定。由于承包人原因导致工程无法按规定期限进行竣工验收的，缺陷责任期从实际通过竣工验收之日起计。由于发包人原因导致工程无法按规定期限进行竣工验收的，在承包人提交竣工验收报告90d后，工程自动进入缺陷责任期。

2. 质量保证金的预留

发包人应按照合同约定方式预留质量保证金，质量保证金总预留比例不得高于工程价款结算总额的3%。合同约定由承包人以银行保函替代预留质量保证金的，保函金额不得高于工程价款结算总额的3%。在工程项目竣工前，已经缴纳履约保证金的，发包人不得同时预留工程质量保证金。采用工程质量保证担保、工程质量保险等其他方式的，发包人不得再预留质量保证金。质量保证金的预留有以下三种方式：

（1）按合同约定在支付工程进度款时逐次预留，直至预留的质量保证金总额达到专用合同条件约定的金额或比例为止。在此情形下，质量保证金的计算基数不包括预付款的支付、扣回以及价格调整的金额。

（2）工程竣工结算时一次性预留质量保证金。

（3）发承包双方约定的其他预留方式。

3. 质量保证金的使用

缺陷责任期内，由承包人原因造成的缺陷，承包人应负责维修，并承担鉴定及维修费用。如承包人不维修也不承担费用，发包人可按合同约定从质量保证金或银行保函中扣除，费用超出质量保证金金额的，发包人可按合同约定向承包人进行索赔。承包人维修并承担相应费用后，不免除对工程的损失赔偿责任。由他人及不可抗力原因造成的缺陷，发包人负责组织维修，承包人不承担费用，且发包人不得从质量保证金中扣除费用。

4. 质量保证金的返还

（1）承包人在发包人签发竣工付款证书后规定期限内提交工程质量保证担保，发包人应同时返还预留的作为质量保证金的工程价款。发包人在返还质量保证金的同时，按照中国人民银行同期同类存款基准利率支付利息。

（2）缺陷责任期内，承包人认真履行合同约定的责任，缺陷责任期满，发包人向承包人颁发缺陷责任期终止证书后，承包人可向发包人申请返还质量保证金。发包人在接到承包人返还质量保证金申请后，应于规定期限内将质量保证金返还承包人，逾期未返还的，应承担违约责任。发包人在接到承包人返还质量保证金申请后规定期限内不予答复，视同认可承包人返还质量保证金申请。

5.5.6　最终结清款

最终结清是指合同约定的缺陷责任期终止后，承包人已按合同规定完成全部剩余工作且质量合格的，发包人与承包人结清全部剩余款项的活动。

1. 最终结清申请单

承包人应在缺陷责任期终止证书颁发后规定期限内，按合同约定的份数向发包人提交最终结清申请单，并提供相关证明材料。最终结清申请单应列明质量保证金、应扣除的质量保证金、缺陷责任期内发生的增减费用。发包人对最终结清申请单内容有异议的，有权要求承包人进行修正和提供补充资料，承包人应向发包人提交修正后的最终结清申请单。

2. 最终结清支付证书

发包人应在收到承包人提交的最终结清申请单后的规定时间内予以核实审批，并向承包人签发最终结清支付证书。发包人未在约定时间内核实审批，又未提出修改意见的，视为承包人提交的最终结清申请单已经发包人认可。

3. 最终结清款的支付

（1）发包人应在签发最终结清支付证书后的规定时间内，按照最终结清支付证书列明的金额向承包人支付最终结清款。发包人未按期支付的，承包人可催告发包人在合理的期限内支付，并有权获得延迟支付的利息。

（2）承包人按合同约定接受竣工结算支付证书后，应被认为已无权再提出在合同工程接收证书颁发前所发生的任何索赔。承包人在提交的最终结清申请中，只限于提出工程接收证书颁发后发生的索赔。

提出索赔的期限自接收最终支付证书时终止。

（3）最终结清时，如果承包人被扣留的质量保证金不足以抵减发包人工程缺陷修复费用的，承包人应承担不足部分的补偿责任。

5.6 合同解除的价款支付

发承包双方协商一致解除合同的，应按照达成的协议办理结算和支付合同价款。

5.6.1 不可抗力解除合同

由于不可抗力解除合同的，发包人除应向承包人支付合同解除之日前已完成工程但尚未支付的合同价款，还应支付下列金额：

（1）合同中约定应由发包人承担的费用。

（2）已实施或部分实施的措施项目应付价款。

（3）承包人为合同工程合理订购且已交付的材料和工程设备货款。发包人一经支付此项货款，该材料和工程设备即成为发包人的财产。

（4）承包人撤离现场所需的合理费用，包括员工遣送费和临时工程拆除、施工设备运离现场的费用。

（5）承包人为完成合同工程而预期开支的任何合理费用，且该项费用未包括在其他各项支付之内。

发承包双方办理结算合同价款时，应扣除合同解除之日前发包人应向承包人收回的价款。当发包人应扣除的金额超过应支付的金额，则承包人应在合同解除后的规定时间内将其差额退还给发包人。

5.6.2 违约解除合同

1. 承包人违约

因承包人违约解除合同的，发包人应暂停向承包人支付任何价款。发包人应在合同解除后规定时间内核实合同解除时承包人已完成的全部合同价款以及按施工进度计划已运至现场的材料和工程设备货款，按合同约定核算承包人应支付的违约金以及造成损失的索赔金额，并将结果通知承包人。发承包双方应在规定时间内予以确认或提出意见，并办理结算合同价款。如果发包人应扣除的金额超过应支付的金额，则承包人应在合同解除后的规定时间内将其差额退还给发包人。发承包双方不能就解除合同后的结算达成一致的，按照合同约定的争议解决方式处理。

2. 发包人违约

因发包人违约解除合同的，发包人除应按照有关不可抗力解除合同的规定向承包人支付各项价款外，还需按合同约定核算发包人应支付的违约金以及给承包人造成损失或损害的索赔费用。该笔费用由承包人提出，发包人核实后在与承包人协商确定后的规定时间内向承包人签发支付证书。协商不能达成一致的，按照合同约定的争议解决方式处理。

5.7 合同价款纠纷的处理

建设工程合同价款纠纷，是指发承包双方在建设工程合同价款的约定、调整以及结算等过程中所发生的争议。

5.7.1 合同价款纠纷的解决途径

建设工程合同发生纠纷后，当事人可以通过和解或者调解解决合同争议。当事人不愿和解、调解或者和解、调解不成的，可以根据仲裁协议向仲裁机构申请仲裁。当事人没有订立仲裁协议或者仲裁协议无效的，可以向人民法院起诉。当事人应当履行发生法律效力的法院判决或裁定、仲裁裁决、法院或仲裁调解书；拒不履行的，对方当事人可以请求人民法院执行。

1. 和解

和解是指当事人在自愿互谅的基础上，就已经发生的争议进行协商并达成协议，自行解决争议的一种方式。合同争议和解解决方式简便易行，能经济、及时地解决纠纷，同时有利于维护合同双方的友好合作关系，使合同能更好地得到履行。发生合同争议时，当事人应首先考虑通过和解解决争议。

2. 协商和解

合同价款争议发生后，发承包双方任何时候都可以进行协商。协商达成一致的，双方应签订书面和解协议，和解协议对发承包双方均有约束力。如果协商不能达成一致协议，发包人或承包人都可以按合同约定的其他方式解决争议。

3. 总监理工程师或造价工程师暂定

（1）若发包人和承包人之间就工程质量、进度、价款支付与扣除、工期延期、索赔、价款调整等发生任何法律上、经济上或技术上的争议，首先应根据已签约合同的规定，提交合同约定职责范围内的总监理工程师或造价工程师解决，并抄送另一方。总监理工程师或造价工程师在收到此提交文件后 14d 内应将暂定结果通知发包人和承包人。发承包双方对暂定结果认可的，应以书面形式予以确认，暂定结果成为最终决定。

（2）发承包双方在收到总监理工程师或造价工程师的暂定结果通知之后的 14d 内，未对暂定结果予以确认也未提出不同意见的，视为发承包双方已认可该暂定结果。

（3）发承包双方或一方不同意暂定结果的，应以书面形式向总监理工程师或造价工程师提出，说明自己认为正确的结果，同时抄送另一方，此时该暂定结果成为争议。在暂定结果不实质影响发承包双方当事人履约的前提下，发承包双方应实施该结果，直到其按照发承包双方认可的争议解决办法被改变为止。

4. 调解

调解是指双方当事人以外的第三人应纠纷当事人的请求，依据法律规定或合同约定对双方当事人进行疏导、劝说，促使他们互相谅解、自愿达成协议解决纠纷的一种途径。

（1）管理机构的解释或认定

1）合同价款争议发生后，发承包双方可就工程计价依据的争议以书面形式提请工程造价管理机构对争议以书面文件进行解释或认定。

2）工程造价管理机构应在收到申请的 10 个工作日内就发承包双

方提请的争议问题进行解释或认定。

3）发承包双方或一方在收到工程造价管理机构书面解释或认定后仍可按照合同约定的争议解决方式提请仲裁或诉讼。除工程造价管理机构的上级管理部门作出不同的解释或认定，或在仲裁裁决或法院判决中不予采信的外，工程造价管理机构作出的书面解释或认定应为最终结果，并应对发承包双方均有约束力。

（2）双方约定争议调解人进行调解

1）约定调解人。发承包双方应在合同中约定或在合同签订后共同约定争议调解人，负责双方在合同履行过程中发生争议的调解。合同履行期间，发承包双方可以协议调换或终止任何调解人，但发包人或承包人都不能单独采取行动。除非双方另有协议，在最终结清支付证书生效后，调解人的任期即终止。

2）争议的提交。如果发承包双方发生争议，任何一方均可以将该争议以书面形式提交调解人，并将副本抄送另一方，委托调解人调解。发承包双方应按照调解人提出的要求，给调解人提供所需的资料、现场进入权及相应设施。调解人应被视为不是在进行仲裁人的工作。

3）进行调解。调解人应在收到调解委托后28d内或由调解人建议并经发承包双方认可的其他期限内提出调解书，发承包双方接受调解书的，经双方签字后作为合同的补充文件，对发承包双方具有约束力，双方都应立即遵照执行。

4）异议通知。如果发承包任一方对调解人的调解书有异议，应在收到调解书后28d内向另一方发出异议通知，并说明争议的事项和理由。但除非并直到调解书在协商和解或仲裁裁决、诉讼判决中作出修改，或合同已经解除，承包人应继续按照合同实施工程。

5）调解生效。如果调解人已就争议事项向发承包双方提交调解书，而任一方在收到调解书后28d内均未发出表示异议的通知，则调解书对发承包双方均具有约束力。

5. 仲裁

仲裁是当事人根据在纠纷发生前或纠纷发生后达成的有效仲裁协议，自愿将争议事项提交双方选定的仲裁机构进行裁决的一种纠纷解决方式。

（1）仲裁方式的选择

在民商事仲裁中，有效的仲裁协议是申请仲裁的前提，没有仲裁协议或仲裁协议无效的，当事人不能提请仲裁机构仲裁，仲裁机构也不能受理。因此，发承包双方如果选择仲裁方式解决纠纷，必须在合同中订立有仲裁条款或者以书面形式在纠纷发生前后达成请求仲裁的协议。仲裁协议的内容应当包括：①请求仲裁的意思表示；②仲裁事项；③选定的仲裁委员会。前述三项内容必须同时具备，仲裁协议方为有效。

（2）仲裁裁决的执行

仲裁裁决作出后，当事人应当履行裁决。一方当事人不履行的，另一方当事人可以向被执行人所在地或者被执行财产所在地的中级人民法院申请执行。

6. 诉讼

诉讼是指当事人请求人民法院行使审判权，通过审理争议事项并作出具有强制执行效力的裁判，从而解决民事纠纷的一种方式。在建设工程合同中，发承包双方在履行合同时发生争议，双方当事人不愿和解、调解或者和解、调解未能达成一致意见，又没有达成仲裁协议或者仲裁协议无效的，可依法向人民法院提起诉讼。

5.7.2 合同价款纠纷的处理原则

建设工程合同履行过程中会产生大量的纠纷，其中有些纠纷难以直接套用现有的法律条款来解决。针对这些纠纷，可以通过相关司法解释的规定进行处理。司法解释中关于施工合同价款纠纷的处理原则和方法，可以为发承包双方在工程合同履行过程中出现的类似纠纷的处理，提供极具参考性的借鉴。

1. 施工合同无效的价款纠纷处理

（1）施工合同无效的处理方式

1）建设工程施工合同无效，但建设工程经验收合格的，可以参照合同关于工程价款的约定折价补偿承包人。

2）建设工程施工合同无效，且建设工程经验收不合格，但修复后的建设工程经验收合格的，由承包人承担修复费用，承包人可请求参照合同关于工程价款的约定折价补偿。

3）建设工程施工合同无效，且建设工程经验收不合格，修复后的建设工程经验收不合格的，承包人无权请求参照合同关于工程价款的约定折价补偿。

（2）不按无效合同处理的情形

1）承包人超越资质等级许可的业务范围签订建设工程施工合同，在建设工程竣工前取得相应资质等级，当事人请求按照无效合同处理的，人民法院不予支持。

2）具有劳务作业法定资质的承包人与总承包人、分包人签订的劳务分包合同，当事人请求确认无效的，人民法院依法不予支持。

3）发包人能够办理建设工程规划许可证等规划审批手续而未办理，并以未办理审批手续为由请求确认建设工程施工合同无效的，人民法院不予支持。

（3）合同无效后的损失赔偿

1）建设工程施工合同无效，一方当事人请求对方赔偿损失的，应当就对方过错、损失大小、过错与损失之间的因果关系承担举证责任。

2）损失大小无法确定，一方当事人请求参照合同约定的质量标准、建设工期、工程价款支付时间等内容确定损失大小的，人民法院可以结合双方过错程度、过错与损失之间的因果关系等因素做出裁判。

3）缺乏资质的单位或者个人借用有资质的建筑施工企业名义签订建设工程施工合同，发包人请求出借方与借用方对建设工程质量不合格等因出借资质造成的损失承担连带赔偿责任的，人民法院应予支持。

2. 垫资施工合同的价款纠纷处理

对于发包人要求承包人垫资施工部分的工程价款结算，《最高人民法院关于审理建设工程施工合同纠纷案件适用法律问题的解释（一）》给出如下处理意见：

（1）当事人对垫资和垫资利息有约定，承包人请求按照约定返还垫资及其利息的，人民法院应予支持，但是约定的利息计算标准高于垫资时的同期贷款市场报价利率的部分除外。

（2）当事人对垫资没有约定的，按照工程欠款处理。

（3）当事人对垫资利息没有约定，承包人请求支付利息的，人民法院不予支持。

3. 发包人引起质量缺陷的价款纠纷处理

（1）发包人应承担的过错责任

发包人具有下列情形之一，造成建设工程质量缺陷，应当承担过错责任：

1）提供的设计有缺陷；

2）提供或者指定购买的建筑材料、构配件、设备不符合国家强制性标准；

3）直接指定分包人分包专业工程。

（2）发包人提前占用工程

建设工程未经竣工验收，发包人擅自使用后，又以使用部分质量不符合约定为由主张权利的，人民法院不予支持；但是承包人应当在建设工程的合理使用寿命内对地基基础工程和主体结构质量承担民事责任。

4. 其他工程结算价款纠纷的处理

（1）合同文件内容不一致时的结算依据

1）招标人和中标人另行签订的建设工程施工合同约定的工程范围、建设工期、工程质量、工程价款等实质性内容，与中标合同不一致，一方当事人请求按照中标合同确定权利义务的，人民法院应予支持。招标人和中标人在中标合同之外就明显高于市场价格购买承建房产、无偿建设住房配套设施、让利、向建设单位捐赠财物等另行签订合同，变相降低工程价款，一方当事人以该合同背离中标合同实质性内容为由请求确认无效的，人民法院应予支持。

2）当事人签订的建设工程施工合同与招标文件、投标文件、中标通知书载明的工程范围、建设工期、工程质量、工程价款不一致，一方当事人请求将招标文件、投标文件、中标通知书作为结算工程价款依据的，人民法院应予支持。

3）发包人将依法不属于必须招标的建设工程进行招标后，与承包人另行订立的建设工程施工合同背离中标合同的实质性内容，当事人请求以中标合同作为结算建设工程价款依据的，人民法院应予支持，但发包人与承包人因客观情况发生招标投标时难以预见的变化而另行订立建设工程施工合同的除外。

4）当事人就同一建设工程订立的数份建设工程施工合同均无效，但建设工程质量合格，一方当事人请求参照实际履行的合同关于工程价款的约定折价补偿承包人的，人民法院应予支持。实际履行的合同难以确定，当事人请求参照最后签订的合同关于工程价款的约定折价补偿承包人的，人民法院应予支持。

（2）对承包人竣工结算文件的认可

当事人约定，发包人收到竣工结算文件后，在约定期限内不予答复，视为认可竣工结算文件的，按照约定处理。承包人请求按照竣工结算文件结算工程价款的，应予支持。

（3）对实际发生的工程量的确认

当事人对工程量有争议的，按照施工过程中形成的签证等书面文件确认。承包人能够证明发包人同意其施工，但未能提供签证文件证明工程量发生的，可以按照当事人提供的其他证据确认实际发生的工程量。

（4）计价方法与造价鉴定

当事人对建设工程的计价标准或者计价方法有约定的，按照约定结算工程价款。因设计变更导致建设工程的工程量或者质量标准发生变化，当事人对该部分工程价款不能协商一致的，可以参照签订建设工程施工合同时当地建设行政主管部门发布的计价方法或者计价标准结算工程价款。当事人约定按照固定价结算工程价款，一方当事人请求人民法院对建设工程造价进行鉴定的，不予支持。

（5）工程欠款的利息支付

1）利率标准。当事人对欠付工程价款利息计付标准有约定的，按照约定处理；没有约定的，按照同期同类贷款利率或者同期贷款市场报价利率计息。

2）计息日。利息从应付工程价款之日开始计付。当事人对付款时间没有约定或者约定不明的，下列时间视为应付款时间：

①建设工程已实际交付的，为交付之日；

②建设工程没有交付的，为提交竣工结算文件之日；

③建设工程未交付，工程价款也未结算的，为当事人起诉之日。

5. 由于价款纠纷引起的诉讼处理

（1）诉讼管辖

建设工程施工合同纠纷由不动产所在地人民法院管辖。建设工程已经登记的，以不动产登记簿记载的所在地为不动产所在地；建设工程未登记的，以建设工程实际所在地为不动产所在地。

（2）诉讼当事人的确定

1）因建设工程质量发生争议的，发包人可以总承包人、分包人和实际施工人为共同被告提起诉讼。

2）实际施工人以转包人、违法分包人为被告起诉的，人民法院应当依法受理。实际施工人以发包人为被告主张权利的，人民法院应当追加转包人或者违法分包人为本案第三人，在查明发包人欠付转包人或者违法分包人建设工程价款的数额后，判决发包人在欠付建设工程价款范围内对实际施工人承担责任。

5.8 装饰装修工程造价鉴定

工程造价鉴定是指鉴定机构接受人民法院或仲裁机构委托，在诉讼或仲裁案件中，鉴定人运用工程造价方面的科学技术和专业知识，对工程造价争议中涉及的专门性问题进行鉴别、判断并提供鉴定意见的活动。

5.8.1 造价鉴定委托

1. 鉴定项目的委托

委托人委托鉴定机构从事工程造价鉴定业务，不受地域范围的限制。委托人向鉴定机构出具鉴定委托书，应当载明委托的鉴定机构名称，委托鉴定的目的、范围、事项和鉴定要求，委托人的名称等。鉴定机构可决定是否接受委托并书面函复委托人。

2. 鉴定机构的回避

有下列情形之一的，鉴定机构应自行回避：

（1）担任过鉴定项目咨询人的；

（2）与鉴定项目有利害关系的。

3. 不予接受委托的情形

有下列情形之一的，鉴定机构应不予接受委托：

（1）委托事项超出本机构业务经营范围的；

（2）鉴定要求不符合本行业执业规则或相关技术规范的；

（3）委托事项超出本机构专业技术能力和技术条件的；

（4）其他不符合法律、法规规定情形的。

4. 终止鉴定

鉴定过程中遇有下列情形之一的，鉴定机构可终止鉴定：

（1）委托人提供的证据材料未达到鉴定最低要求，致鉴定无法进行的；

（2）因不可抗力致使鉴定无法进行的；

（3）委托人撤销鉴定委托或要求终止鉴定的；

（4）委托人或申请鉴定当事人拒绝按约定支付鉴定费用的；

（5）约定的其他终止鉴定的情形。

5.8.2 造价鉴定组织

1. 鉴定人的配备

鉴定机构接受委托后，应指派本机构中满足鉴定项目专业要求、具有相关项目经验的鉴定人进行鉴定。根据现行国家标准《建设工程造价鉴定规范》GB/T 51262 的规定，鉴定人必须具有相应专业的注册造价工程师执业资格。鉴定机构对同一鉴定事项，应指定 2 名及以上鉴定人共同进行鉴定。对争议标的较大或涉及工程专业较多的鉴定项目，应成立由 3 名及以上鉴定人组成的鉴定项目组。

2. 鉴定人的回避

鉴定人及其辅助人员有下列情形之一的，应当自行提出回避：

（1）鉴定人是鉴定项目当事人、代理人近亲属的。

（2）鉴定人与鉴定项目有利害关系的。

（3）鉴定人与鉴定项目当事人、代理人有其他利害关系，可能影响鉴定公正的。

（4）在鉴定过程中，鉴定人有下列情形之一的，当事人有权向委托人申请其回避，但应提供证据，由委托人决定其是否回避：

1）接受鉴定项目当事人、代理人吃请和礼物的；

2）索取、借用鉴定项目当事人、代理人款物的。

5.8.3 造价鉴定期限

1. 鉴定期限的确定

鉴定期限是由鉴定机构与委托人根据鉴定项目争议标的涉及的工程造价金额、复杂程度等因素在表 5-9 规定的期限内确定。

表 5-9 工程造价鉴定期限表

争议标的设计工程造价金额	期限（工作日）
1000 万元以下（含 1000 万元）	40
1000 万元以上 3000 万元以下（含 3000 万元）	60
3000 万元以上 1 亿元以下（含 1 亿元）	80
1 亿元以上	100

2. 鉴定期限的起算

鉴定期限从鉴定人接收委托人按照规定移交证据材料之日起的次日起算。在鉴定过程中，经委托人认可，等待当事人提交、补充或者重新提交证据、勘验现场等所需的时间，不计入鉴定期限。

3. 鉴定期限的延长

进入仲裁或诉讼的施工合同纠纷案件都有明确的结案时限，为了避免影响案件的处理，工程造价鉴定人应在委托鉴定项目的鉴定期限内完成鉴定工作，如确因特殊原因不能在原定期限内完成鉴定工作时，应按照相应法规提前向鉴定项目委托人申请延长鉴定期限，每次延长时间一般不得超过 30 个工作日，每个鉴定项目延长次数一般不得超过 3 次。

5.8.4 造价鉴定取证

1. 鉴定人自备的鉴定依据

工程造价鉴定人进行工程造价鉴定工作时，应自行收集以下（包括但不限于）鉴定资料：

（1）适用于鉴定项目的法律、法规、规范性文件以及规范、标准、定额。

（2）鉴定项目同时期同类型工程的技术经济指标及其各类要素价格等。

2. 委托人移交的证据材料

工程造价鉴定人收集鉴定项目的鉴定依据时，鉴定项目委托人应移交的证据材料包括：

（1）起诉状（或仲裁申请书）、反诉状（或仲裁反申请书）及辩状、代理词。

（2）证据及《送鉴证据材料目录》。

（3）质证记录、庭审记录等卷宗。

（4）鉴定机构认为需要的其他有关资料。

（5）与鉴定项目相关的合同、协议及其附件。

（6）相应的施工图纸等技术经济文件。

（7）施工过程中的施工组织、质量、工期和造价等工程资料。

3. 当事人提交的证据材料

（1）鉴定工作中，委托人要求当事人直接向鉴定机构提交证据的，鉴定机构应提请委托人确定当事人的举证期限，并及时向当事人发函要求其在举证期限内提交证据。当事人申请延长举证期限的，鉴定人应当告知其在举证期限届满前向委托人提出申请，由委托人决定是否准许延期。

（2）鉴定人将当事人有争议且未经质证的材料作为鉴定依据的，人民法院应当组织当事人就该部分材料进行质证。经质证认为不能作为鉴定依据的，根据该材料作出的鉴定意见不得作为认定案件事实的依据。

4. 现场勘验的证据材料

（1）根据鉴定工作需要现场勘验的，鉴定人应提请鉴定项目委托人组织各方当事人对被鉴定项目所涉及的实物标的进行现场勘验。

（2）勘验现场应制作勘验记录、笔录或勘验图表，记录勘验的时间、地点、勘验人、在场人、勘验经过、结果，由勘验人、在场人签名或者盖章确认。绘制的现场图应注明绘制的时间、测绘人姓名、身份等内容。必要时应采取拍照或摄像取证，留下影像资料。

（3）鉴定项目当事人未对现场勘验图表或勘验笔录等签字确认的，鉴定人应提请鉴定项目委托人决定处理意见，并在鉴定意见书中作出表述。

5.8.5 造价鉴定方法

《建设工程造价鉴定规范》GB/T 51262—2017 将工程造价鉴定活动中常见的疑难问题进行归纳总结，分别针对合同争议、证据欠缺、计量争议、计价争议、工期索赔争议、费用索赔争议、工程签证争议以及合同解除争议八大焦点问题，规定了相应的鉴定方法和处理原则。

1. 合同争议的鉴定

（1）委托人认为鉴定项目合同有效的，鉴定人应根据合同约定进行鉴定。

（2）委托人认为鉴定项目合同无效的，鉴定人应按照委托人的决定进行鉴定。

（3）鉴定项目合同对计价依据、计价方法没有约定的，鉴定人可向委托人提出“参照鉴定项目所在地同时期适用的计价依据、计价方法和签约时的市场价格信息进行鉴定”的建议，鉴定人应按照委托人的决定进行鉴定。

（4）鉴定项目合同对计价依据、计价方法约定条款前后矛盾的，鉴定人应提请委托人决定适用条款。

（5）委托人暂不明确的，鉴定人应按不同的约定条款分别作出鉴定意见，供委托人判断使用。

2. 证据欠缺的鉴定

鉴定项目施工图（或竣工图）不齐或缺失，鉴定人应按规定进行鉴定：

（1）建筑标的物存在的，鉴定人应提请委托人组织现场勘验计算工程量作出鉴定。

（2）建筑标的物已经隐蔽的，鉴定人可根据工程性质、是否为其他工程的组成部分等作出专业分析进行鉴定。

（3）建筑标的物已经消失，鉴定人应提请委托人对不利后果的承担主体作出认定，再根据委托人的决定进行鉴定。

3. 计量争议的鉴定

（1）当鉴定项目图纸完备，当事人就计量依据发生争议时，鉴定人应以国家现行相关工程计量规范规定的工程量计算规则计量；无国家标准的，按行业标准或地方标准计量。但当事人在合同中明确约定了计量规则的除外。

（2）一方当事人对双方当事人已经签认的某一工程项目的计量结果有异议的，鉴定人应按以下规定进行鉴定：

1）当事人一方仅提出异议未提供具体证据的，按原计量结果进行鉴定；

2）当事人一方既提出异议又提出具体证据的，应对原计量结果进行复核，必要时可到现场复核，按复核后的计量结果进行鉴定。

4. 计价争议的鉴定

《建设工程造价鉴定规范》GB/T 51262—2017 对于因下列原因导致的鉴定项目计价争议，分别规定了具体的鉴定方法。

（1）当事人因工程变更导致工程量数量变化，要求调整综合单价争议的；或新增工程项目组价发生争议的，应按以下规定进行鉴定：

1）合同中有约定的，应按合同约定进行鉴定；

2）合同中没有约定的，应提请委托人决定并按其决定进行鉴定，委托人暂不决定的，可按国家现行标准计价规范的相关规定进行鉴定，供委托人判断使用。

（2）当事人因物价波动要求调整合同价款发生争议的，应按以下规定进行鉴定：

1）合同中约定了计价风险范围和幅度的，按合同约定进行鉴定；合同中约定了物价波动可以调整，但没有约定风险范围和幅度的，应提请委托人决定，按国家现行标准计价规范的相关规定进行鉴定；但已经采用价格指数法进行调整的除外；

2）合同中约定物价波动不予调整的，仍应对实行政府定价或政府指导价的材料按《中华人民共和国民法典》的相关规定进行鉴定。

（3）当事人因人工费调整文件，要求调整人工费发生争议的应按以下规定进行鉴定：

1）如合同中约定不执行的，鉴定人应提请委托人决定并按其决定进行鉴定；

2）合同中没有约定或约定不明的，鉴定人应提请委托人决定并按其决定进行鉴定，委托人要求鉴定人提出意见的，鉴定人应分析鉴别；如人工费的形成是以鉴定项目所在地工程造价管理部门发布的人工费为基础在合同中约定的，可按工程所在地人工费调整文件作出鉴定意见；如不是，则应作出否定性意见，供委托人判断使用。

（4）当事人因材料价格发生争议的，鉴定人应提请委托人决定并按其决定进行鉴定。委托人未及时决定的，可按以下规定进行鉴定，供委托人判断使用：

1）材料价格在采购前经发包人或其代表签批认可的，应按签批的材料价格进行鉴定；

2）材料采购前未报发包人或其代表认质认价的，应按合同约定的价格进行鉴定；

3）发包人认为承包人采购的材料不符合质量要求，不予认价的，应按双方约定的价格进行鉴定，质量方面的争议应告知发包人另行申请质量鉴定。

5. 费用索赔争议的鉴定

当事人因提出索赔发生争议的，鉴定人应提请委托人就索赔事件的成因、损失等作出判断，委托人明确索赔成因、索赔损失、索赔时效均成立的，鉴定人应运用专业知识作出因果关系的判断，并作出鉴定意见，供委托人判断使用。

6. 工程签证争议的鉴定

当事人因工程签证费用发生争议的，应按以下规定进行鉴定：

（1）签证明确了人工、材料、机具台班数量及其价格的，按签证的数量和价格计算；

（2）签证只有用工数量没有人工单价的，其人工单价按照工作技术要求，比照鉴定项目相应工程人工单价适当上浮计算；

（3）签证只有材料、机具台班用量没有价格的，其材料和机具台班价格按照鉴定项目相应工程材料和台班价格计算；

（4）签证只有总价款而无明细表述的，按总价款计算；

（5）签证既无数量，又无价格，只有工作事项的，由当事人双方协商，协商不成的，鉴定人可根据工程合同约定的原则、方法对该事项进行专业分析，作出推断性意见，供委托人判断使用；

（6）承包人仅以发包人口头指令完成某项零星工作或工程，要求费用支付，而发包人又不认可，且无物证的，鉴定人应以法律证据缺失为由，作出否定性鉴定。

7. 合同解除争议的鉴定

工程合同解除后，当事人就价款结算发生争议，如送鉴的证据满足鉴定要求的，按送鉴的证据进行鉴定；不能满足鉴定要求的，鉴定人应提请委托人组织现场勘验或核对，会同当事人采取以下措施进行鉴定：

（1）清点已完工程部位、测量工程量；

（2）清点施工现场人、材、机数量；

（3）核对签证、索赔所涉及的有关资料；

（4）将清点结果汇总造册，请当事人签认，当事人不签认的，及时报告委托人，但不影响鉴定工作的进行；

（5）分别计算价款。

5.8.6 造价鉴定意见

1. 鉴定意见类型

鉴定意见可同时包括确定性意见、推断性意见或选择性意见。

（1）确定性意见。当鉴定项目或鉴定事项内容事实清楚，证据充分，应作出确定性意见。

（2）推断性意见。当鉴定项目或鉴定事项内容客观，事实较清楚，但证据不够充分，应作出推断性意见。

（3）选择性意见。当鉴定项目合同约定矛盾或鉴定事项中部分内容证据矛盾，委托人暂不明确要求鉴定人分别鉴定的，可分别按照不同的合同约定或证据，作出选择性意见，由委托人判断使用。

在鉴定过程中，对鉴定项目或鉴定项目中部分内容，当事人相互协商一致，达成的书面妥协性意见应纳入确定性意见，但应在鉴定意见中予以注明。重新鉴定时，对当事人达成的书面妥协性意见，除当事人再次达成一致同意外，不得作为鉴定依据直接使用。

2. 鉴定意见书

鉴定机构和鉴定人在完成委托的鉴定事项后，应向委托人出具鉴定意见书。鉴定意见书的制作应当标准、规范，一般由封面、声明、基本情况、案情摘要、鉴定过程、鉴定意见、附注、附件目录、落款、附件等部分组成（鉴定意见书不得载有对案件性质和当事人责任进行认定的内容）。

（1）鉴定项目委托人名称、委托鉴定的内容。

（2）委托鉴定的证据材料。

（3）鉴定的依据及使用的专业技术手段。

（4）对鉴定过程的说明。

（5）明确的鉴定结论。

（6）其他需说明的事宜。

（7）工程造价鉴定人盖章及注册造价工程师签名盖执业专用章。

附录　工程量清单计价常用表格格式及填制说明

【表样】招标工程量清单封面（封 -1）

【要点说明】封面应填写招标工程项目的具体名称，招标人应盖单位公章，如委托工程造价咨询人编制，还应由其加盖单位公章。

______________________工程

招标工程量清单

招　标　人：______________________

（单位盖章）

造价咨询人：______________________

（单位盖章）

______年____月____日

封 -1

【表样】招标控制价封面（封 -2）

【要点说明】封面应填写招标工程项目的具体名称，招标人应盖单位公章，如委托工程造价咨询人编制，还应由其加盖单位公章。

________________工程

招标控制价

招　标　人：________________

（单位盖章）

造价咨询人：________________

（单位盖章）

______年____月____日

封 -2

【**表样**】投标总价封面（封-3）

【**要点说明**】应填写投标工程的具体名称，投标人应盖单位公章。

______________________工程

投标总价

投　标　人：______________________

（单位盖章）

______年____月____日

封-3

【表样】竣工结算书封面（封 -4）

【要点说明】应填写竣工工程的具体名称，发承包双方应分别盖其单位公章，如委托工程造价咨询人办理的，还应加盖其单位公章。

________________工程

竣工结算书

发　包　人：________________

（单位盖章）

承　包　人：________________

（单位盖章）

造价咨询人：________________

（单位盖章）

____年____月____日

封 -4

【表样】工程造价鉴定意见书封面（封 -5）

【要点说明】应填写鉴定工程项目的具体名称，填写意见书文号，工程造价咨询人盖单位公章。

______________________工程

编号：×××[2×××]××号

工程造价鉴定意见书

造价咨询人：______________________

（单位盖章）

_____年____月____日

封 -5

【**表样**】招标工程量清单扉页（扉 -1）

【**要点说明**】

（1）招标人自行编制工程量清单时，由招标人单位注册的造价人员编制，招标人盖单位公章，法定代表人或其授权人签字或盖章。编制人与复核人是造价工程师的，由其签字盖执业专用章。

（2）招标人委托工程造价咨询人编制工程量清单时，由工程造价咨询人单位注册的造价人员编制，工程造价咨询人盖单位资质专用章，法定代表人或其授权人签字或盖章。编制人与复核人是造价工程师的，由其签字盖执业专用章。

＿＿＿＿＿＿＿＿＿＿＿＿＿＿工程

招标工程量清单

招　标　人：＿＿＿＿＿＿＿＿　　造价咨询人：＿＿＿＿＿＿＿＿

（单位盖章）　　（单位资质专用章）

法定代表人
或其授权人：＿＿＿＿＿＿＿＿　　法定代表人
或其授权人：＿＿＿＿＿＿＿＿

（签字或盖章）　　（签字或盖章）

编　制　人：＿＿＿＿＿＿＿＿　　复　核　人：＿＿＿＿＿＿＿＿

（单位盖章）　　（单位盖章）

编制时间：＿＿年＿＿月＿＿日　复核时间：＿＿年＿＿月＿＿日

扉 -1

【表样】招标控制价扉页（扉-2）

【要点说明】

（1）招标人自行编制招标控制价时，由招标人单位注册的造价人员编制，招标人盖单位公章，法定代表人或其授权人签字或盖章。编制人与复核人是造价工程师的，由其签字盖执业专用章。

（2）招标人委托工程造价咨询人编制招标控制价时，由工程造价咨询人单位注册的造价人员编制，工程造价咨询人盖单位资质专用章，法定代表人或其授权人签字或盖章。编制人与复核人是造价工程师的，由其签字盖执业专用章。

______________工程

招标控制价

招标控制价（小写）：______________

（大写）：______________

招　标　人：__________　　造价咨询人：__________

（单位盖章）　　（单位资质专用章）

法定代表人
或其授权人：__________　　法定代表人
或其授权人：__________

（签字或盖章）　　（签字或盖章）

编　制　人：__________　　复　核　人：__________

（单位盖章）　　（单位盖章）

编制时间：____年____月____日　复核时间：____年____月____日

扉-2

【表样】投标总价扉页（扉 -3）

【要点说明】投标人编制投标总价时，由投标人单位注册的造价人员编制，投标人盖单位公章，法定代表人或其授权人签字或盖章，编制的造价人员签字盖执业专用章。

投标总价

招　标　人：____________________

工 程 名 称：____________________

投 标 总 价（小写）：____________________

（大写）：____________________

投　标　人：____________________

（单位盖章）

法定代表人
或其授权人：____________________

（签字或盖章）

编　制　人：____________________

（造价人员签字盖专用章）

编制时间：______年_____月_____日

扉 -3

【**表样**】竣工结算总价扉页（扉-4）

【**要点说明**】

（1）承包人自行编制竣工结算总价，由承包人单位注册的造价人员编制，承包人盖单位公章，法定代表人或其授权人签字或盖章，编制的造价人员在编制人栏签字盖执业专用章。

（2）发包人自行核对竣工结算时，由发包人单位注册的造价工程师核对，发包人盖单位公章，法定代表人或其授权人签字或盖章，造价工程师在核对人栏签字盖执业专用章。

（3）发包人委托工程造价咨询人核对竣工结算时，由工程造价咨询人单位注册的造价工程师核对，发包人盖单位公章，法定代表人或其授权人签字或盖章；工程造价咨询人盖单位资质专用章，法定代表人或其授权人签字或盖章，造价工程师在核对人栏签字盖执业专用章。除非出现发包人拒绝或不答复承包人竣工结算书的特殊情况，竣工结算办理完毕后，竣工结算总价扉面发承包双方的签字、盖章应当齐全。

______________________工程

竣工结算总价

签约合同价（小写）：　　　　　（大写）：

竣工结算价（小写）：　　　　　（大写）：

发　包　人：________　承　包　人：________　造价咨询人：________

（单位盖章）　（单位盖章）　（单位资质专用章）

法定代表人
或其授权人：________　法定代表人
或其授权人：________　法定代表人
或其授权人：________

（签字或盖章）　（单位盖章）　（单位盖章）

编　制　人：______________　核　对　人：______________

（造价人员签字盖专用章）　（造价人员签字盖专用章）

编制时间：______年____月____日　复核时间：______年____月____日

扉-4

【表样】工程造价鉴定意见书扉页（扉 -5）

【要点说明】工程造价咨询人应盖单位资质专用章，法定代表人或其授权人签字或盖章，造价工程师签字盖执业专用章。

______________________工程

工程造价鉴定意见书

鉴定结论：
造价咨询人：______________________

（盖单位章及资质专用章）

法定代表人
或其授权人：______________________

（签字或盖章）

造价工程师：______________________

（签字盖专用章）

_____年____月____日

扉 -5

【表样】总说明（表-01）

【要点说明】

1. 工程量清单总说明的内容应包括：

（1）工程概况：如建设地址、建设规模、工程特征、交通状况、环境保护要求等。

（2）工程发包、分包范围。

（3）工程量清单编制依据：如采用的标准、施工图纸、标准图集等。

（4）使用材料设备、施工的特殊要求等。

（5）其他需要说明的问题。

2. 招标控制价总说明的内容应包括：

（1）采用的计价依据。

（2）采用的施工组织设计。

（3）采用的材料价格来源。

（4）综合单价中的风险因素、风险范围（幅度）。

（5）其他需要说明的问题。

3. 投标报价总说明的内容应包括：

（1）采用的计价依据。

（2）采用的施工组织设计。

（3）综合单价中的风险因素、风险范围（幅度）。

（4）措施项目的依据。

（5）其他有关内容的说明等。

4. 竣工结算总说明的内容应包括：

（1）工程概况。

（2）编制依据。

（3）工程变更。

（4）工程价款调整。

（5）索赔。

（6）其他有关内容的说明等。

总说明

工程名称：　　　　　　　　　　　　　　　　　　　　第　页　共　页

表-01

【表样】招标控制价使用表（表-02、表-03、表-04）

【要点说明】

（1）由于编制招标控制价和投标报价包含的内容相同，只是对价格的处理不同，因此对招标控制价和投标报价汇总表的设计使用同一表格。实践中，招标控制价或投标报价可分别印制该表格。

（2）与招标控制价的表样一致，此处需要说明的是，投标报价汇总表与投标函中投标报价金额应当一致。就投标文件的各个组成部分而言，投标函是最重要的文件，其他组成部分都是投标函的支持性文件，投标函是必须经过投标人签字盖章，并且在开标会上必须当众宣读的文件。如果投标报价汇总表的投标总价与投标函填报的投标总价不一致，应当以投标函中填写的大写金额为准。实践中，对该原则一直缺少一个明确的依据，为了避免出现争议，可以在“投标人须知”中给予明确，用在招标文件中预先给予明示约定的方式来弥补法律法规依据的不足。

建设项目招标控制价 / 投标报价汇总表

工程名称：　　　　　　　　　　　　　　　　　　　第　页　共　页

序号	单项工程名称	金额（元）	其中：（元）		
			暂估价	安全文明施工费	规费
合计					

注：本表适用于建设项目招标控制价或投标报价的汇总。

表-02

单项工程招标控制价 / 投标报价汇总表

工程名称： 第 页 共 页

序号	单项工程名称	金额（元）	其中：（元）		
			暂估价	安全文明施工费	规费
合计					

注：本表适用于单项工程招标控制价或投标报价的汇总。暂估价包括分部分项工程中的暂估价和专业工程暂估价。

表 -03

单位工程招标控制价 / 投标报价汇总表

工程名称： 标段： 第 页 共 页

序号	汇总内容	金额（元）	其中：暂估价（元）
1	分部分项工程		
1.1			
1.2			
1.3			
……			
2	措施项目		
2.1	其中：安全文明施工费		
3	其他项目		
3.1	其中：暂列金额		
3.2	其中：专业工程暂估价		
3.3	其中：计日工		
3.4	其中：总承包服务费		
4	规费		
5	税金		
招标控制价合计 =1+2+3+4+5			

注：本表适用于单位工程招标控制价或投标报价的汇总，单项工程也可使用本表汇总。

表 -04

【表样】竣工结算汇总使用表（表-05、表-06、表-07）

建设项目竣工结算汇总表

工程名称： 第 页 共 页

序号	工程项目名称	金额（元）	其中：（元）	
			安全文明施工费	规费
合计				

表-05

单项工程竣工结算汇总表

工程名称： 第 页 共 页

序号	单项工程名称	金额（元）	其中：（元）	
			安全文明施工费	规费
合计				

表-06

单位工程竣工结算汇总表

工程名称： 标段： 第 页 共 页

序号	汇总内容	金额（元）
1	分部分项工程	
1.1		
1.2		
1.3		
……		
2	措施项目	
2.1	其中：安全文明施工费	
3	其他项目	
3.1	其中：暂列金额	
3.2	其中：专业工程暂估价	
3.3	其中：计日工	
3.4	其中：总承包服务费	
4	规费	
5	税金	
竣工结算总价合计 =1+2+3+4+5		

注：如无单位工程划分，单项工程也可使用本表汇总。

表 -07

【表样】分部分项工程和单价措施项目清单与计价表（表-08）

【要点说明】

（1）编制最高投标限价时，其项目编码、项目名称、项目特征描述、计量单位、工程量栏不变，对“综合单价”“合价”以及“其中：暂估价”按相关规定填写。

（2）编制投标报价时，投标人对表中的“项目编码”“项目名称”“项目特征描述”“计量单位”“工程量”均不做改动。“综合单价”“合价”由投标人自主决定填写，对其中的“暂估价”栏，投标人应将招标文件中提供的暂估材料单价的暂估价计入综合单价，并应计算出暂估单价的材料栏“综合单价”中的“暂估价”。

分部分项工程和单价措施项目清单与计价表

工程名称：　　　　　　　　　　标段：　　　　　　　　　　第　页　共　页

序号	项目编码	项目名称	项目特征描述	计量单位	工程量	金额（元）		
						综合单价	合价	其中：暂估价
本页小计								
合　计								

注：为计取规费等的费用，可在表中增设“其中：定额人工费”。

表-08

【表样】综合单价分析表（表-09）

【要点说明】工程量清单综合单价分析表是评标委员会评审和判别综合单价组成以及其价格完整性、合理性的主要基础，对因工程变更、工程量偏差等原因调整综合单价也是必不可少的基础价格数据来源。采用经评审的最低投标价法评标时，该分析表的重要性更加突出。

综合单价分析表集中反映了构成每一个清单项目综合单价的各个价格要素的价格及主要的“工、料、机”消耗量。投标人在投标报价时，需要对每一个清单项目进行组价，为了使组价工作具有可追溯性（回复评标质疑时尤其需要），需要标明每一个数据的来源。该分析表实际上是投标人投标组价工作的一个阶段性成果文件，借助计算机辅助报价系统，可以由计算机自动生成，并不需要投标人付出太多额外的劳动。

综合单价分析表一般随投标文件一同提交，作为已标价工程量清单的组成部分，以便中标后作为合同文件的附属文件。投标人须知中需要就该分析表提交的方式作出规定。该规定需要考虑是否有必要对该分析表的合同地位给予定义。一般来说，该分析表所载明的价格数据对投标人是有约束力的，但是投标人能否以此作为投标报价中的错报和漏报等的依据，从而寻求招标人的补偿，是实践中值得注意的问题。比较恰当的做法应当是，通过评标过程中的清标、质疑、澄清、说明和补正机制，不仅解决了工程量清单综合单价的合理性问题，而且将合理化的综合单价反馈到综合单价分析表中，形成相互衔接、相互呼应的最终成果，在这种情况下，即便是将综合单价分析表定义为有合同约束力的文件，上述顾虑也就没有必要了。

编制综合单价分析表时，对辅助性材料不必细列，可归并到其他材料费中以金额表示。

综合单价分析表

工程名称：　　　　　　　　　　标段：　　　　　　　　　　第　页　共　页

<table>
<tr><td colspan="2">项目编码</td><td colspan="2"></td><td colspan="2">项目名称</td><td></td><td colspan="2">计量单位</td><td>　</td><td>工程量</td><td></td></tr>
<tr><td colspan="12">清单综合单价组成明细</td></tr>
<tr><td rowspan="2">定额编号</td><td rowspan="2">定额项目名称</td><td rowspan="2">定额单位</td><td rowspan="2">数量</td><td colspan="4">单价</td><td colspan="4">合价</td></tr>
<tr><td>人工费</td><td>材料费</td><td>机械费</td><td>管理费和利润</td><td>人工费</td><td>材料费</td><td>机械费</td><td>管理费和利润</td></tr>
<tr><td></td><td></td><td></td><td></td><td></td><td></td><td></td><td></td><td></td><td></td><td></td><td></td></tr>
<tr><td></td><td></td><td></td><td></td><td></td><td></td><td></td><td></td><td></td><td></td><td></td><td></td></tr>
<tr><td></td><td></td><td></td><td></td><td></td><td></td><td></td><td></td><td></td><td></td><td></td><td></td></tr>
<tr><td colspan="2">人工单价</td><td colspan="6">小计</td><td></td><td></td><td></td><td></td></tr>
<tr><td colspan="2">元 / 工日</td><td colspan="6">未计价材料费</td><td></td><td></td><td></td><td></td></tr>
<tr><td colspan="8">清单项目综合单价</td><td></td><td></td><td></td><td></td></tr>
<tr><td rowspan="6">材料费明细</td><td colspan="5">主要材料名称、规格、型号</td><td>单位</td><td>数量</td><td>单价（元）</td><td>合价（元）</td><td>暂估单价（元）</td><td>暂估合价（元）</td></tr>
<tr><td></td><td></td><td></td><td></td><td></td><td></td><td></td><td></td><td></td><td></td><td></td></tr>
<tr><td></td><td></td><td></td><td></td><td></td><td></td><td></td><td></td><td></td><td></td><td></td></tr>
<tr><td></td><td></td><td></td><td></td><td></td><td></td><td></td><td></td><td></td><td></td><td></td></tr>
<tr><td colspan="5">其他材料费</td><td>—</td><td></td><td>—</td><td></td><td></td><td></td></tr>
<tr><td colspan="5">材料费小计</td><td>—</td><td></td><td>—</td><td></td><td></td><td></td></tr>
</table>

注：1. 如不使用省级或行业建设主管部门发布的计价依据，可不填定额编号、定额项目名称等。
2. 招标文件提供了暂估单价的材料，按暂估的单价填入表内“暂估单价”栏及“暂估合价”栏。

表 -09

【表样】综合单价分析表（表-10）

【要点说明】综合单价分析表用于各种合同约定调整因素出现时调整综合单价。此表实际上是一个汇总性质的表，各种调整依据应附表后，并且注意项目编码、项目名称必须与已标价工程量清单保持一致，不得发生错漏，以免发生争议。

综合单价分析表

工程名称：　　　　　　　　　　标段：　　　　　　　　　　第　页　共　页

序号	项目编码	项目名称	单价					合价				
			综合单价	人工费	材料费	机械费	管理费和利润	综合单价	人工费	材料费	机械费	管理费和利润

造价工程师（签章）： 日期：	发包人代表（签章）： 日期：	造价工程师（签章）： 日期：	发包人代表（签章）： 日期：

注：综合单价调整应付调整依据。

表-10

【**表样**】总价措施项目清单与计价表（表 -11）

【**要点说明**】

（1）编制工程量清单时,表中的项目可根据工程实际情况进行增减。

（2）编制招标控制价时，计费基础、费率应按省级或行业建设主管部门的规定计取。

（3）编制投标报价时，除“安全文明施工费”必须按《建设工程工程量清单计价规范》GB 50500—2013 的强制性规定及省级或行业建设主管部门的规定计取外，其他措施项目均可根据投标施工组织设计自主报价。

（4）编制工程结算时，如省级或行业建设主管部门调整了安全文明施工费，应按调整后的标准计算此费用，其他总价措施项目经发承包双方协商进行调整的，按调整后的标准计算。

总价措施项目清单与计价表

工程名称：　　　　　　　　　　标段：　　　　　　　　　　第　页　共　页

项目编码	项目名称	计算基础	费率（%）	金额（元）	调整费率（%）	调整后金额（元）	备注
	安全文明施工费						
	夜间施工增加费						
	二次搬运费						
	冬雨期施工增加费						
	已完工程及设备保护费						
	……						
合计							

编制人（造价人员）：　　　　　　　　复核人（造价工程师）：

注：1.“计算基础”中安全文明施工费可为“定额基价”“定额人工费”或“定额人工费 + 定额施工机具使用费”，其他项目可为“定额人工费”或“定额人工费 + 定额施工机具使用费”。

2. 按施工方案计算的措施项目费，若无“计算基础”和“费率”的数值，也可只填“金额”数值，但应在备注栏说明施工方案出处或计算方法。

表 -11

【表样】其他项目清单与计价汇总表（表 -12）

【要点说明】

使用本表时，由于计价阶段的差异，应注意：

（1）编制招标工程量清单时，应汇总“暂列金额”和“专业工程暂估价”，以提供给投标人报价。

（2）编制招标控制价时，应按有关计价规定估算“计日工”和“总承包服务费”。招标工程量清单中未列“暂列金额”时，应按有关规定编列。

（3）编制投标报价时，应按招标工程量清单提供的“暂估金额”和“专业工程暂估价”填写金额，不得变动。“计日工”“总承包服务费”可自主确定报价。

（4）编制或核对工程结算，“专业工程暂估价”按实际分包结算价填写，“计日工”“总承包服务费”按双方认可的费用填写，如发生“索赔”或“现场签证”费用，按双方认可的金额计入该表。其他总价措施项目经发承包双方协商进行调整的，按调整后的标准计算。

其他项目清单与计价汇总表

工程名称：　　　　　　　　　　标段：　　　　　　　　　　第　页　共　页

序号	项目名称	金额（元）	结算金额（元）	备注
1	暂列金额			
2	暂估价			
2.1	材料（工程设备）暂估价 / 结算价			
2.2	专业工程暂估价 / 结算价			
3	计日工			
4	总承包服务费			
	……			
合计				

注：材料（工程设备）暂估单价进入清单项目综合单价，此处不汇总。

表 -12

【表样】暂列金额明细表（表 -12-1）

【要点说明】要求招标人将暂列金额与拟用项目列出明细，但如确实不能详列，也可只列暂定金额总额，投标人应将上述暂列金额计入投标总价中。

暂列金额明细表

工程名称：　　　　　　　　　　　　标段：　　　　　　　　　　　　第　页　共　页

序号	项目名称	计量单位	暂定金额（元）	备注
1				
2				
3				
……				
合计				

注：此表由招标人填写，如不能详列，也可只列暂定金额总额，投标人应将上述暂列金额计入投标总价中。

表 -12-1

【表样】材料（工程设备）暂估单价及调整表（表 -12-2）

【要点说明】暂估价是在招标阶段预见肯定要发生，只是因为标准不明确或者需要由专业承包人完成，暂时无法确定材料、工程设备的具体价格而采用的一种临时性计价方式。暂估价的材料、工程设备数量应在表内填写，拟用项目应在本表备注栏给予补充说明。

要求招标人针对每一类暂估价给出相应的拟用项目，即按材料、工程设备名称分别给出，此类材料、工程设备暂估价能够纳入清单项目的综合单价中。

还有一种是给一个原则性说明，原则性说明对招标人编制工程量清单而言比较简单，能降低招标人出错的概率。但是，对投标人而言则很难准确把握招标人的意图和目的，也很难保证投标报价的质量，轻则影响合同的可执行力，极端情况下可能导致招标失败，最终受损失的也包括招标人，因此，这种处理方式是不可取的。

一般来说，招标工程量清单中列明的材料、工程设备的暂估价仅指此类材料、工程设备本身运至施工现场内地面价，不含安装及安装所必需的辅助材料以及发生在现场内的验收、存储、保管、开箱、二次搬运、从存放地点运至安装地点及其他任何必要的辅助工作（以下简称"暂估价项目的安装及辅助工作"）所发生的费用。暂估价项目的安装及辅助工作所发生的费用应该包括在投标报价相应清单项目的综合单价中，并且固定包死。

材料（工程设备）暂估单价及调整表

工程名称：　　　　　　　　　　标段：　　　　　　　　　　第　页　共　页

材料（工程设备）名称、规格、型号	计量单位	数量		暂估（元）		确认（元）		差额 ±（元）		备注
		暂估	确认	单价	合价	单价	合价	单价	合价	
合计										

注：此表由招标人填写"暂估单价"，并在备注栏说明暂估价的材料、工程设备拟用在哪些清单项目上，投标人应将上述材料、工程设备暂估价计入工程量清单综合单价报价中。

表 -12-2

【表样】专业工程暂估价及结算价表（表 -12-3）

【要点说明】专业工程暂估价应在表内填写工程名称、工程内容、暂估金额，投标人应将上述金额计入投标总价中。

专业工程暂估价项目及其表中列明的专业工程暂估价，是指分包人实施专业工程含税金后的完整价（即包含该专业工程中供应、安装、完工、调试、修复缺陷等全部工作），除了合同约定的发包人应承担的总包管理、协调、配合和服务责任所对应的总承包服务费用以外，承包人为履行其总包管理、配合、协调和服务等所需发生的费用应该包括在投标报价中。

专业工程暂估价及结算价表

工程名称：　　　　　　　　　　标段：　　　　　　　　　　第　页　共　页

工程名称	工程内容	暂估金额（元）	结算金额（元）	差额 ±（元）
合计				

注：此表“暂估金额”由招标人填写，投标人应将“暂估金额”计入投标总价中。结算时按合同约定结算金额填写。

表 -12-3

【表样】计日工表（表 -12-4）

【要点说明】

（1）编制工程量清单时，“项目名称”“单位”“暂定数量”由招标人填写。

（2）编制招标控制价时，人工、材料、机械台班单价由招标人按有关计价规定填写并计算合价。

（3）编制投标报价时，人工、材料、机械台班单价由投标人自主确定，按已给暂定数量计算合价计入投标总价中。

（4）结算时，实际数量按发承包双方确认的填写。

计日工表

工程名称：　　　　　　　　　　　　　　　　标段：　　　　　　　　　　　　　　　第　页　共　页

编号	项目名称	单位	暂定数量	实际数量	综合单价（元）	合价（元）	
						暂定	实际
一	人工						
人工小计							
二	材料						
材料小计							
三	施工机具						
施工机具小计							
四	企业管理费和利润						
总计							

注：此表项目名称、单位、暂定数量由招标人填写，编制最高投标限价时，综合单价由招标人按有关计价规定确定；投标时，综合单价由投标人自主报价，按暂定数量计算合价计入投标总价中。结算时，按发承包双方确认的实际数量计算合价。

表 -12-4

【表样】总承包服务费计价表（表-12-5）

【要点说明】

（1）编制招标工程量清单时，招标人应将拟定进行专业发包的专业工程、自行采购的材料设备等确定清楚，填写项目名称、服务内容，以便投标人确定报价。

（2）编制招标控制价时，招标人按有关计价规定计价。

（3）编制投标报价时，由投标人根据工程量清单中的总承包服务内容，自主决定报价。

（4）办理工程结算时，发承包双方应按承包人已标价工程量清单中的报价计算，经发承包双方确定调整的，按调整后的金额计算。

总承包服务费计价表

工程名称：　　　　　　　　　标段：　　　　　　　　　第　页　共　页

项目名称	项目价值（元）	服务内容	计算基数	费率（%）	金额（元）
合计					

注：此表项目名称、服务内容由招标人填写，编制最高投标限价时，费率及金额由招标人按有关计价规定确定；投标时，费率及金额由投标人自主报价，计入投标总价中。

表-12-5

【表样】索赔及现场签证计价汇总表（表-12-6）

【要点说明】本表是对发承包双方签证认可的“费用索赔申请（核准）表”和“现场签证表”的汇总。

索赔及现场签证计价汇总表

工程名称： 标段： 第 页 共 页

序号	签证及索赔项目名称	计量单位	数量	单价（元）	合价（元）	索赔及签证依据
本页小计						
合 计						

注：签证及索赔依据是指经双方认可的签证单和索赔依据的编号。

表-12-6

【**表样**】费用索赔申请（核准）表（表-12-7）

【**要点说明**】本表将费用索赔申请与核准设置为一个表，非常直观。使用本表时，承包人代表应按合同条款的约定阐述原因，附索赔证据、费用计算报发包人，经监理工程师复核（按照发包人的授权，监理工程师或发包人现场代表均可），经造价工程师（此处造价工程师可以是承包人现场管理人员，也可以是发包人委托的工程造价咨询企业的人员）复核具体费用，经发包人审核后生效，该表以在选择栏中“□”内做标识“√”表示。

费用索赔申请（核准）表

工程名称：　　　　　　　　　　标段：　　　　　　　　　　　　第　页　共　页

<table>
<tr><td colspan="2">致：________________________________（发包人全称）
根据施工合同条款第______条的约定，由于__________原因，我方要求索赔金额（大写）__________，（小写__________），请予核准。
附：1. 费用索赔的详细理由和依据：
2. 索赔金额的计算：
3. 证明材料：
承包人（章）
造价人员__________　　承包人代表__________
日　期__________</td></tr>
<tr><td>复核意见：
根据施工合同条款第______条的约定，你方提出的费用索赔申请经复核：
□不同意，具体意见见附件
□同意，签证金额的计算，由造价工程师复核
监理工程师：__________
日　期：__________</td><td>复核意见：
根据施工合同条款第______条的约定，你方提出的费用索赔申请经复核，索赔金额为（大写）______，（小写______）。
造价工程师：__________
日　期：__________</td></tr>
<tr><td colspan="2">审核意见：
□不同意此项签证
□同意此项签证，价款与本期进度款同期支付
发包人（章）
发包人代表：__________
日　期：__________</td></tr>
</table>

注：1. 在选择栏中的“□”内做标识“√”；

2. 本表一式四份，由承包人在收到发包人（监理人）口头或书面通知后填写，发包人、监理人、造价咨询人、承包人各存一份。

表-12-7

【表样】现场签证表（表 -12-8）

【要点说明】现场签证种类繁多，发承包双方在工程实施过程中来往信函就责任事件的证明均可称为现场签证，但并不是所有签证均可马上计算出价款，有的需要经过索赔程序，这时的签证仅是索赔的依据，有的签证可能根本不涉及价款。本表仅是针对现场签证需要价款结算支付的一种，其他内容的签证也可适用。考虑到招标时招标人对计日工项目的预估难免会有遗漏，造成实际施工发生后，无相应的计日工单价，现场签证只能包括单价一并处理。因此，在汇总时，有计日工单价的，可归并于计日工，如无计日工单价的，归并于现场签证，以示区别。当然，现场签证全部汇总于计日工也是一种可行的处理方式。

现场签证表

工程名称：　　　　　　　　　　标段：　　　　　　　　　　编号：

<table>
<tr><td>施工部位</td><td></td><td>日期</td><td></td></tr>
<tr><td colspan="4">致：________________________________（发包人全称）
根据________（指令人姓名）______年____月____日的口头指令或你方______（或监理人）______年____月____日的书面通知，我方要求完成此项工作应支付价款金额为（大写）________，（小写）________，请予核准。
附：1. 签证事由及原因：
2. 附图及计算式：
承包人（章）
造价人员：____________　　承包人代表：____________
日　　期：__________</td></tr>
<tr><td colspan="2">复核意见：
你方提出此项签证申请经复核：
□不同意，具体意见见附件
□同意，签证金额的计算，由造价工程师复核
监理工程师：__________
日　　期：__________</td><td colspan="2">复核意见：
□此项签证按承包人中标的计日工单价计算，金额为（大写）________元，（小写）________元。
□此项签证因无计日工单价，金额为（大写）________元（小写________元）
造价工程师：__________
日　　期：__________</td></tr>
</table>

续表

审核意见：

□不同意此项签证

□同意此项签证，价款与本期进度款同期支付

发包人（章）

发包人代表：__________

日　　期：__________

注：1. 在选择栏中的“□”内做标识“√”；

2. 本表一式四份，由承包人在收到发包人（监理人）口头或书面通知后填写，发包人、监理人、造价咨询人、承包人各存一份。

表-12-8

【表样】规费、税金项目计价表（表 -13）

【要点说明】在施工实践中，有的规费项目并非每个工程所在地都要征收，实践中可作为按实计算的费用处理。

规费、税金项目计价表

工程名称：　　　　　　　　标段：　　　　　　　　第　页　共　页

序号	项目名称	计算基础	计算基数	费率（%）	金额（元）
1	规费	定额人工费			
1.1	社会保险费	定额人工费			
（1）	养老保险费	定额人工费			
（2）	失业保险费	定额人工费			
（3）	医疗保险费	定额人工费			
（4）	工伤保险费	定额人工费			
（5）	生育保险费	定额人工费			
1.2	住房公积金	定额人工费			
……					
2	税金（增值税）	人工费＋材料费＋施工机具使用费＋企业管理费＋利润＋规费			
合计					

编制人（造价人员）：　　　　　　复核人（造价工程师）：

表 -13

【表样】工程计量申请（核准）表（表 -14）

【要点说明】本表填写的“项目编码”“项目名称”“计量单位”应与已标价工程量清单表中的一致，承包人应在合同约定的计量周期结束时，将申报数量填写在“承包人申报数量”栏，发包人核对后如与承包人不一致，填在“发包人核实数量”栏，经发承包双发共同核对确认的计量填在“发承包人确认数量”栏。

工程计量申请（核准）表

工程名称：　　　　　　　　　　　标段：　　　　　　　　　　　第　页　共　页

序号	项目编码	项目名称	计量单位	承包人申报数量	发包人核实数量	发承包人确认数量	备注

承包人代表： 日期：	监理工程师： 日期：	造价工程师： 日期：	发包人代表： 日期：

表 -14

【表样】预付款支付申请（核准）表（表-15）

预付款支付申请（核准）表

工程名称： 标段： 第 页 共 页

致：________________________________（发包人全称）

我方根据施工合同约定，先申请支付工程预付款额为（大写）__________（小写__________），请予以核准。

序号	名称	申请金额（元）	复核金额（元）	备注
1	已签约合同价款金额			
2	其中：安全文明施工费			
3	应支付的预付款			
4	应支付的安全文明施工费			
5	合计应支付的预付款			

承包人（章）

造价人员__________ 承包人代表__________ 日 期__________

复核意见： □与合同约定不符，修改意见见附件 □与合同约定相符，具体金额由造价工程师复核 监理工程师：__________ 日 期：__________	复核意见： 你方提出的支付申请经复核，应支付预付款金额为（大写）__________（小写__________） 造价工程师：__________ 日 期：__________

审核意见：

□不同意

□同意，支付时间为本表签发后的15d内

发包人（章）

发包人代表：__________

日 期：__________

注：1. 在选择栏中的“□”内做标识“√”；

2. 本表一式四份，由承包人在收到发包人（监理人）口头或书面通知后填写，发包人、监理人、造价咨询人、承包人各存一份。

表-15

【表样】总价项目进度款支付分解表（表 -16）

总价项目进度款支付分解表

工程名称：　　　　　　　　　　　　　　　标段：　　　　　　　　　　　　　　　　第　页　共　页

序号	项目名称	总价金额	首次支付	二次支付	三次支付	……
	安全文明施工费					
	夜间施工增加费					
	二次搬运费					
	社会保险费					
	住房公积金					
合计						

编制人（造价人员）：　　　　　　　　　　　　　　复核人（造价工程师）：

注：1. 本表应由承包人在投标报价时根据发包人在招标文件明确的进度款支付周期与报价填写，签订合同时，发承包双方可就支付分解协商调整后作为合同附件。

2. 单价合同使用本表，“支付”栏时间应与单价项目进度款支付周期相同。

3. 总价合同使用本表，“支付”栏时间应与约定的工程计量周期相同。

表 -16

【表样】进度款支付申请（核准）表（表-17）

进度款支付申请（核准）表

工程名称： 标段： 第 页 共 页

致：________________（发包人全称）

我方于______至______期间已完成______工作，根据施工合同约定，现申请支付本期的工程款额为（大写）______（小写______），请予核准。

序号	名称	实际金额（元）	申请金额（元）	复核金额（元）	备注
1	累计已完成的合同价款				
2	累计已实际支付的合同价款				
3	本周期合计完成的合同价款				
3.1	本周期已完成单价项目的金额				
3.2	本周期应支付的总价项目的金额				
3.3	本周期已完成的计日工价款				
3.4	本周期应支付的安全文明施工费				
3.5	本周期应增加的合同价款				
4	本周期合计应扣减的金额				
4.1	本周期应抵扣的预付款				
4.2	本周期应扣减的金额				
5	本周期应支付的合同价款				

附：上述3、4详见附件清单

承包人（章）

造价人员______ 承包人代表______ 日 期______

复核意见：	复核意见：
□与实际施工情况不符，修改意见见附件 □与实际施工情况相符，具体金额由造价工程师复核 监理工程师：______ 日 期：______	你方提出的支付申请经复核，本期间已完成工程款额为（大写）______（小写______），本期间应支付金额为（大写）______（小写______）。 造价工程师：______ 日 期：______

审核意见：

□不同意

□同意，支付时间为本表签发后的15d内

发包人（章）

发包人代表：______

日 期：______

注：1. 在选择栏中的“□”内做标识“√”；

2. 本表一式四份，由承包人填报，发包人、监理人、造价咨询人、承包人各存一份。

表-17

【表样】竣工结算款支付申请（核准）表（表-18）

竣工结算款支付申请（核准）表

工程名称： 标段： 第 页 共 页

致：______________________________（发包人全称）

我方于________至________期间已完成合同约定的工作，工程已完工，根据施工合同约定，现申请支付竣工结算合同款额为（大写）________（小写________），请予核准。

序号	名称	申请金额（元）	复核金额（元）	备注
1	竣工结算合同价款总额			
2	累计已实际支付的合同价款			
3	应预留的质量保证金			
4	应支付的竣工结算款金额			

承包人（章）

造价人员________ 承包人代表________ 日 期________

复核意见：

□与实际施工情况不符，修改意见见附件

□与实际施工情况相符，具体金额由造价工程师复核

监理工程师：________

日 期：________

复核意见：

你方提出的竣工结算款申请经复核，竣工结算款总额为（大写）________（小写________），扣除前期支付以及质量保证金后应支付金额为（大写）________（小写________）。

造价工程师：________

日 期：________

审核意见：

□不同意

□同意，支付时间为本表签发后的15d内

发包人（章）

发包人代表：________

日 期：________

注：1. 在选择栏中的“□”内做标识“√”；

2. 本表一式四份，由承包人填报，发包人、监理人、造价咨询人、承包人各存一份。

表-18

【表样】最终结清支付申请（核准）表（表-19）

最终结清支付申请（核准）表

工程名称： 标段： 第 页 共 页

致：________________________________（发包人全称）

我方于________至________期间已完成缺陷修复，根据施工合同约定，现申请支付最终合同款额为（大写）________（小写________），请予核准。

序号	名称	申请金额（元）	复核金额（元）	备注
1	已预留的质量保证金			
2	应增加因发包人原因造成缺陷的修复金额			
3	应扣减承包人不修复缺陷、发包人组织修复的金额			
4	最终应支付的合同价款			

承包人（章）

造价人员________ 承包人代表________ 日 期________

复核意见：

□与实际施工情况不符，修改意见见附件

□与实际施工情况相符，具体金额由造价工程师复核

监理工程师：________

日 期：________

复核意见：

你方提出的支付申请经复核，最终应支付金额为（大写）________（小写________）。

造价工程师：________

日 期：________

审核意见：

□不同意

□同意，支付时间为本表签发后的15d内

发包人（章）

发包人代表：________

日 期：________

注：1. 在选择栏中的“□”内做标识“√”；

2. 本表一式四份，由承包人填报，发包人、监理人、造价咨询人、承包人各存一份。

表-19

【表样】发包人提供材料和工程设备一览表（表-20）

发包人提供材料和工程设备一览表

工程名称：　　　　　　　　　　标段：　　　　　　　　　　第　页　共　页

序号	材料（工程设备）名称、规格、型号	单位	数量	单价（元）	交货方式	送达地点	备注

注：此表由招标人填写，供投标人在投标报价、确定总承包服务费时参考。

表-20

【表样】发包人提供主要材料和工程设备一览表（表-21）

【要点说明】本表“风险系数”应由发包人在招标文件中按照《建设工程工程量清单计价规范》GB 50500—2013 的要求合理确定。本表将风险系数、基准单价、投标单价、发承包人确认单价在一个表内全部表示，可以大大减少发承包双方不必要的争议。

发包人提供主要材料和工程设备一览表

（适用于造价信息差额调整法）

工程名称：　　　　　　　　　　标段：　　　　　　　　　　第　页　共　页

序号	名称、规格、型号	单位	数量	风险系数（%）	基准单价（元）	投标单价（元）	发承包人确认单价（元）	备注

注：1. 此表由招标人填写除“投标单价”栏外的内容，投标人在投标时自主确定投标单价。

2. 投标人应优先采用工程造价管理机构发布的单价作为基准单价，未发布的，通过市场调查确定其基准单价。

表-21

【表样】承包人提供主要材料和工程设备一览表（表 -22）

承包人提供主要材料和工程设备一览表

（适用于价格指数差额调整法）

工程名称：　　　　　　　　　　标段：　　　　　　　　　　第　页　共　页

序号	名称、规格、型号	变值权重 B	基本价格指数 F_0	现行价格指数 F_1	备注
	定值权重 A		—	—	
合计		1	—	—	

注：1.“名称、规格、型号”“基本价格指数”栏由招标人填写，基本价格指数应首先采用工程造价管理机构发布的价格指数，没有时，可采用发布的价格代替。如人工、机械费也采用本法调整，由招标人在“名称、规格、型号”栏填写。

2.“变值权重”栏由投标人根据该项人工、机械费和材料、工程设备值在投标总报价中所占的比例填写，减去其比例为定值权重。

3.“现行价格指数”按约定的付款证书相关周期最后一天的前 42d 的各项价格指数填写，该指数应首先采用工程造价管理机构发布的价格指数，没有时，可采用发布的价格代替。

表 -22